高职高专规划教材

市政工程计量与计价

李 瑜 主 编

梁国赏 秦晓晗 副主编

周慧玲 赖伟琳 主 审

中国建筑工业出版社

图书在版编目（CIP）数据

市政工程计量与计价/李瑜主编. —北京：中国建筑工业出版社，2017.1（2024.2重印）
高职高专规划教材
ISBN 978-7-112-20283-6

Ⅰ.①市… Ⅱ.①李… Ⅲ.①市政工程-工程造价-高等职业教育-教材 Ⅳ.①TU723.3

中国版本图书馆 CIP 数据核字(2017)第 009965 号

本教材在我国建筑行业实施"营改增"后编写，在大量工程实例的基础上，结合广西壮族自治区工程消耗量定额，结合识图、材料、施工和计价等知识于一体，有助于培养学生完整的识图和计价能力。

本教材共分5章，第1章 市政工程基础知识；第2章 市政工程施工图识读；第3章 市政工程计价基础知识；第4章 工程量清单编制实务；第5章 招标控制价编制实务。教材附录中还附有计算实例，方便该专业师生使用和参考。

本教材可作为高职高专市政工程专业的课程教材，也可供市政工程及相关专业从业人员借鉴、参考。

为更好地支持相应课程的教学，我们向采用本书作为教材的教师提供教学课件，有需要者可与出版社联系，邮箱：jckj@cabp.com.cn，电话：01058337285，建工书院：http://edu.cabplink.com。

* * *

责任编辑：张 晶 吴越恺
责任校对：李欣慰 刘梦然

高职高专规划教材
市政工程计量与计价
李 瑜 主 编
梁国赏 秦晓晗 副主编
周慧玲 赖伟琳 主 审

*

中国建筑工业出版社出版、发行（北京海淀三里河路9号）
各地新华书店、建筑书店经销
北京红光制版公司制版
建工社（河北）印刷有限公司印刷

*

开本：787×1092毫米 1/16 印张：17¾ 插页：1 字数：440千字
2017年4月第一版 2024年2月第六次印刷
定价：36.00元（赠教师课件）
ISBN 978-7-112-20283-6
(29744)

前　言

　　本教材开始编写于国家新版清单计价规范及广西区新版市政工程消耗量定额出台之际，建筑业实施"营改增"之后编者又对教材内容进行了增补和修改。教材内容依据目前国家及广西壮族自治区最新计价文件，以真实工程项目为依托，紧紧围绕高职高专工程造价专业及其专业群的人才培养目标，将市政工程识图、材料、施工、计价等知识融合一体，顺应一体化教学模式，侧重实务工作应用，案例较多，通俗易懂。

　　本教材由广西建设职业技术学院李瑜任主编，广西建设职业技术学院梁国赏、秦晓晗任副主编，广西南宁市建设工程造价管理处韦杰及广西建设职业技术学院唐菊香、阎梦晴、李红参编。具体分工为：李瑜、韦杰负责编写整理各章节中土方、道路工程部分，以及第三章市政工程计价基础知识；梁国赏、唐菊香负责编写整理各章节中桥梁工程部分；秦晓晗、阎梦晴、李红负责编写整理各章节中排水工程部分；李瑜、阎梦晴、李红负责CAD图纸整理。全书由李瑜负责统稿，由广西建设职业技术学院周慧玲、广西建设工程造价管理总站赖伟琳主审。

　　本教材适用于高职高专院校建筑工程管理类相关专业教学，也可为工程技术人员参考借鉴。

　　教材中关于工程量计算、工程量清单及工程量清单计价书编制的具体做法和实例，仅代表个人对规范、定额和相关计价文件的理解，加之编者水平有限，不足之处，恳请广大读者和同行批评指正。

编　者

2016 年 12 月

目　录

1 市政工程基础知识

1.1 市政工程简介

1.1.1 市政工程概念

市政工程是指市政设施建设工程。在我国，市政设施是指在城市区、镇（乡）规划建设范围内设置、基于政府责任和义务为居民提供有偿或无偿公共产品和服务的各种建筑物、构筑物、设备等。城市生活配套的各种公共基础设施建设都属于市政工程范畴。市政建设工程属于建筑行业范畴，是国家工程建设的一个重要组成部分，也是城市（镇）发展和建设水平的一个衡量标准。

1.1.2 市政工程分类

市政工程是一个总概念，按照专业不同，主要包括：城市道路工程，城市桥梁，隧道工程，给水、排水工程，城市燃气、热力工程，城市轨道交通工程等，如图1-1所示。

本教材所讲述的市政工程是指狭义的市政工程概念，即包括城市的道路工程、桥涵工程、排水工程以及相关的土石方工程。

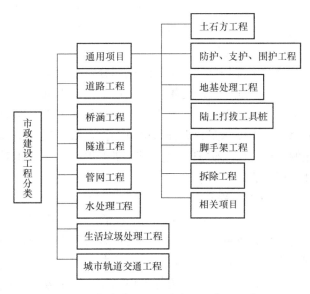

图 1-1 市政建设工程分类（按专业划分）

1.1.3 市政工程建设项目组成

市政工程建设与工业民用工程建设特点一样，按照国家主管部门的统一规定，将一项建设工程划分为建设项目、单项工程、单位工程、分部工程、分项工程五个等级，这个规定适用于任何部门的基本建设工程（图1-2）。

1. 建设项目

建设项目通常是指市政工程建设中按照一个总体设计来进行施工，经济上实行独立核算，行政上具有独立的组织形式的建设工程，如南宁市的快环路工程，就是一个建设项目，南宁市正在紧张施工地铁一号线、二号线工程也是一个建设项目。

工业建设中的一座工厂，民用建设中的一所学校，市政建设中的一条城市道路、一条给水或排水管网、一座立交桥、一座涵洞等，均为一个建设项目。

2. 单项工程

又称工程项目，是建设项目的组成部分，建成后能够独立发挥生产能力或效益的工

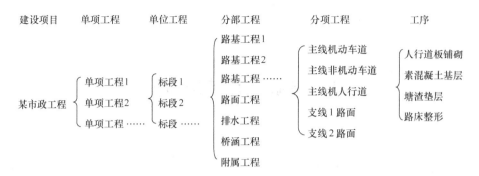

图 1-2　基本建设项目划分

程。如一个工厂的各个主要生产车间、辅助生产车间、行政办公楼等，一所学校中的教学楼、办公楼、图书馆、宿舍楼等，市政建设中的防洪渠、隧道、地铁售票处等。

3. 单位工程

单位工程单项工程的组成部分，指具有单独设计的施工图纸和单独编制的施工图预算文件，可以独立施工和作为成本核算对象，但建成后不能够独立发挥生产能力或效益的工程。通常按照单项工程所包含的不同性质的工程内容，根据能否独立施工的要求，将一个单项工程划分为若干个单位工程，如市政建设中的一段道路工程、一段排水管网工程等。

4. 分部工程

分部工程是单位工程的组成部分，一般是按照单位工程的主要结构，各个主要部位划分的。如工业与民用建筑中将土建工程作为单位工程，而土石方工程、砌筑工程等作为分部工程，市政工程中一段道路划分为路基工程、路面工程、附属工程等若干个分部工程。公路工程中路基工程划分为单位工程，路基工程中的土石方工程、小桥工程、排水工程、涵洞工程、砌筑防护、大型挡土墙工程划分为分部工程。一个单位工程是由一个或几个分部工程组成的。

5. 分项工程

它是分部工程的组成部分，是将分部工程按照不同的施工方法、不同的工程部位、不同的材料、不同的质量要求和工作难易程度更细地划分为若干个分项工程。如土石方工程划分为挖土、运土、回填土等，小桥划分为基础及下部构造、上部构造预制及安装或浇筑、桥面、栏杆、人行道等分项工程。一个分部工程是由一个或几个分项工程所组成的。

分项工程又可划分为若干工序，分项工程是预算定额的基本计量单位，故也称为工程定额子目或称为工程细目。

各个分项工程的造价合计形成分部工程造价，各分部工程造价合计形成单位工程造价，各单位工程造价合计形成单项工程造价，各单项工程造价合计形成建设项目造价。即工程造价的计算过程是：分部分项工程造价→单位工程造价→单项工程造价→建设项目总造价。

1.2　土石方工程简介

1.2.1　土石方工程概述

1. 土石方工程内容

（1）道路路基填挖、堤防填挖；

（2）市政管网的开槽及回填；

（3）桥涵护岸的基坑开挖及回填；

（4）广场的土方平整、停车场土石方。

2. 土壤岩石分类（表1-1、表1-2）

土壤分类表

表1-1

土壤分类	土壤名称	开挖方法
一、二类土	粉土、砂土（粉砂、细砂、中砂、粗砂、砾砂）、粉质黏土、弱中盐渍土、软土（淤泥质土、泥炭、泥炭质土）、软塑红黏土、冲填土	用锹，少许用镐、条锄开挖。机械能全部直接铲挖满载者
三类土	黏土、碎石土（圆砾、角砾）、混合土、可塑红黏土、硬塑红黏土、强盐渍土、素填土、压实填土	主要用镐、条锄，少许用锹开挖。机械需部分刨松方能铲挖满载者或可直接挖但不能满载者
四类土	碎石土（卵石、碎石、漂石、块石）、坚硬红黏土、超盐渍土、杂填土	全部用镐、条锄挖掘，少许用撬棍挖掘。机械需普遍刨松方能铲挖满载者

岩石分类表

表1-2

岩石分类		代表性岩石	开挖方式	饱和单轴抗压强度（MPa）
极软岩		1. 全风化的各种岩石； 2. 各种半成岩	部分用手凿工具、部分用爆破法	$f_r \leqslant 5$
软质岩	软岩	1. 强风化的坚硬岩或较硬岩； 2. 中等风化-强风化的较软岩； 3. 未风化-微风化的页岩、泥岩、泥质砂岩等	用风镐和爆破法开挖	$5 < f_r \leqslant 15$
	较软岩	1. 中等风化-强风化的坚硬岩或较硬岩； 2. 未风化-微风化的凝灰岩、千枚岩、泥灰岩、砂质泥岩等		$15 < f_r \leqslant 30$
硬质岩	较硬岩	1. 微风化的坚硬岩； 2. 未风化-微风化的大理岩、板岩、石灰岩、白云岩、钙质砂岩等	用爆破法开挖	$30 < f_r \leqslant 60$
	坚硬岩	未风化-微风化的花岗岩、闪长岩、辉绿岩、玄武岩、安山岩、片麻岩、石英岩、石英砂岩、硅质砾岩、硅质石灰岩等		$f_r > 60$

　　地壳的表层土质变化是比较复杂的，不同的地区土质变化、同一地区不同层次的土质变化常常使造价工作人员在选定消耗量子目时遇到麻烦。怎么区分和辨别土、石方类别，是造价工作人员应该掌握的知识。

1.2.2 放坡与支撑

　　不管是用人工或是机械开挖土方，在施工时为了防止土壁坍塌都要采取一定的预防措施，如放坡、支挡板或打护坡桩等。

1. 放坡

（1）放坡起点

放坡起点，就是指某类别土壤边壁直立不加支撑开挖的最大深度。放坡起点应根据土质情况确定。综合基价中对挖土方、地槽、地坑的放坡起点进行了综合取定。

图 1-3　坡度系数 K

（2）放坡系数

在场地比较开阔的情况下开挖土方时，可以优先采用放坡的方式保持边坡的稳定性。放坡的坡度以放坡宽度 B 与挖土深度 H 之比表示，即 $K=B/H$，式中，K 为放坡系数，如图 1-3 所示。坡度通常用 1：K 表示，显然，$1：K=H：B$。

放坡系数根据开挖深度、土壤类别以及施工方法（人工或机械）决定。土壤类别越高，放坡起点越深，K 值越小（即坡度越陡）。机械挖土时，在坑上作业要保证人、机的安全，故 K 值较大。当开挖深度小于放坡起点深度时，不需要放坡，可以垂直开挖。

挖土方放坡应按施工组织设计规定计算。如无明确规定，可按表 1-3 计算。

放坡系数表　　　　　　　　　　　　　　　　表 1-3

土壤类别	放坡起点（m）	人工挖土	机械挖土		
			在沟槽、坑内作业	在沟槽侧、坑边上作业	顺沟槽方向坑上作业
一、二类土	1.20	1：0.50	1：0.33	1：0.75	1：0.50
三类土	1.50	1：0.33	1：0.25	1：0.67	1：0.33
四类土	2.00	1：0.25	1：0.10	1：0.33	1：0.25

注：1. 沟槽、基坑中土类别不同时，分别按其放坡起点、放坡系数，依不同土类厚度加权平均计算。

　　2. 计算放坡时，在交接处的重复工程量不予扣除，槽、坑做基础垫层时，放坡自垫层上表面开始计算。

2. 支撑

在需要放坡的工程中，由于边壁周围受道路或建筑物等限制而不能放坡时，为防止垂直开挖的土体边壁坍塌，应采用支护结构对侧壁进行支撑。支护结构的形式分为支挡土板和支护桩，支挡土板最为常用，如图 1-4 所示。

挡土板支护结构由挡土板、楞木和横撑组成。挡土板按材料分为木制和钢制两种；按支撑面分为单面支撑和双面支撑；按挡土板的间隔分为断续式和连续式。

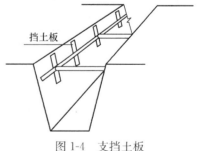

图 1-4　支挡土板

3. 工作面和开挖断面尺寸

（1）工作面

根据基础施工的需要，挖土时按基础垫层的双向尺寸向周边放出一定范围的操作面积，作为工人施工时的操作空间，这个单边放出的宽度，就称为工作面。

基础或沟、槽底加宽应按施工组织设计规定计算。如无明确规定，可按表 1-4、表 1-5 计算：

管沟施工每侧所需工作面宽度计算表（单位：mm）　　　　表 1-4

管道结构宽	混凝土管道基础 90°	混凝土管道基础＞90°	金属管道	塑料管道
300 以内	300	300	200	200
500 以内	400	400	300	300
1000 以内	500	500	400	400
2500 以内	600	500	400	500
2500 以上	700	600	500	600

注：管道结构宽：有管座按管道基础外缘，无管座按管道外径计算，构筑物按基础外缘计算。

基础施工所需工作面宽度计算表　　　　表 1-5

基础材料	每侧工作面宽（mm）
砖	200
浆砌条石、块（片）石	150
混凝土垫层或基础支模板者	300
垂面做防水防潮层	1000

注：1. 挖土交接处产生的重复工程量不扣除。如在同一断面内遇有数类土壤，其放坡系数可按各类土占全部深度的百分比加权计算。

　　2. 管道结构宽：无管座按管道外径计算，有管座按管道基础外缘计算，构筑物按基础外缘计算，如设挡土板则每侧增加 10cm。

（2）开挖断面尺寸

开挖断面宽度是由基础（垫层）底设计宽度、开挖方式、基础材料及做法所决定的。开挖断面是计算土方工程量的一个基本参数。开挖断面通常有以下几种情况，如图 1-5 所示。

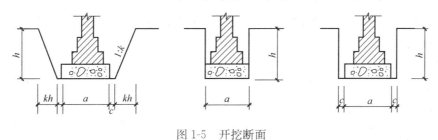

图 1-5　开挖断面

1）放坡、留工作面

设坡度为 $1:k$，工作面每边宽 c，基础垫层宽 a，深度为 h，则开挖断面宽 B（放线宽）：

$$B = a + 2c + 2kh$$

2）双面支挡土板、留工作面

每一侧支挡土板的宽按 100mm 计算。工作面宽 c，基础垫层宽 a，则开挖断面宽 B：

$$B = a + 2c + 200$$

如果单面支挡土板，则 $B = a + 2c + 100$。

3）不放坡、不支撑、留工作面

当基础垫层混凝土原槽浇筑时，可以利用垫层顶面宽作为工作面，因此开挖断面宽即等于垫层宽。

图 1-6　沟槽示意图

当基础垫层支模板浇筑时，必须留工作面，则开挖断面宽 $B=a+2c$。

【例 1-1】某市政管道埋管，需挖沟槽如图 1-6 所示，沟槽长 150m，人工开挖，三类土，试计算该工程梯形槽的挖土数量。

【解】

根据表 1-3 放坡系数表，三类土，人工开挖，放坡系数为 0.33。

梯形上底宽为 $2.0+2\times0.33\times3.6=3.19$m

梯形体积 $V=(2+3.19)\times3.6/2\times150=1401.30$m³

挖土数量为 1401.30m³。

4. 土方体积换算

挖、运土方体积均以天然密实体积（自然方）计算，回填土按碾压后的体积（实方）计算。土方体积换算见表 1-6。

土方体积换算表　　　　　　　　　　　　　　　　　表 1-6

虚方体积	天然密实度体积	夯实后体积	松填体积
1.00	0.77	0.67	0.83
1.30	1.00	0.87	1.08
1.50	1.15	1.00	1.25
1.20	0.92	0.80	1.00

【例 1-2】某土方工程，挖土数量为 600m³，填土数量为 200m³，挖、填土考虑场内平衡。试计算土方外运工程量。

【解】

根据表 1-6 "土方体积换算表"，填土数量为 200m³，折合天然密实度体积为 200×1.15＝230m³，故土方外运量为 600−230＝370m³。

【例 1-3】某道路路基工程，已知挖土 3000m³，其中可利用方 2400m³，填土 4300m³，现场挖、填平衡，试计算余土外运数量及填土缺方数量。

【解】

（1）余土外运＝3000−2400＝600m³（天然体积）

（2）根据表 1-6 "土方体积换算表"，填土 4300m³ 折合为天然密实度体积为 4300×1.15＝4945m³，故缺方 4945−2200＝2745m³（天然体积）。

1.2.3　土石方工程施工

1. 道路路基土石方

城市道路路基工程包括路基（路床）本身及有关的土（石）方、沿线的涵洞、挡土墙、路肩、边坡、排水管线等项目。地下管线、涵洞（管）等构筑物是城镇道路路基工程中必不可少的组成部分。

路基是路面的基础，一般由土石压实而成，断面形式有填方（路堤）、挖方（路堑）、半填半挖三种类型（图 1-7～图 1-9）。

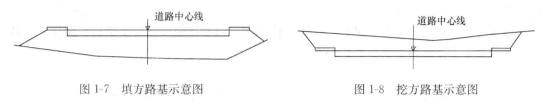

图 1-7 填方路基示意图　　　　　图 1-8 挖方路基示意图

（1）施工特点

城市道路路基工程施工处于露天作业，受自然条件影响大；在工程施工区域内的专业类型多、结构物多、各专业管线纵横交错；专业之间配合工作多、干扰多，导致施工变化多。

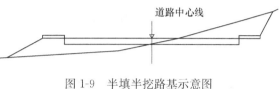

图 1-9 半填半挖路基示意图

路基施工以机械作业为主，人工配合为辅；人工配合土方作业时，必须设专人指挥，采用流水或分段平行作业方式。

（2）填土路基

当原地面标高低于设计路基标高时，需要填筑土方（即填方路基）。

排除原地面积水，清除树根、杂草、淤泥等。应妥善处理坟坑、井穴、树根坑的坑槽，分层填实至原地面高。

填方段内应事先找平，当地面坡度陡于 1：5 时，需修成台阶形式，每层台阶高度不宜大于 300mm，宽度不应小于 1.0m。

根据测量中心线桩和下坡脚桩，分层填土、压实。

碾压前检查铺筑土层的宽度与厚度，合格后即可碾压，碾压"先轻后重"，最后碾压应采用不小于 12t 级的压路机。

填方高度内的管涵顶面填土 500mm 以上才能用压路机碾压。

路基填方高度应按设计标高增加预沉量值。填土至最后一层时，应按设计断面、高程控制填土厚度并及时碾压修整。

（3）挖土路基

当路基设计标高低于原地面标高时，需要挖土成型，即挖方路基。

路基施工前，应将现况地面上积水排除、疏干，将树根坑、污水坑等部位进行技术处理。

根据测量中线和边桩开挖，挖土时应自上向下分层开挖，严禁掏洞开挖。机械开挖时，必须避开构筑物、管线，在距管道边 1m 范围内应采用人工开挖；在距直埋缆线 2m 范围内必须采用人工开挖。挖方段不得超挖，应留有碾压到设计标高的压实量。

压路机不小于 12t 级，碾压应自路两边向路中心进行，直至表面无明显轮迹为止。碾压时，应视土的干湿程度而采取洒水或换土、晾晒等措施。

过街雨水支管沟槽及检查井周围应用石灰土或石灰粉煤灰稳定砂砾填实。

（4）路基压实

压实方法（式）：重力压实（静压）和振动压实两种。

土质路基压实应遵循的原则："先轻后重、先静后振、先低后高、先慢后快，轮迹重叠。"

碾压应从路基边缘向中央进行，压路机轮外缘距路基边应保持安全距离。碾压不到的部位应采用小型夯压机夯实，防止漏夯。

（5）石方路基

修筑填石路堤应进行地表清理，先码砌边部，然后逐层水平填筑石料，确保边坡稳定。

先修筑试验段，以确定松铺厚度、压实机具组合、压实遍数及沉降差等施工参数。

填石路堤宜选用 12t 以上的振动压路机、25t 以上轮胎压路机或 2.5t 的夯锤压（夯）实。

路基范围内管线、构筑物四周的沟槽宜回填土料。

地基处理方法 $\begin{cases} \text{换填法：换土垫层法、褥垫法} \\ \text{密实法：浅层密实、深层密实} \\ \text{排水法：堆载预压、真空预压等} \\ \text{固化法：灌浆法、喷拌法等} \\ \text{加筋法：土工聚合物、锚杆等} \end{cases}$

图 1-10 地基处理方法

（6）路基处理

是指通过人工方法，采取切实有效的措施，改善地基土的工程力学性质，使其满足建筑物对地基稳定和变形的要求。

常用方法：换填、抛石挤淤、砂垫层、设置砂井、摊铺土工布、塑料排水板、强夯、高压旋喷桩、水泥搅拌桩等，如图 1-10 所示。

下面简单介绍几种常见的地基处理形式。

1）强夯处理

强夯法是指利用锤重自一定高度下落夯击土层使地基迅速压实，以提高软弱地基承载力的方法（图 1-11）。

图 1-11 强夯地基示意图

2）抛石挤淤

指在路基底部抛投一定数量的片石，将基底范围内的淤泥挤出，以提高地基强度的方法。抛石挤淤不必抽水挖淤，施工简便，适用于湖塘或河流等积水洼地，常年积水且不易抽干，表面无硬壳，软土液性指数大，厚度薄，片石能沉至下卧硬层的情况。一般软土层厚度为3～4m，石块的大小视软土稠度而定，一般不宜小于30cm。抛填片石时，应自中部开始渐次向两侧展开，使淤泥向两边挤出。当下卧层层面具有明显横坡时，应从高的一侧向低的一侧抛填片石，在低的一侧需要多填一些，以求稳定。

3）塑料排水板

是带有孔道的板状物体，即由芯体和滤套组成的复合体，或由单一材料制成的多孔管道板带，插入土中形成竖向排水通道。

4）铺土工织物布

土工合成材料（土工布、土工格栅、防渗膜等）处理软土地基是指将一层或多层土工合成材料铺垫在路堤底部的湿软地基上来改善地基，减少路堤填筑后的地基不均匀沉降，以提高地基承载力的方法。

5）回填无砂大孔混凝土

为防止检查井井背路面或桥台台背土方的不均匀沉降，通常在检查井周围、桥台台背回填强度等级较低的混凝土，如图1-12所示。

图1-12　检查井周边路基换填

2. 市政管网土石方

（1）施工方式：开槽法和顶管

1）管道沟槽开挖的形式：直槽（给水管、电线管、电缆保护管等）、梯形槽、直梯混合槽和联合槽。一般施工程序为：施工前准备→沟槽开挖→基础浇筑→管道安装→构筑物的砌筑→闭水试验（污水）→土方的回填及管道工程的检查与验收等。

2）开挖要点：放坡起点、人工配合机械开挖（通常机械占90%，人工占10%）。

（2）路基下管道回填与压实

1）当管道位于路基范围内时，其沟槽的回填土压实度应符合《给水排水管道工程施工及验收规范》GB 50268—2008的规定，且管顶以上500mm范围内不得使用压路机。

2）当管道结构顶面至路床的覆土厚度不大于500mm时，应对管道结构进行加固。

3）当管道结构顶面至路床的覆土厚度在500～800mm时，路基压实时应对管道结构采取保护或加固措施。

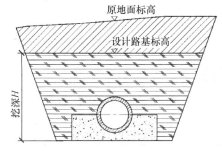

图1-13　挖方区沟槽横断面示意图

（3）管道土方与路基土方不允许重复计算

管道沟槽挖填土方工程量的计算方法与路基一样，采用平均横断面法。在横断面面积的计算中，关键是计算挖土高度，一般分三种情况：

1）挖方区。在原地面标高高于设计土路基标高，沟槽挖填土高度应按设计路基标高计算，路基标高以上的土方在道路工程的挖方工程量汇总表计算示意图，见图1-13。

2）填方区。原地面标高低于设计路基标高，沟槽挖填土高度应按原地面标高计算。路基至原地面的土方在道路工程的回填工程量汇总表计算，见图1-14。

3）当管道在原地面以上或原地面基本无覆土时，如设计（或规范）无明确规定，按路基设计要求换填至设计管顶以上50cm后，再反开挖沟槽并铺设管道，见图1-15。

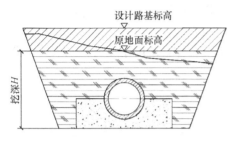

图1-14 高填方区沟槽横断面示意图

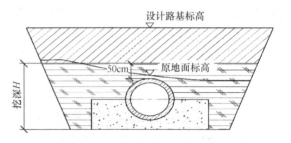

图1-15 反开挖沟槽断面示意图

3. 桥涵护岸土石方

桥涵基础按照埋置深度分为：浅基础和深基础。

浅基础一般采用明挖方法施工。深基础一般采用打桩、挖孔桩、沉井、地下连续墙等基础形式。

基坑是为修筑桥涵基础开挖的临时性坑井，基坑属于临时性工程。作用是为基础的砌筑提供一个作业空间。

施工时希望在无水或静水的条件下进行。围堰是常用施工方法，围堰的作用是防水和围水，有时还起着支撑坑壁的作用。

（1）各类围堰施工要求

1）围堰高度应高出施工期间可能出现的最高水位（包括浪高）0.5～0.7m。

2）围堰外形一般有圆形、圆端形（上、下游为半圆形，中间为矩形）、矩形、带三角的矩形等。围堰外形直接影响堰体的受力情况，必须考虑堰体结构的承载力和稳定性。围堰外沿还应考虑水域的水深，以及因围堰施工造成河流断面被压缩后，流速增大引起水流对围堰、河床的集中冲刷和对航道、导流的影响。

3）堰内平面尺寸应满足基础施工的需要。

4）围堰要求防水严密，减少渗漏。

5）堰体外坡面有受冲刷危险时，应在外坡面设置防冲刷设施。

（2）围堰类型及适用条件，详见表1-7。

围堰分类及适用条件表 表1-7

围堰类型		适　用　条　件
土石围堰	土围堰	水深≤1.5m，流速≤0.5m/s。河床透水性较小的土壤，河边浅滩处
	土袋围堰	水深≤3.0m，流速≤1.5m/s，河床渗水性较小，或淤泥较浅
	木桩竹条土围堰/竹篱土围堰	水深1.5～7m，流速≤2.0m/s。河床渗水性较小，能打桩，盛产竹木地区
	竹、铅丝笼围堰	水深4m以内，河床难以打桩，流速较大
	堆石土围堰	河床渗水性很小，流速≤3.0m/s，石块就地取材

围堰类型		适 用 条 件
板桩围堰	钢板桩围堰	深水或深基坑，流速较大的砂类土、黏性土、碎石土及风化岩等坚硬河床。防水性能好，整体刚度较强
	钢筋混凝土板桩围堰	深水或深基坑，流速较大的砂类土、黏性土、碎石土河床。除用于挡水防水外还可作为基础结构的一部分，亦可采取拔除周转使用，能节约大量木材
钢套筒围堰		流速≤2.0m/s，覆盖层较薄，平坦的岩石河床，埋置不深的水中基础，也可用于修建桩基承台
钢筋混凝土围堰		大型河流的深水基础，覆盖层较薄、平坦的岩石河床

1.3 道 路 工 程 简 介

道路是供各种交通工具、行人等通行的工程设施，按其所处的位置、交通性质及使用特点的不同，道路可分为公路、城市道路、厂矿及乡村道路等，详见表1-8。

道路的分类 表1-8

项 目	内 容
公路	公路是连接城市、农村、厂矿基地和林区的道路
城市道路	城市道路是城市内道路
厂矿道路	厂矿道路是厂矿区道路
乡村道路	乡村道路是乡村内道路

城市道路是城市组织生产、安排生活、搞活经济、物质流通所必需的车辆、行人交通往来的道路，是连接城市各个功能分区和对外交通的纽带。本书所指的市政道路即城市道路。

1.3.1 道路工程概述

1. 道路工程的组成

城市道路在空间上是一条带状的实体构筑物，是城市中车辆和行人往来的专门用地。是连接城市各个组成部分，并与公路相贯通的交通纽带，使城市构成一个相互协调的有机联系的整体。

城市道路是市政工程建设的重要组成部分，它是城市建筑用地、生产用地以及其他备用地的分界控制线，是沿街建筑和划分街坊的基础；它不仅是组织城市交通运输的基础，而且也是布置城市公用管线、街道绿化，并为城市架空杆线提供容纳空间。因此，城市道路网是城市总体布局的骨架。

城市道路一般由机动车道、非机动车道、分隔带、人行道、侧平石、排水系统、交通设施及各种管线组成。特殊路段可能还有挡土墙、平面或立面交叉等。

2. 城市道路分类分级

（1）按照道路在道路网中的地位、交通功能以及对沿线建筑物的服务功能等，城市道路分为以下四类，详见表1-9。

城市道路分类表 表1-9

分类	功能	进出口与交叉口要求
快速路	为城市中大量、长距离、快速交通服务	其进出口应采用全控制或部分控制。快速路两侧不应设置吸引大量车流、人流的公共建筑物的进出口。两侧一般建筑物的进出口应加以控制
主干路	连接城市各主要分区的干路，为城市主要客、货运输路线，以交通功能为主。宜采用机动车与非机动车分隔形式，如三幅路或四幅路	两侧不应设置吸引大量车流、人流的公共建筑的进出口
次干路	应与主干路结合组成道路网，为联系主要道路之间的辅助性交通路线，起集散交通的作用，兼有服务功能	与主干路相交处以平交为主
支路	应为次干路与街坊路的连接线，解决局部地区交通，以服务功能为主	与次干路平交

（2）按路面力学特性分（表1-10）

按路面力学特性分类表 表1-10

类型	结构组成	力学特性
柔性路面	主要包括用各种基层（水泥混凝土除外）和各种沥青面层类、碎（砾）石面层及块料面层所组成的路面结构	荷载作用下产生的弯沉变形较大、抗弯强度小，在反复荷载作用下会产生积累变形，它的破坏取决于极限垂直变形和弯拉应变
刚性路面	水泥混凝土所做的面层或基层的路面结构	行车荷载作用下能产生板体作用，弯拉强度大，弯沉变形很小，呈现出较大的刚性，它的破坏取决于极限弯拉强度
半刚性路面	一般面层为沥青类，基层为石灰或水泥稳定层及各种水硬性结合料的工业废渣基层	前期具有柔性路面的力学性质，后期的强度和刚度均有较大幅度的增长，但是最终的强度和刚度仍远小于刚性路面

（3）按路面材料分类

1）水泥混凝土路面

包括素混凝土、钢筋混凝土、连续配筋混凝土与钢纤维混凝土，适用于各交通等级道路。

2）沥青混凝土路面

包括沥青混合料、沥青贯入式和沥青表面处治。沥青混合料适用于各交通等级道路；沥青贯入式与沥青表面处治路面适用于中、轻交通道路。

3）砌块路面

适用于支路、广场、停车场、人行道与步行街。

（4）按路面的使用品质分级（表1-11）

按路面的使用品质分级表 表 1-11

类型	对应路面名称	适用道路类别	设计使用年限（年）
高级路面	水泥混凝土路面	快速路 主干路	20～30
	沥青混凝土路面		15～20
	厂拌沥青黑色碎石路面		15～20
	整齐条石路面		20～30
次高级路面	沥青贯入式路面 路拌沥青碎（砾）石路面 沥青表面处治 半整齐条石路面	主干路 次干路 支路	10～15
中级路面	泥结或水结碎石路面 级配碎（砾）石路面		5
低级路面	多种粒料改善土路面		2～5

（5）按道路平面及横向布置分类（表 1-12）

1）单幅路

双向机动车与非机动车混行，车行道上不设分隔带，机动车在中间，非机动车在两侧，按靠右侧规则行驶，这种断面形式为单幅路，也称为一块板断面。

2）双幅路

利用分隔带分隔对向车流，将车行道一分为二，每侧机动车与非机动车混行，这种断面形式称为双幅路，也称为两块板断面。

3）三幅路

利用两条分隔带分隔机动车与非机动车，将车行道一分为三，机动车道双向车辆混行，两侧非机动车道车辆为单向行驶，这种断面形式称为三幅路，也称为三块板断面。

4）四幅路

利用三条分隔带，使上、下行的机动车与非机动车全部隔开，各车行道均为单向行驶，这种断面形式称为四幅路，也称为四块板断面，是最理想的道路横断面形式。

道路路幅及其特性 表 1-12

道路类别	机动与非机动车辆行驶情况	适用范围
单幅路	混合行驶	机动车交通量较大，非机动车较少的次干路、支路。用地不足，拆迁困难的城市道路
双幅路	分流向，混合行驶	机动车交通量大，非机动车较少，地形地物特殊，或有平行道路可供机动车通行
三幅路	分道行驶，非机动车分流向	机动车交通量大，非机动车多
四幅路	分流向，分道行驶	机动车速度高，交通量大，非机动车多的快速路、主干路

1.3.2 道路路基

1. 路基的作用

路基是路面的基础，是用土石填筑或在原地面开挖而成的、按照路线位置和一定的技术要求修筑的、贯通道路全线的道路主体结构。

2. 路基应满足的要求

路基是道路的重要组成部分，没有稳固的路基就没有稳固的路面。路基应具有以下特点：

（1）具有合理的断面形式和尺寸。路基的断面形式和尺寸应与道路的功能要求，道路所经过的地形、地物、地质等情况相适应。

（2）具有足够的强度。路基在荷载作用下应具有足够的抗变形破坏能力。路基在行车荷载、路面自重和计算断面以上的路基土自重的作用下，会发生一定的变形。路基强度是指在上述荷载作用下所发生的变形，不得超过允许的形变。

（3）具有足够的整体稳定性。路基是在原地面上填筑或挖筑而成的，它改变了原地面的天然平衡状态。在工程地质不良地区，修建路基可能加剧原地面的不平衡状态，有可能产生路基整体下滑、边坡坍塌、路基沉降等整体变形过大甚至破坏，使路基市区整体稳定性。因此，必须采取必要措施，保证其整体稳定性。

（4）具有足够的水温稳定性。路基在水温不利的情况下，其强度应不致降低过大而影响道路的正常使用。路基在水温变化时，其强度变化小，则称为水温稳定性好。

3. 路基施工要点

参见第1.2节中土石方工程相关内容。

1.3.3　道路路面

1. 路面结构层次

路面按其组成的结构层次从上至下可分为面层、基层、垫层，如图1-16所示。人们通常所说的"路面"是指道路表面与车轮接触的可见层，仅仅指路面的面层。

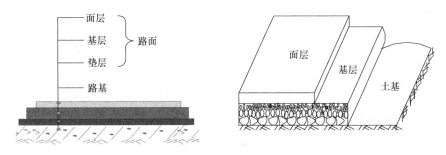

图1-16　路面结构层示意图

（1）面层

面层位于整个路面结构的最上层。它直接承受行车荷载的垂直力、水平力以及车身后所产生的真空吸力的反复作用，同时受到降雨和气温变化的不利影响，是最直接地反映路面使用性能的层次。因此，与其他层次相比，面层应具有较高的结构强度、刚度和稳定性，并且耐磨、不透水，其表面还应具有良好的抗滑性和平整度。道路等级越高、设计车速越大，对路面抗滑性、平整度的要求越高。

联结层也包括在面层之内。联结层是在非沥青结合料的基层与沥青面层之间设置的一层辅助结构层，它的作用是防止沥青面层沿基层表面滑动，从而有效地发挥路面结构层的整体强度。一般在交通量大、荷载等级高的快速路和主干路上采用，联结层主要采用沥青碎石、沥青贯入式等。

沥青贯入式面层：在初步压实的碎石（或破碎砾石）上，分层浇洒沥青、撒布嵌缝料，或再在上部铺筑热拌沥青混合料封层，经压实而成的沥青面层。

沥青面层：由沥青材料、矿料及其他外掺剂按要求比例混合、铺筑而成的单层或多层式结构层。三层铺筑的沥青面层由上而下成为上面层（也称表面层）、中面层、下面层。

透层：为使沥青面层与非沥青材料基层结合良好，在基层上浇洒乳化沥青、煤沥青或液体石油沥青而形成的透入基层表面的薄层。

粘层：为加强在路面的沥青层之间、沥青层与水泥混凝土路面之间的粘结而洒布的沥青材料薄层。

封层：为封闭表面空隙、防止水分浸入面层或基层而铺筑的沥青混合料薄层。铺筑在面层表面的称为上封层，铺筑在面层下面的称为下封层。

（2）基层

基层位于面层之下，垫层或路基之上。基层主要承受面层传递的车轮垂直力的作用，并把它扩散到垫层和土基，基层还可能受到面层渗水以及地下水的侵蚀。故需选择强度较高，刚度较大，并有足够水稳性的材料。

用来修筑基层的材料主要有：水泥、石灰、沥青等稳定土或稳定粒料（如碎石、砂砾），工业废渣稳定土或稳定粒料，各种碎石混合料或天然砂砾。

基层可分两层铺筑，其上层称基层或上基层，起主要承重作用，下层则称底基层，起次要承重作用。底基层材料的强度要求比基层略低些，可充分利用当地材料，以降低工程造价。

（3）垫层

垫层是介于基层与土基之间的层次，并非所有的路面结构中都需要设置垫层，只有在土基处于不良状态，如潮湿地带、湿软土基、北方地区的冻胀土基等，才应该设置垫层，以排除路面、路基中滞留的自由水，确保路面结构处于干燥或中湿状态。

垫层主要起隔水（地下水、毛细水）、排水（渗入水）、隔温（防冻胀、翻浆）作用，并传递和扩散由基层传来的荷载应力，保证路基在容许应力范围内工作。

修筑垫层的材料强度不一定很高，但隔温、隔水性要好，一般以就地取材为原则，选用粗砂、砂砾、碎石、煤渣、矿渣等松散颗粒材料，或采用水泥、石灰煤渣稳定的密实垫层。一些发达国家采用聚苯乙烯板作为隔温材料。

值得注意的是，如果选用松散颗粒透水性材料作垫层，其下应设置防淤、防污用的反滤层或反滤织物（如土工布等），以防止路基土挤入垫层而影响其工作性能（表1-13）。

路面的作用及常用材料　　　　　　　　　　　　　　　　　　表1-13

路面层次	性能、作用	材料
面层	具备较高的结构强度，抗变形能力，较好的水稳定性和温度稳定性，而且应当耐磨，不透水；其表面还应有良好的抗滑性和平整度	沥青混凝土、水泥混凝土、沥青碎石等
基层	主要承受由面层传来的车辆荷载的垂直力，并扩散到下面的垫层和土基层中去，是路面结构中的承重层	半刚性材料、碎砾石等
垫层	垫层介于地基与基层之间，它的功能是改善土基的湿度和温度状况，水稳定性和隔温性能	砂砾、炉渣、稳定土等

2. 路面结构应满足的要求

（1）具有足够的强度。路面的强度是指路面整体对行车荷载引起的变形、磨损、开裂和压碎等破坏的抵抗能力。路面的强度越高，耐久性越好。一般要求路面在规定的设计年限内及规定的车辆荷载和自然因素作用下，不致产生超过允许限度的变形及过多的磨损、开裂和压碎。

（2）具有足够的稳定性。路面强度不可避免地会因气候、水文条件的季节性变化而产生变化。为了保证路面能长期畅通行车，应使路面的强度在一年中随季节而变化的幅度尽可能小，这种路面保持强度相对稳定的能力，称为路面的稳定性。由于水分变化促成强度的变化称为水稳定性；由于温度变化促成强度的变化称为温度稳定性；由于使用时间长久促成强度的变化称为时间稳定性，即耐久性。

（3）具有足够的平整度。路面不平整，车辆行驶会颠簸振动，加快车辆的磨损和路面的损坏。为了行车的安全和舒适，降低运输成本，路面应坚实平整。

（4）具有足够的抗滑性（粗糙度）。车辆在路面行驶时，路面与车轮之间应具备足够的摩阻力，以满足车辆前进或制动停车安全可靠的需要。这就需要使路面既坚实平整，又粗糙可靠，保持足够的摩擦系数。

（5）具有尽可能低的扬尘性且不透水。路面在行车过程中若尘土飞扬，既污染环境又容易损坏车辆、妨碍驾驶员视线，导致交通事故，因此路面应整洁少尘。当路面结构有较多水分渗入时，会因含水量的增大使路面结构层的强度降低，因此，路面面层应设法减小透水性。

（6）尽可能降低噪声。不同的路面对噪声的吸收能力有差异。沥青路面吸声能力强，噪声小，城市道路多采用沥青路面。

3. 级配碎石基层

粗细碎石集料和石屑各占一定比例的混合料，当其颗粒组成符合密级配要求时，称级配碎石。并且其颗粒组成中小于0.5mm细料的塑形指数符合要求。

级配碎石可用未筛分碎石和石屑组配而成。未筛分碎石是指控制最大粒径的、由轧制的未经筛分的碎石料。它的理论颗粒组成一般为0～40mm，并具有良好的级配。石屑是指碎石场孔径5mm筛下的筛余料，其实际颗粒组成常为0～10mm，并具有良好的级配。

级配碎石基层施工要点如下：

（1）备料

根据各路段基层的宽度、厚度及预定的压实干容重，并按配合比例，计算各路段所需的各种材料用量，以及每车料的堆放距离。

（2）运输和摊铺

运输道路尽量平整，以减少离析现象。

卸料后用平地机等机具或人工均匀摊铺平整。松铺系数为1.3（机械摊铺）或1.4（人工摊铺）。未筛分碎石摊铺后平整后，在其较潮湿的状态下，在其上运送、摊铺石屑。

（3）拌合及整型

拌合用平地机或犁耙进行，在拌合过程中洒足所需水分，拌合结束时，混合料的含水量应均匀并略大于最佳含水量，没有离析现象，再用平地机或人工整平整型。

（4）碾压

压路机以 14t 以上振动压路机或 18t 以上静压碾为宜。

碾压应遵循"先慢后快、先轻后重、先边后中"的原则。后轮应重叠 1/2 轮宽。如系半幅路施工，应先在路边往路中碾压。一般需碾压 6～8 遍，两侧多压 1～2 遍。

一次碾压施工长度不宜过短，以免产生推移和波浪现象，同时过多的接缝对基层质量也有较大的影响。

严禁压路机在已完成的或正在碾压的路段调头或刹车，否则会破坏基层表面。

碾压 1～2 遍后应复测高程，为保证基层质量，施工时应尽量做到"宁挖勿填"。

（5）接缝处理

两作业段的衔接处，应搭接拌合。第一段拌合后，留 5～8m 不进行碾压。第二段施工时，前段留下的未压部分与第二段一起拌合整型后进行碾压。

应避免纵向接缝。在必须分幅铺筑时，纵缝应搭接拌合。前一幅全宽碾压密实，在后一幅拌合后，将相邻的前幅边部约 0.3m 搭接拌合，整型后一起碾压密实。

4. 水泥稳定碎石基层

水泥稳定碎石基层是一种半刚性基层。随着交通压力的不断增大和汽车的重型化，以半刚性基层代替传统的粒料基层已成为道路建设发展的趋势。其施工要点如下：

（1）原材料的选用

碎石应用筛分碎石，其最大粒径宜控制在 40mm 以内，并满足规范所要求的级配。如果碎石最大粒径大，既容易磨损搅拌机，又容易产生离析现象，同时基层平整度难以保证。

水泥宜选用终凝时间较早的矿渣水泥或普通硅酸盐水泥。这样就可以提供充分的延迟时间（从加水拌合到碾压结束时间），便于施工过程中的质量控制。

（2）底基层的准备

为保证水泥稳定层的质量，首先应保证其下底基层应平整、坚实具有规定的路拱，无松散和软弱地点。其次要考虑底基层表面的排水措施。最后，摊铺混合料应将底基层洒水润湿。

（3）拌合、运输和摊铺

拌合机械的数量和压路机的效率要配套，以保证延迟时间在水泥终凝时间以内。

由于水泥稳定碎石中水泥含量较少，为保证拌合质量，配料要准确。一般水泥含量为 4%～6%。

拌合时干拌均匀，再加水湿拌到混合料完全均匀为止。拌合时间一般为 100 秒左右，含水量也应损失而略大于最佳含水量 1%～2% 左右。

尽快将拌合的混合料运至现场。如运距远，应采取相应的措施，防止混合料水分过分损失或者离析。

摊铺应按规定的松铺系数挂线并仔细找平，如遇个别地方离析，应重新人工翻浆，为基层平整度提供保障。

在压支模地方，为防止碾压时边缘塌，造成厚度不足，可在距边缘 50cm 范围内逐步向边缘方向加厚，并超宽摊铺 20cm 作业。

（4）碾压

水泥稳定碎石基层的压实工作是个关键。其强度，压实度两个重要指标均由压实效果所决定。

压实厚度为 20cm 时，压路机以 14t 以上振动压路机或 18t 以上静压为宜。

碾压应遵循"先慢后快、先轻后重、先边后中"的原则。后轮应重叠 1/2 轮宽。如系半幅路施工，应先在路边往路中碾压。一般需碾压 6～8 遍，两侧多压 1～2 遍。

一次碾压施工长度不宜过短，以免产生推移和波浪现象，同时过多的接缝对基层质量也有较大的影响。

严禁压路机在已完成的或正在碾压的路段调头或刹车，否则会破坏基层表面。

（5）接缝的处理

每次碾压结束后，人工将末端挖成一横向垂直向下的断面。第二次施工时再摊铺新的混合料。

（6）高程及平整度控制应贯穿于施工全过程中

按规定的设计高程支侧模。摊铺时控制好松铺度并仔细整平。碾压 1～2 遍后应复测模板高程，为保证基层质量，施工时应尽量做到"宁挖勿填"。

（7）碾压完成后应立即养生，养生不小于 7 天。养生结束后，也应限制重车通过，并尽快进行沥青表面处理。

5. 水泥混凝土路面

水泥混凝土路面通常为人工配合机械施工。

（1）常规施工的程序为：施工准备→搅拌运输→摊铺→胀缝构造→振捣→整型压光→养护、拆模→切缝、刻纹、灌缝→开放交通。

（2）路面接缝构造及钢筋布置

为减少伸缩变形和翘曲变形受到约束而产生内应力以及为满足施工需要，水泥混凝土路面施工时需设置各种类型的接缝，一般分为纵缝和横缝两大类。按功能分为缩缝、伸缝和施工缝三种。缩缝、伸缝均属于横缝。

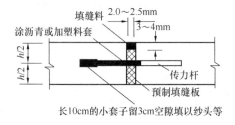

图 1-17　带套筒传力杆胀缝示意图

1）伸（胀）缝

胀缝下部应设预制填缝板，中部穿传力杆，上部填封缝料。传力杆在浇筑前必须固定，使之平行于板面及路中心线。在邻近桥梁或其他固定构筑物或与其他道路相交处应设置胀缝（图 1-17）。

2）缩缝

缩缝是在混凝土浇筑以后用切缝的接缝，通常为不设传力杆的假缝。在邻近胀缝或自由端部的 3 条缩缝，应采用传力杆假缝（图 1-18）。

3）纵缝

纵缝是沿行车方向两块混凝土板之间的接缝，纵缝一般在分块浇筑时自然形成，在浇筑另一块板前在侧面均匀涂刷沥青即可，通常在板厚中央缝间设置拉杆，纵缝也可以做成企口形式，有利于荷载传递。纵缝可分为纵向施工缝和纵向缩缝两类（图 1-19）。

当一次铺筑宽度小于路面宽度时，应设置纵向施工缝，纵向施工缝采用平缝形式，上部锯切槽口，槽内灌塞填缝料。

4）横向施工缝

每日施工终了或浇筑混凝土过程中因故中断时，必须设置横向施工缝，其位置宜设置在缩缝或胀缝处。胀缝处的施工缝同胀缝施工，缩缝处的施工缝应采用加传力杆的平缝形式（图1-20）。

5）路面钢筋

混凝土路面中，在纵缝处设置拉杆、横缝处设置传力杆，均布设在板厚中央。此外还需设置补强钢筋，如边缘钢筋、角隅钢筋、钢筋网等（图1-21）。

混凝土路面传力杆处于横向施工缝中，一般用圆钢平行排列，起传递应力的作用。

拉杆处于两幅混凝土板块之间，也就是纵缝间，一般用螺纹钢平行排列，起互相牵拉、保持路面平整度的作用。

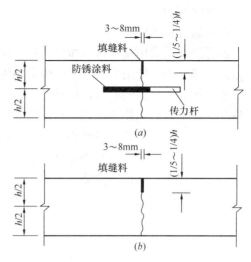

图 1-18　横向缩缝构造

（a）设传力杆假缝型；（b）不设传力杆假缝型

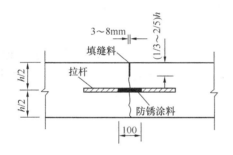

图 1-19　纵缝构造

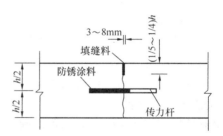

图 1-20　不带套筒传力杆缩缝示意图

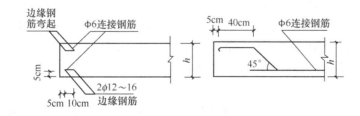

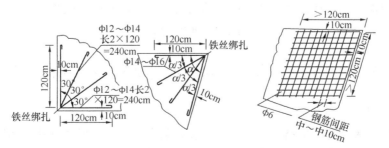

图 1-21　路面边缘（角隅）加固筋、钢筋网

6. 沥青路面

（1）沥青路面概述

沥青路面是采用沥青材料做结合料，结合石料或混合料修筑成面层的路面结构。

沥青路面由于使用了粘结力较强的沥青材料作结合料，不仅增强了矿料颗粒间的粘结力，而且提高了路面的品质，使其具有平整、耐磨、不透水、不扬尘、耐久等优点。它容易修补，还适宜分期修建，它是城市道路的主要面层。

沥青路面的缺点是容易磨损和破坏，温度稳定性差，施工受天气和季节影响。

沥青路面的主要类型有表面处治、贯入式、沥青混凝土、沥青碎石等。

（2）沥青表面处治路面施工程序

沥青表面处治是用沥青包裹矿料，铺筑厚度不大于3cm的一种薄层处治面层。主要作用是保护下层路面结构，避免直接遭受行车和自然因素的破坏，以延长路面的使用寿命，改善行车条件。可作为城市道路支路面层或在旧有沥青路面上加铺罩面或磨耗层。沥青表面处治的施工方法有层铺法、拌合法和混合法三种。一般多采用层铺法。层铺法施工三层沥青表面处治面层的程序如下：

1）安装路缘石和清扫基层

一般安装路缘石施工应在沥青表面处治面层施工前完成，并在面层施工前将基层清扫干净。碎石基层的表面浮土必须清扫干净，以大部分石料露出为佳。

2）浇洒透层沥青

透层是为使沥青面层与非沥青材料基层结合良好，在基层上浇洒乳化沥青、煤沥青或液体沥青而形成的透入基层表面的薄层。沥青路面的级配砂砾、级配碎石基层及水泥、石灰、粉煤灰等无机结合料稳定土或粒料的半刚性基层上必须浇洒透层沥青。

3）浇洒第一次沥青

在浇洒透层沥青4～8h后，即可浇洒第一次沥青。

4）撒铺第一次石料

洒布第一次沥青后（不必等全段洒完），应立即铺撒第一次矿料（当使用乳化沥青时，集料撒布必须在乳液破乳之前完成）。其数量按规定一次撒足。局部缺料或过多处，用人工适当找补，或将多余矿料扫出。两幅搭接处，第一幅洒布沥青后应暂留10～15cm宽度不撒矿料，待第二幅洒布沥青后一起铺撒矿料。无论机械或人工铺撒矿料，撒料后应及扫匀，普遍覆盖一层，厚度一致，不应露沥青。

5）碾压

铺撒一段矿料后（不必等全段铺完），应立即用6～8t钢筒双轮压路机或轮胎压路机碾压。碾压时应从路边逐渐移至路中心，然后再从另一边开始压向路中心。每次轮迹重叠宽度宜为30cm，碾压3～4遍。压路机行驶速度开始不宜超过2km/h，以后可适当增加。

6）第二与第三层施工

第二层、第三层的方法和要求与第一层相同，只是每一层的沥青用量和石料规格不同而已。

7）初期养护

除乳化沥青表面处置应待破乳后水分蒸发并基本成形后方可通车外，其他处治碾压结束后即可开放交通。通车初其应设专人指挥交通或设置障碍物控制行车，使路面全部宽度获得均匀压实。成形前应限制行车速度不超过 20km/h。在通车初期，如有泛油现象，应在泛油地点补撒与最后一层矿料规格相同的养护料（城市道路的养护料，宜有施工时与最后一遍料一起铺撒），并仔细扫净。过多的浮动矿料应扫出路面外，以免搓动其他已经粘着在位的矿料，当有其他破坏现象，应及时进行修补。

（3）沥青贯入式面层的施工

沥青贯入式面层是初步压实的碎石浇洒沥青后，再分层撒铺嵌缝料和浇洒沥青，并通过分层压实而成的路面面层。根据沥青材料贯入深度的不同，贯入式面层可分为深贯入式（6～8cm）和浅贯入式（4～5cm）两种。贯入式可作为次高级路面的面层，也可作为高级路面的联结层或基层。其施工程序如下：

1）安装路缘石和清扫基层；

2）浇洒透层或粘层沥青。

在旧沥青路面及水泥混凝土路面上须浇洒粘层沥青。

3）撒铺主层石料

撒铺石料时应避免大小颗粒集中，铺好的石料严禁车辆通行，以免影响平整度。

4）碾压

当主层石料摊铺到一定的长度（100m 左右）经整平后即可开始碾压。先用 6～8t 压路机初碾，先从路的一边压起逐渐向路中心，然后再从路的另一边开始逐渐向路中心。每次轮迹重叠约 30cm，直至石料初步稳定为止。然后再用 10～12t 压路机进行碾压，每次后轮轮迹重叠 1/2 以上，直至主层石料嵌挤紧密，无明显轮迹为止。

5）浇洒第一次沥青

主层石料碾压完毕后，即可浇洒沥青，其施工方法同沥青表面处治。

6）撒铺第一次嵌缝料

主层沥青浇洒后，应立即趁热撒铺第一次嵌缝料。撒铺应均匀，不得有重叠或露白，撒铺后应立即扫匀，不做找补，以普遍覆盖一层为度。

7）碾压

嵌缝料扫匀后，立即用 10～12t 压路机进行碾压，随压随扫，使嵌缝料均匀嵌入。

8）以后的施工程序

浇洒第二次沥青→撒铺第二次嵌缝料→碾压→浇洒第三次沥青→撒铺封面料→最后碾压。施工方法同上。

初期养护同沥青表面处治面层。

（4）沥青混凝土面层的施工

沥青混凝土面层是按照级配原理选配的矿料与一定数量的沥青，在一定温度下拌合成混合料，经摊铺、碾压而成的路面面层结构。采用相当数量的矿粉是其一个显著的特点。沥青混凝土具有强度高，整体性好，抵抗自然因素破坏作用的能力强等优点，可以作为高级路面面层。它适用于高速公路、公路干道、城市道路及机场跑道等。

沥青混凝土面层的施工程序为：安装路缘石→清扫基层、放样→浇洒透层或粘层沥青→摊铺→碾压→开放交通。施工要点如下：

1）摊铺

一般要求：沥青混凝土混合料宜采用机械摊铺，施工时应尽量采用全路幅摊铺，以避免纵向接缝。

摊铺时要控制混合料的温度。石油沥青混合料摊铺温度不低于 100～120℃。混合料的松铺系数为 1.15～1.30（机械）。

机械摊铺的施工要求：采用自行式摊铺机摊铺混合料时，应尽可能连续铺筑，以保证平整度和接缝良好。应尽可能采用全宽型摊铺机或多台摊铺机联合作业，以消除纵向接缝。

2）碾压

初压：用 6～8t 压路机，紧接摊铺进行碾压找平。如出现推移，可待温度稍低后再压。

复压：初压后可用 10～12t 压路机进行碾压，碾压至稳定和无明显轮迹为止。

终压：用 6～8t 压路机碾压，消除碾压中产生的轮迹和无明显轮迹为止。

沥青混凝土开始碾压温度为 90～120℃，碾压终了温度不低于 70℃。沥青混凝土路面在完全冷却后，即可开放交通。

（5）沥青碎石面层的施工

沥青碎石面层是由一定级配或尺寸均一的碎石（有少量矿粉或不加矿粉），用沥青作结合料，均匀拌合而成的沥青混合料，经摊铺压实成型的一种路面面层。它的主要优点是高温稳定性好，对材料要求不十分严格，沥青用量少且不用或少用矿粉，造价较低。缺点是：空隙率大（一般在 10% 以上），易透水，因而降低了石料与沥青之间的粘结力，在作面层时必须在表面加封层。它一般适用于面层下层。

其施工方法可参见沥青混凝土路面的施工，主要不同之处有：

1）人工摊铺时的松铺系数为 1.2～1.45；机械摊铺时的松铺系数为 1.15～1.25。

2）沥青混合料的出厂，摊铺温度可酌情稍有降低。

3）碾压时，石油沥青混合料的碾压温度不宜低于 70℃。

1.3.4 附属构筑物

城市道路敷设构筑物，一般包括侧石、平石、人行道、涵洞、护坡、路面排水设施和挡土墙等。

1. 侧平石

侧石是设在道路两侧，用来区分车行道、人行道、绿化带、分隔带的界石，侧石顶面一般高出路面 15cm，作用是保障行人、车辆的交通安全。平石是设在侧石和路面之间，平石顶面与路面平齐。侧平石一般采用混凝土预制块或石料。

路缘石安装应顺直，安装应按有关文件要求设置宽 150mm，高 200mm 的三角混凝土靠背，混凝土强度达到设计强度 70% 后方可进行下道工序施工，避免变形松动，如图 1-22 所示。

2. 人行道

人行道按照材料不同可分为沥青面层人

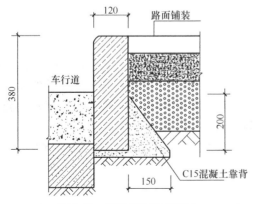

图 1-22　路缘石靠背混凝土

行道、水泥混凝土人行道和预制块人行道（包括石料）等。前两种人行道的施工程序和工艺基本与相应的路面相同。

施工程序：基层摊铺碾压→测量放样→预制块铺砌→扫填砌缝→养护。

工艺要点：在碾压平整的基层上，放样挂线，检查高程；砌块要轻放，找平层可用天然砂石屑或干硬性砂浆，用橡皮锤或木锤敲实；铺好后检查平整度，对位移、不稳、翘角等，应立即修正，最后用干砂拌水泥均匀填缝并在砖面上洒水。洒水养护3d，保持缝隙湿润。

质量要求：铺砌前应仔细检查砌块的质量，养护期间严禁上人上车。

3. 路面排水设施

指各种拦截、汇集、拦蓄、输送、排放危及路基、路面强度和稳定性的地表水或地下水的各类设备、设施和构造物组成的排水系统。主要有路基地表水排水系统、路面表面水排水系统、中央分隔带排水系统、路面内部水排水系统及地下水排水系统组成。

（1）截水沟

是指设置在挖方路基边坡坡顶以外或山坡路堤上方适当地点，用以拦截并排除路基上方流向路基的地面径流，减轻边沟的水流负担，保护挖方边坡和填方坡脚不受流水冲刷的水沟。截水沟的横断面形式一般为梯形，边坡视土质而定。

（2）排水沟

是指将截水沟、边沟和路基附近低洼处汇集的水引排至路基范围以外指定地点的水沟。排水沟的横断面形式一般为梯形。

（3）盲沟

是指在路基或地基内设置的充填碎、砾石等粗颗粒材料并铺以反滤层（有的其中埋设透水管）的地下排水设施。在水力特性上属于紊流。其构造比较简单，横断面成矩形，亦可做成上宽下窄的梯形。沟底应设1%～2%的纵坡。

（4）边沟

边沟是指设置在挖方路基的路基外侧或低路堤的坡脚外侧，用以汇集并排除路基范围内和流向路基的少量表面水的纵向水沟。常用横断面形式有梯形、矩形、三角形及流线型四种类型。

1.4　桥梁工程简介

桥梁是指为公路、铁路、城市道路等跨越河流、山谷、湖泊、低地等天然或人工障碍物而建造的建筑物。

1.4.1　桥梁分类和组成

1. 桥梁的分类（表1-14）

桥梁的分类　　　　表1-14

序号	分类方式	桥涵类型
1	按跨径和全长规模	特大桥、大桥、中桥、小桥等
2	按用途	铁路桥、公路桥、公铁两用桥、人行及自行车桥、农桥等

序号	分类方式	桥涵类型
3	按建筑材料	钢桥、钢筋混凝土桥、预应力混凝土桥、结合桥、圬工桥、木桥等
4	按结构体系分	梁桥、拱桥、悬索桥、组合体系等
5	按桥跨结构与桥面的相对位置	上承式、下承式、中承式
6	按桥梁的平面形状分	直桥、斜桥、弯桥
7	按预计使用时间分	永久性桥、临时性桥

2. 桥梁的组成

桥梁由"五大部件"与"五小部件"组成（图 1-23、图 1-24）。

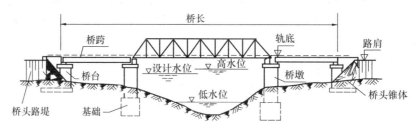

图 1-23　桥梁示意图

图 1-24　桥梁各部位名称

所谓"五大部件"是指：桥梁承受汽车或其他运输车辆荷载的桥跨上部结构与下部结构，五大部件必须通过荷载的计算与分析，是桥梁结构安全性的保证，具体如下：

（1）桥跨结构（或称桥孔结构、上部结构）。路线遇到障碍（如江河、山谷或其他路线等）的结构物。

（2）支座系统。支承上部结构并传递荷载于桥梁墩台上，它应保证上部结构预计的在荷载、温度变化或其他因素作用下的位移功能。

（3）桥墩。是在河中或岸上支承两侧桥跨上部结构的建筑物。

（4）桥台。设在桥的两端；一端与路堤相接，并防止路堤滑塌；另一端则支承桥跨上部结构的端部。为保护桥台和路堤填土，桥台两侧常做一些防护工程。

（5）墩台基础。是保证桥梁墩台安全并将荷载传至地基的结构。基础工程在整个桥梁工程施工中是比较困难的部分，而且常常需要在水中施工，因而遇到的问题也很复杂。

前两个部件是桥跨上部结构，后三个部件是桥跨下部结构。

所谓"五小部件"是直接与桥梁服务功能有关的部件，过去总称为桥面构造，具体如下：

（1）桥面铺装（或称行车道铺装）。铺装的平整、耐磨性、不翘曲、不渗水是保证行车舒适的关键。特别是在钢箱梁上铺设沥青路面时，其技术要求甚严。

（2）排水防水系统。应能迅速排除桥面积水，并使渗水的可能性降至最小限度。城市桥梁排水系统应保证桥下无滴水和结构上无漏水现象。

（3）栏杆（或防撞栏杆）。它既是保证安全的构造措施，又是有利于观赏的最佳装饰件。

（4）伸缩缝。桥跨上部结构之间或桥跨上部结构与桥台端墙之间所设的缝隙，以保证结构在各种因素作用下的变位。为使行车舒适、不颠簸，桥面上要设置伸缩缝构造。

（5）灯光照明。现代城市中，大跨桥梁通常是一个城市的标志性建筑，大多装置了灯光照明系统，构成了城市夜景的重要组成部分。

1.4.2　梁式桥梁构造

1. 基本情况

承重结构：梁（板）。

荷载形式：竖向荷载，无水平反力，弯矩大。

材料：材料具有抗弯能力强的特点，如钢、钢筋混凝土、预应力混凝土等。

结构：简支、连续、悬臂。

2. 梁式桥的分类

按承重结构的静力体系分为：简支梁桥、悬臂梁桥、连续梁桥。

按有无预应力情况分为：钢筋混凝土桥（无预应力）和预应力混凝土梁桥（部分或全部）。

按施工方法可分为：整体浇筑式和装配式。

按横截面形式分为：板桥、肋板式梁桥（T梁）、箱梁桥。

3. 梁式桥的构件组成

桥跨结构：桥跨结构是在线路中断时跨越障碍的主要承载结构。当跨域的幅度比较大，并且除恒载外要求安全承受很大车辆荷载的情况下，桥跨结构的构造就比较复杂，施工难度大。

通常人们习惯称桥跨结构为桥梁的上部，称桥墩或桥台为桥梁的下部结构。

（1）桥梁上部结构

上部结构：包括承重结构和桥面系，主要作用是承受车辆荷载并通过支座将荷载传给墩台。其分布位置有：梁式桥在支座以上；拱桥在起拱线以上。

桥面系结构主要包括：桥面铺装、桥面排水和防水设施、伸缩缝、人行道、护栏等。

1）桥面铺装

定义：用沥青混凝土、水泥混凝土等材料铺筑在桥面板上的保护层。

作用：防止车轮轮胎或履带直接磨耗行车道板；保护主梁免受雨水侵蚀；分散车轮的集中荷载。

要求：强度高、抗车辙、耐磨抗滑、不宜开裂、不透水、刚度好、行车舒适。

常用形式：

① 水泥混凝土：造价低，耐磨，适用于重载，但养生期长；

② 沥青混凝土：优点是自重低，通车早。

2）桥面排水系统

作用及目的：钢筋混凝土结构应防止雨水积滞于桥面并渗入梁体造成混凝土破坏和钢筋锈蚀而影响桥梁的耐久性，除在桥面铺装层内设置防水层外，应使桥上的雨水迅速排出桥外。

方法：桥面排水是借助于桥面纵坡和横坡的作用，把雨水迅速汇向集水碗，并从泄水管排出。

桥面横坡：一般不小于 1.5%。

常用泄水管有：铸铁管、混凝土管、塑料管。

3）伸缩缝：桥跨结构在气温变化、活载作用、混凝土收缩和徐变等影响下将会发生变形。为了满足桥面的自由变形，同时又保证车辆能平顺通过，就要在相邻两梁端之间、梁端与桥台之间或桥梁的交接位置上预留伸缩缝，并在桥面设置伸缩装置。

使用要求：能够适应桥梁的伸缩要求；与桥梁结构连为整体，桥面平坦，行驶性良好；具有排水和防水的构造；承担各种车辆荷载的作用；养护、更换方便经济。

伸缩缝的分类：

图 1-25　钢制伸缩缝

① 锌铁皮伸缩缝。

② TST 弹塑体伸缩缝：以 TST 弹塑体作为跨缝材料，该弹塑体在温度 140℃以上时呈熔融状，可以直接浇灌；在低温下具有弹性和防水性。

③ 钢制伸缩缝（图 1-25）。

4）桥面连续

实质：将简支桥梁上部构造在其伸缩缝处施行铰接，即满足桥面部分应当具有适应车辆荷载作用的柔性，并有足够的强度来承受因温度变化和制动作用所产生的纵向力。其在竖直荷载作用下的变形状态属于简支体系，而在纵向水平力作用下属于连续体系。

优缺点：节省伸缩缝、行车舒适，但连续部位易开裂。

5）护栏

作用：封闭沿线两侧，引导视线、吸收碰撞能量，增加行车安全感。

常用材料：混凝土、钢筋混凝土、金属（钢、铝合金）或金属与混凝土混合材料。

（2）支座

支座是设置在桥梁的上部结构与墩台之间的传力构件。

1）支座的作用和要求

① 传递上部结构的支承反力，包括恒载和活载引起的竖向力和水平力。

② 保证结构在活载、温度变化、混凝土收缩和徐变等因素作用下能自由变形，以使上、下部结构的实际受力情况符合结构的静力图式。

2）支座分类（按其变位的可能性）

固定支座：既要固定主梁在墩台上的位置并传递竖向压力，又要保证主梁发生挠曲时在支承处能自由转动。

活动支座：只传递竖向压力，但要保证主梁在支承处既能自由转动又能水平移动。活动支座又可分为多向活动支座和单向活动支座。

3）常见的支座类型：简易支座；板式橡胶支座；盆式橡胶支座。

（3）桥梁下部结构

桥梁下部结构包括桥墩、桥台和基础，主要起到支承上部结构，并将结构重力和车辆荷载传给地基的作用。

桥梁墩台（桥墩与桥台的简称）的主要作用是承受上部结构传来的荷载，并将它及本身自重传给地基。桥梁墩台不仅本身应具有足够的强度、刚度和稳定性，而且对地基的承载能力、沉降量、地基与基础之间的摩阻力等也都提出一定的要求。

桥墩：桥墩支承相邻的两孔桥跨，居于桥梁的中间部位。桥墩除承受上部结构的作用力外，还受到风力、流水压力及可能发生的冰压力、船只和漂流物的撞击力。

桥台：桥台居于全桥的两端，它的前端支承桥跨，后端与路基衔接，起着支挡台后路基填土并把桥跨与路基连接起来的作用。除承受上部结构的作用力外，需承受台背填土及填土上车辆荷载产生的附加侧压力。

墩台（桥墩和桥台的简称）的组成：桥梁墩（台）主要由墩（台）帽、墩（台）身和基础三部分组成。

常见的墩台形式如下：

① 重力式墩台：重力式墩台也称实体式墩台，它主要靠自重（包括桥跨结构重力）来平衡外力台后的土压力，从而保证桥墩的强度和稳定，多用石砌、片石混凝土或混凝土等圬工材料建造（图1-26）。

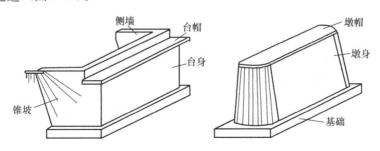

图 1-26 梁桥重力式墩台

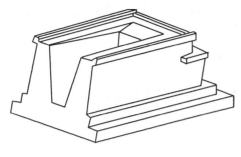

图 1-27　U 形桥台

② U 形桥台（重力式的一种）：它的形状简单，施工方便，但工程量大，目前已较少采用。当填土不高、桥跨较小且桥面不宽时可考虑采用（图 1-27）。

③ 轻型桥台：轻型桥台的形式很多，其主要特点是利用结构本身的抗弯能力来减少圬工体积而使桥台轻型化（图 1-28）。

④ 桩柱式桥墩：桩式桥墩是将钻孔桩基础向上延伸作为桥墩的墩身，在桩顶浇注盖梁，由承台、柱式墩身和盖梁组成。一般可分为独柱、双柱和多柱等形式，它可以根据桥宽的需要以及地物地貌条件任意组合。

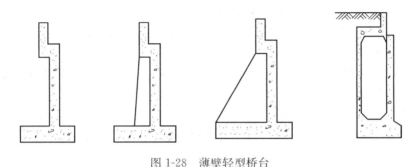

图 1-28　薄壁轻型桥台

1.4.3　城市桥梁下部结构施工

1. 钻孔灌注桩基础

（1）准备工作

1）施工前应掌握工程地质资料、水文地质资料，具备所用各种原材料及制品的质量检验报告。

2）施工时应按有关规定，制定安全生产、保护环境等措施。

3）灌注桩施工应有齐全、有效的施工记录。

（2）成孔方式与设备选择

依据成桩方式可分为泥浆护壁成孔、干作业成孔、沉管成孔灌注桩及爆破成孔。

（3）泥浆护壁成孔

泥浆制备与护筒埋设：

1）泥浆制备根据施工机具、工艺及穿越土层情况进行配合比设计，宜选用高塑性黏土或膨润土。

2）护筒埋设深度应符合有关规定。护筒顶面宜高出施工水位或地下水位 2m，并宜高出施工地面 0.3m。其高度尚应满足孔内泥浆面高度的要求。

3）灌注混凝土前，清孔后的泥浆相对密度应小于 1.10；含砂率不得大于 2%；黏度不得大于 20Pa·s。

4）现场应设置泥浆池和泥浆收集设施，废弃的泥浆、钻渣应进行处理，不得污染环境。

（4）正、反循环钻孔

1）泥浆护壁成孔时根据泥浆补给情况控制钻进速度，保持钻机稳定。

2）钻进过程中如发生斜孔、塌孔和护筒周围冒浆、失稳等现象时，应先停钻，待采取相应措施后再进行钻进。

3）钻孔达到设计深度，灌注混凝土之前，孔底沉渣厚度应符合设计要求。设计未要求时端承型桩的沉渣厚度不应大于 100mm；摩擦型桩的沉渣厚度不应大于 300mm。

（5）冲击钻成孔

1）冲击钻开孔时，应低锤密击，反复冲击造壁，保持孔内泥浆面稳定。

2）应采取有效的技术措施防止扰动孔壁、塌孔、扩孔、卡钻和掉钻及泥浆流失等事故。

3）每钻进 4～5m 应验孔一次，在更换钻头前或容易缩孔处，均应验孔并做记录。

4）排渣过程中应及时补给泥浆。

5）冲孔中遇到斜孔、梅花孔、塌孔等情况时，应采取措施后方可继续施工。

6）稳定性差的孔壁应采用泥浆循环或抽渣筒排渣，清孔后灌注混凝土之前的泥浆指标符合要求。

（6）旋挖成孔

1）旋挖钻成孔灌注桩应根据不同的地层情况及地下水位埋深，采用不同的成孔工艺。

2）泥浆制备的能力应大于钻孔时的泥浆需求量，每台套钻机的泥浆储备量不少于单桩体积。

3）成孔前和每次提出钻斗时，应检查钻斗和钻杆连接销子、钻斗门连接销子以及钢丝绳的状况，并应清除钻斗上的渣土。

4）旋挖钻机成孔应采用跳挖方式，并根据钻进速度同步补充泥浆，保持所需的泥浆面高度不变。

5）孔底沉渣厚度控制指标符合要求。

（7）干作业成孔

1）长螺旋钻孔

①钻机定位后，应进行复检，钻头与桩位点偏差不得大于 20mm，开孔时下钻速度应缓慢；钻进过程中，不宜反转或提升钻杆。

②在钻进过程中遇到卡钻、钻机摇晃、偏斜或发生异常声响时，应立即停钻，查明原因，采取相应措施后方可继续作业。

③钻至设计标高后，应先泵入混凝土并停顿 10～20s，再缓慢提升钻杆。提钻速度应根据土层情况确定，并保证管内有一定高度的混凝土。

④混凝土压灌结束后，应立即将钢筋笼插至设计深度，并及时清除钻杆及泵（软）管内残留混凝土。

2）钻孔扩底

①钻杆应保持垂直稳固，位置准确，防止因钻杆晃动引起孔径扩大。

②钻孔扩底桩施工扩底孔部分虚土厚度应符合设计要求。

③灌注混凝土时，第一次应灌到扩底部位的顶面，随即振捣密实。灌注桩顶以下 5m 范围内混凝土时，应随灌注随振动，每次灌注高度不大于 1.5m。

3）人工挖孔

① 人工挖孔桩必须在保证施工安全前提下选用。

② 挖孔桩截面一般为圆形，也有方形桩，孔径一般为 1200～2000mm，最大可达 3500mm。挖孔深度不宜超过 25m。

③ 采用混凝土或钢筋混凝土支护孔壁技术，护壁的厚度、拉接钢筋、配筋、混凝土强度等级均应符合设计要求；井圈中心线与设计轴线的偏差不得大于 20mm；上下节护壁混凝土的搭接长度不得小于 50mm；每节护壁必须保证振捣密实，并应当日施工完毕；应根据土层渗水情况使用速凝剂；模板拆除应在混凝土强度大于 2.5MPa 后进行。

④ 挖孔达到设计深度后，应进行孔底处理。必须做到孔底表面无松渣、泥、沉淀土。

（8）钢筋笼与灌注混凝土施工要点

1）钢筋笼加工应符合设计要求。钢筋笼制作、运输和吊装过程中应采取适当的加固措施，防止变形。

2）吊放钢筋笼入孔时，不得碰撞孔壁，就位后应采取加固措施固定钢筋笼的位置。

3）沉管灌注桩内径应比套管内径小 60～80mm，用导管灌注水下混凝土的桩应比导管连接处的外径大 100mm 以上。

4）灌注桩采用的水下灌注混凝土宜采用预拌混凝土，其骨料粒径不宜大于 40mm。

5）灌注桩各工序应连续施工，钢筋笼放入泥浆后 4h 内必须浇筑混凝土。

6）桩顶混凝土浇筑完成后应高出设计标高 0.5～1m，确保桩头浮浆层凿除后桩基面混凝土达到设计强度。

7）当气温低于 0℃ 以下时，浇筑混凝土应采取保温措施，浇筑时混凝土的温度不得低于 5℃。当气温高于 30℃ 时，应根据具体情况对混凝土采取缓凝措施。

8）灌注桩的实际浇筑混凝土量不得小于计算体积；套管成孔的灌注桩任何一段平均直径与设计直径的比值不得小于 1.0。

（9）水下混凝土灌注

1）桩孔检验合格，吊装钢筋笼完毕后，安置导管浇筑混凝土。

2）混凝土配合比应通过试验确定，须具备良好的和易性，坍落度宜为 180～220mm。

3）导管应符合下列要求：导管内壁应光滑圆顺；直径宜为 20～30cm，节长宜为 2m；导管不得漏水，使用前应试拼、试压；导管轴线偏差不宜超过孔深的 0.5%，且不宜大于 10cm；导管采用法兰盘接头宜加锥形活套；采用螺旋丝扣型接头时必须有防止松脱装置。

4）使用的隔水球应有良好的隔水性能，并应保证顺利排出。

5）开始灌注混凝土时，导管底部至孔底的距离宜为 300～500mm；导管首次埋入混凝土灌注面以下不应少于 1.0m；在灌注过程中，导管埋入混凝土深度宜为 2～6m。

6）灌注水下混凝土必须连续施工，并应控制提拔导管速度，严禁将导管提出混凝土灌注面。灌注过程中的故障应记录备案。

2. 墩台、盖梁施工技术

（1）重力式混凝土墩、台施工

1）墩台混凝土浇筑前应对基础混凝土顶面做凿毛处理，清除污锈。

2）墩台混凝土宜水平分层浇筑，每层高度宜为 1.5～2m。

3）墩台混凝土分块浇筑时，接缝应与墩台截面尺寸较小的一边平行，邻层分块接缝应错开，接缝宜做成企口形。分块数量，墩台水平截面积在 200m² 内不得超过 2 块；在 300m² 以内不得超过 3 块。每块面积不得小于 50m²。

4）明挖基础上灌筑桥墩、台第一层混凝土时，要防止水分被基础吸收或基顶水分渗入混凝土而降低强度。

（2）柱式墩台施工

1）模板、支架稳定计算中应考虑风力影响。

2）墩台柱与承台基础接触面应凿毛处理，清除钢筋污锈。浇筑墩台柱混凝土时，应铺同配合比的水泥砂浆一层。墩台柱的混凝土宜一次连续浇筑完成。

3）柱身高度内有系梁连接时，系梁应与柱同步浇筑。V 型墩柱混凝土应对称浇筑。

4）采用预制混凝土管做柱身外模时，预制管安装应符合要求。

5）钢管混凝土墩柱应采用补偿收缩混凝土，一次连续浇筑完成。钢管的焊制与防腐应符合设计要求或相关规范规定。

（3）盖梁施工

1）在城镇交通繁华路段施工盖梁时，宜采用整体组装模板、快装组合支架，以减少占路时间。

2）盖梁为悬臂梁时，混凝土浇筑应从悬臂端开始；预应力钢筋混凝土盖梁拆除底模时间应符合设计要求；如设计无要求，孔道压浆强度达到设计强度后，方可拆除底模板。

（4）重力式砌体墩台

1）墩台砌筑前，应清理基础，保持洁净，并测量放线，设置线杆。

2）墩台砌体应采用坐浆法分层砌筑，竖缝均应错开，不得贯通。

3）砌筑墩台镶面石应从曲线部分或角部开始。

4）桥墩分水体镶面石的抗压强度不得低于设计要求。

5）砌筑的石料和混凝土预制块应清洗干净，保持湿润。

1.4.4 城市桥梁上部结构施工

装配式梁（板）施工技术中，包括预应力（钢筋）混凝土简支梁（板）施工技术。

1. 装配式梁（板）施工方案

（1）装配式梁（板）施工方案编制前，应对施工现场条件和拟定运输路线社会交通进行充分调研和评估。

（2）预制和吊装方案：应按照设计要求，并结合现场条件确定梁板预制和吊运方案；应依据施工组织进度和现场条件，选择构件厂（或基地）预制或施工现场预制；按照吊装机具不同，梁板架设方法分为起重机架梁法、跨墩龙门吊架梁法和穿巷式架桥机架梁法。每种方法选择都应在充分调研和技术经济综合分析的基础上进行。

2. 技术要求

（1）预制构件与支承结构

1）安装构件前必须检查构件外形及其预埋件尺寸和位置，其偏差不应超过设计或规范允许值。

2）装配式桥梁构件在脱底模、移运、堆放和吊装就位时，混凝土的强度不应低于设计要求的吊装强度，设计无要求时一般不应低于设计强度的 75%。预应力混凝土构件吊装时，其孔道水泥浆的强度不应低于构件设计要求。如设计无要求时，不应低于 30MPa。

吊装前应验收合格。

3）安装构件前，支承结构（墩台、盖梁等）的强度应符合设计要求，支承结构和预埋件的尺寸、标高及平面位置应符合设计要求且验收合格。桥梁支座的安装质量应符合要求，其规格、位置及标高应准确无误。墩台、盖梁、支座顶面清扫干净。

（2）吊运方案

1）吊运（吊装、运输）应编制专项方案，并按有关规定进行论证、批准。

2）吊运方案应对各受力部分的设备、杆件进行验算，特别是吊车等机具安全性验算，起吊过程中构件内产生的应力验算必须符合要求。梁长 25m 以上的预应力简支梁应验算裸梁的稳定性。

3）应按照起重吊装的有关规定，选择吊运工具、设备，确定吊车站位、运输路线与交通导行等具体措施。

（3）技术准备

1）按照有关规定进行技术安全交底。

2）对操作人员进行培训和考核。

3）测量放线，给出高程线、结构中心线、边线，并进行清晰地标识。

3. 安装就位的技术要求

（1）吊运要求

1）构件移运、吊装时的吊点位置应按设计规定或根据计算决定。

2）吊装时构件的吊环应顺直，吊绳与起吊构件的交角小于 60°时，应设置吊架或吊装扁担，尽量使吊环垂直受力。

3）构件移运、停放的支承位置应与吊点位置一致，并应支承稳固。在顶起构件时应随时置好保险垛。

4）吊移板式构件时，不得吊错板梁的上、下面，防止折断。

（2）就位要求

1）每根大梁就位后，应及时设置保险垛或支撑，将梁固定并用钢板与已安装好的大梁预埋横向连接钢板焊接，防止倾倒。

2）构件安装就位并符合要求后，方可允许焊接连接钢筋或浇筑混凝土固定构件。

3）待全孔（跨）大梁安装完毕后，再按设计规定使全孔（跨）大梁整体化。

4）梁板就位后应按设计要求及时浇筑接缝混凝土。

1.4.5 现浇预应力（钢筋）混凝土连续梁施工技术

以下简要介绍现浇预应力（钢筋）混凝土连续梁常用的支（模）架法和悬臂浇筑法施工技术。

1. 支（模）架法

支架法现浇预应力混凝土连续梁：

（1）支架的地基承载力应符合要求，必要时，应采取加强处理或其他措施。

（2）应有简便可行的落架拆模措施。

（3）各种支架和模板安装后，宜采取预压方法消除拼装间隙和地基沉降等非弹性变形。

（4）安装支架时，应根据梁体和支架的弹性、非弹性变形，设置预拱度。

（5）支架底部应有良好的排水措施，不得被水浸泡。

（6）浇筑混凝土时应采取防止支架不均匀下沉的措施。

2. 悬臂浇筑法

悬臂浇筑的主要设备是一对能行走的挂篮。挂篮在已经张拉锚固并与墩身连成整体的梁段上移动。绑扎钢筋、立模、浇筑混凝土、施加预应力都在其上进行。完成本段施工后，挂篮对称向前各移动一节段，进行下一梁段施工，循序渐进，直至悬臂梁段浇筑完成。

（1）挂篮设计与组装

1）挂篮结构主要设计参数应符合下列规定：

①挂篮质量与梁段混凝土的质量比值控制在 0.3～0.5，特殊情况下不得超过 0.7。

②允许最大变形（包括吊带变形的总和）为 20mm。

③施工、行走时的抗倾覆安全系数不得小于 2。

④自锚固系统的安全系数不得小于 2。

⑤斜拉水平限位系统和上水平限位安全系数不得小于 2。

⑥挂篮组装后，应全面检查安装质量，并应按设计荷载做载重试验，以消除非弹性变形。

（2）浇筑段落

悬浇梁体一般应分四大部分浇筑：

1）墩顶梁段（0 号块）；

2）墩顶梁段（0 号块）两侧对称悬浇梁段；

3）边孔支架现浇梁段；

4）主梁跨中合龙段。

（3）悬浇顺序及要求

1）在墩顶托架或膺架上浇筑 0 号段并实施墩梁临时固结；

2）在 0 号块段上安装悬臂挂篮，向两侧依次对称分段浇筑主梁至合龙前段；

3）在支架上浇筑边跨主梁合龙段；

4）最后浇筑中跨合龙段形成连续梁体系。

（4）张拉及合龙

1）预应力混凝土连续梁悬臂浇筑施工中，顶板、腹板纵向预应力筋的张拉顺序一般为上下、左右对称张拉，设计有要求时按设计要求施做。

2）预应力混凝土连续梁合龙顺序一般是先边跨、后次跨、最后中跨。

3）连续梁（T 构）的合龙、体系转换和支座反力调整应符合下列规定：

① 合龙段的长度宜为 2m。

② 合龙前应观测气温变化与梁端高程及悬臂端间距的关系。

③ 合龙前应按设计规定，将两悬臂端合龙口予以临时连接，并将合龙跨一侧墩的临时锚固放松或改成活动支座。

④ 合龙前，在两端悬臂预加压重，并于浇筑混凝土过程中逐步撤除，以使悬臂端挠度保持稳定。

⑤ 合龙宜在一天中气温最低时进行。

⑥ 合龙段的混凝土强度等级宜提高一级，以尽早施加预应力。

⑦ 连续梁的梁跨体系转换，应在合龙段及全部纵向连续预应力筋张拉、压浆完成，并解除各墩临时固结后进行。

⑧ 梁跨体系转换时，支座反力的调整应以高程控制为主，反力作为校核。

1.5 排水工程简介

城市排水按性质分为三类，即生活污水、工业废水和降水。将城市污水、降水有组织地进行收集、处理和排放的工程设施成为排水系统。

1.5.1 城市排水体制

城市排水体制一般分为合流制和分流制两种类型：

1. 合流制排水系统

合流制排水系统是将城市生活污水、工业废水和雨水径流汇集入在一个管渠内予以输送、处理和排放。按照其产生的次序及对污水处理的程度不同，合流制排水系统可分为直排式合流制、截流式合流制和全处理式合流制。

城市污水与雨水径流不经任何处理直接排入附近水体的合流制称为直排式合流制排水系统。国内外老城区的合流制排水系统均属于此类。

随着工业化的不断发展，污水对环境造成的污染越来越严重，必须对污水进行适当的处理才能够减轻城市污水和雨水径流对水环境造成的污染，为此产生了截流式合流制。

在雨量较小且对水体水质要求较高的地区，可以采用完全合流制。将生活污水、工业废水和降水径流全部送到污水处理厂处理后排放。这种方式对环境水质的污染最小，但对污水处理厂处理能力的要求高，并且需要大量的建设和运行费用。

2. 分流制排水系统

当生活污水、工业废水和雨水用两个或两个以上排水管渠排除时，称为分流制排水系统。其中排除生活污水、工业废水的系统称为污水排水系统；排除雨水的系统称为雨水排水系统。

根据排除雨水方式的不同，又分为完全分流制、不完全分流制和截流式分流制。完全分流制是指雨、污水两个管道系统，不完全分流制是指只有污水管道系统而无完整的雨水聚流系统，截流式分流制既有污水排水系统，又有雨水排水系统，与完全分流制的不同之处是它具有把初期雨水引入污水管道的特殊设施，称雨水截流井。

1.5.2 排水系统的组成

一般来说，城市排水系统包括排水管道与沟渠、污水泵站、雨水泵站，污水处理厂、污水排放口等设施。

排水管道与沟渠系将城市或工厂的生产、生活污水和雨水，通过管道、渠道，集中排至污水处理厂进行处理。管道、渠道的附属设施有各种检查井、跌落井、雨水井等。

污水、雨水泵站，是设置在排水管、渠道至污水处理厂的中间的建筑物。由于污水、雨水系按重力流至污水处理厂，当由于管、渠道较长，埋设较深，经过经济比较认为不经济实用，可以在中间设置若干座污水、雨水处理设施，经过净化处理使其符合国家关于排放水体的排放标准该过程设置的全部建筑物及构筑物有污水沉淀池、曝气池、污泥池、污水泵房及污水厂厂内管道以及相应的附属建筑物等。

污水排放口是排水系统的末端设施，它是与水体相连的构筑物。

1.5.3 排水管道安装

1. 开槽管道施工

开槽铺设预制成品管是目前国内外地下管道工程施工的主要方法。

（1）排水管道基础

排水管道的基础分为地基、基础和管座三部分。排水管道的基础通常有砂土基础和混凝土带形基础。

1）砂土基础

砂土基础包括弧形素土基础和砂垫层基础。弧形素土基础是在原土上挖一条与管外壁相符的弧形槽（约90°弧形），管子落在弧形槽里，适用于无地下水，管径小于600mm的混凝土管和陶土管道。砂垫层基础是在槽底铺设一层10～15cm的粗砂，适用于管径小于600mm的岩石或多石土壤地带（图1-29）。

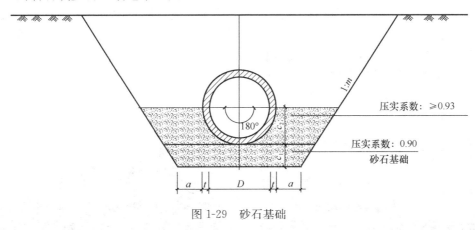

图1-29　砂石基础

2）混凝土基础

绝大部分的排水管道基础为混凝土基础。混凝土的强度等级一般为C10～C25。管道设置基础和管座的目的，是保护管道不致被破坏。管座包的中心角越大，管道的受力状态越好。通常管座包角分为120°和180°两种，如图1-30所示。

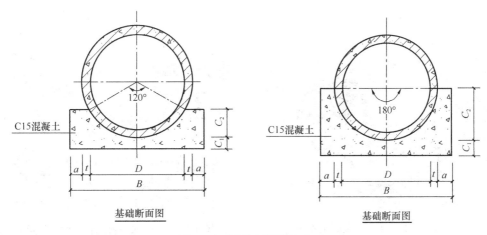

图1-30　混凝土管道基础

（2）排水管道敷设

排水管道（管渠）的材质选择和横断面形式必须满足力学计算和养护管理上的要求。在静力学方面管道必须有较大的稳定性；在承受各种荷载时是稳定和坚固的；在水力学方面管道断面应具有最大的排水能力，并在一定的流速上不产生沉淀物；在经济方面其造价应该是最低的；在养护方面应便于冲洗和清通，没有淤积。

一般采用的排水管道有铸铁排水管，混凝土管、钢筋混凝土管、陶土管等。大型的排水沟渠、可用砖、石、混凝土块或现浇混凝土等砌筑。

1）陶土管

陶土管的管口有平口式和承插式两种。陶土管内外壁光滑、水流阻力小、耐磨损、抗腐蚀。但管节短，接口多，安装施工麻烦。它适用于排除酸性废水或管外有侵蚀性地下水的污水管道（图 1-31）。

2）混凝土排水管

直径大于 400mm 时一般配置钢筋制成钢筋混凝土管，其长度 1～3m。它具有就地取材、制造方便、承压力强等优点，所以在排水管道系统中得到普遍应用，混凝土和钢筋混凝土管的管口通常有承插式、企口式和平接式三种。

① 平接式混凝土管（图 1-32）。

② 企口式混凝土管（图 1-33）。

③ 承插式混凝土管（胶圈接口，图 1-34）。

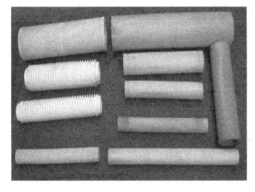

图 1-31　陶土管

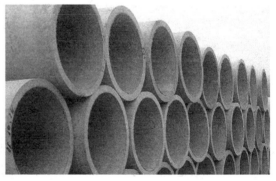

图 1-32　平接式混凝土管

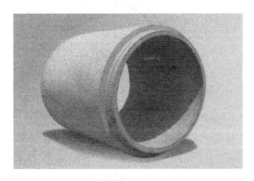

图 1-33　企口式混凝土管

图 1-34　承插式混凝土管（胶圈接口）

3）双壁波纹管：双壁波纹管是一种新型轻质管材，内壁光滑平整，外壁呈梯形波纹状，内外壁间有夹壁中空层，其独特的管壁结构设计使此类管材具有环刚度大、质量轻、耐高压、韧性好、耐腐蚀、耐磨性好、施工方便、安装成本低、使用寿命长等特点，双壁波纹管一般为 6m 一根，采用胶圈连接（图 1-35）。

4）玻璃钢夹砂管：玻璃钢夹砂管（RPMP）是一种用高分子纤维复合材料研制而成的新型管材。其特点为轻质高强、耐腐蚀性能好、使用寿命长、内壁光滑，管道有效长度可达 12m，接头少，并采用了双"O"型密封圈连接（图 1-36）。

图 1-35　双壁波纹管　　　　　　　　　图 1-36　玻璃钢夹砂管

5）高密度聚乙烯缠绕管：高密度聚乙烯（HDPE）缠绕结构壁管是一种内外壁光滑、管壁工字形结构。其特点为：具有较高的环刚度和较好的柔韧性、抗震性；抗化学侵蚀、耐老化能力强；具有极强的耐腐蚀和侵蚀能力；环保无毒性。管道长度一般为 6m，常用热熔带连接（图 1-37）。

图 1-37　高密度聚乙烯缠绕管

（3）排水管道接口

排水管道的不透水性和耐久性，在很大程度上取决于敷设管道时接口的质量。管道接口应有足够的强度、不透水性。根据接口的弹性，接口一般分为柔性、刚性、半柔半刚性三种形式。

1）柔性接口

柔性接口允许管道接口有一定的弯曲和变形，常用的柔性接口有石棉沥青卷材和橡胶圈接口，如图 1-38 所示。

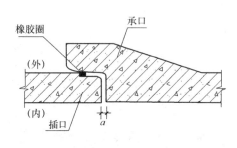

图 1-38　橡胶圈接头

2）刚性接口

刚性接口不允许管道接口有轴向变形，抗震性差。常用的刚性接口为钢丝网水泥砂浆抹带接口，即在砂浆带内放入一层 20 号 10×10 钢丝网，适用于小口径的平口或企口管。承插式钢筋混凝土管一般为刚性接口，接口填料为水泥砂浆，适用于小口径雨水管道，如图 1-39 所示。

3）半柔半刚性接口

半柔半刚性接口使用条件介于上述两种接口之间，其接口形式为预制套环石棉水泥接口，这种接口强度高，严密性好，适用于大、中型的平口管道。

（4）排水管道的闭水试验

污水管道在回填土前应进行带井闭水试验。试验管段灌满水后，浸泡时间不应少于 24h。

2. 不开槽管道施工

不开槽管道施工方法是相对于开槽管道施工方法而言，市政公用工程常用的不开槽管道施工方法有顶管法、盾构法、浅埋暗挖法、地表式水平定向钻法、夯管法等，下面我们以顶管法为例介绍。

顶管施工是一种不开挖沟槽而敷设管道的工艺，它可以解决正常排水管道中无法进行的施工，例如穿越铁路、河流、公路及城市重要道路、大型地下设施等（图 1-40）。

顶管施工方法主要有以下几种：人工、机械或水力掘进顶管；不出土的挤压土层顶管；施工时，根据不同的管径、土层性质、管线长度及其他因素来确定相应的施工方法。这里主要通过掘进顶管法来介绍顶管的施工工艺。

掘进顶管法：

（1）工艺流程

测量放样→施工准备→选择工作坑位置→开挖工作坑→在工作坑底修筑基础→基础上

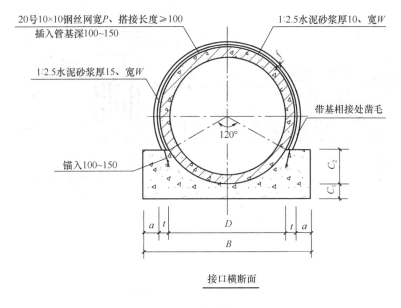

接口横断面

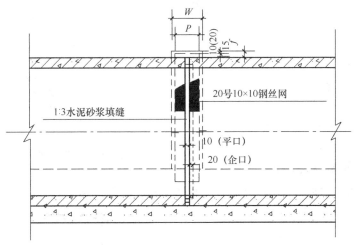

接口纵断面

图 1-39 钢丝网水泥砂浆抹带

设置导轨→管子在导轨上顶进（顶进前在管前端开挖坑道）→用千斤顶将管子顶入→一节管顶完，再连接一节管继续顶进（千斤顶支承于后背，后背支承于土后座墙或人工后墙）。

（2）工作坑及其布置

工作坑位置根据地形、管线设计、障碍物种类等因素决定，是顶管施工时在现场设置的临时性设施，排水管道顶进的工作坑通常设在检查井位置。工作坑包括后背、导轨和基础等。

1）工作坑的尺寸

工作坑一般选在检查井的位置，并与建筑物有一定的安全距离。其工作坑底长、宽尺寸可按图 1-41、图 1-42 计算。

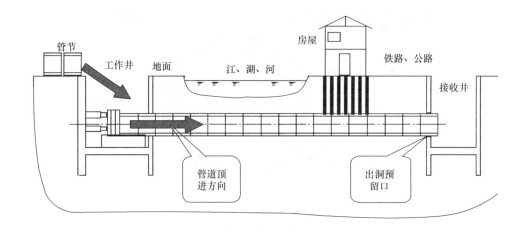

图 1-40　顶管施工简图

底宽：$W = D + 2(B + b)$

式中　B——工作面净宽，一般为 1.2～1.5m；

　　　b——支撑厚度；

　　　D——管外径。

底长：$L = L_1 + L_2 + L_3 + L_4 + L_5$

式中　L_1——后背结构厚度；

　　　L_2——千斤顶长度；

　　　L_3——出土工作面长度，一般取 1.0～

　　　　　　1.5m；

　　　L_4——每节顶管长度；

　　　L_5——顶进管口尾部留出工作坑壁的最小长度，一般为 0.3m。

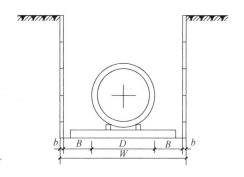

图 1-41　工作坑底宽尺寸示意图

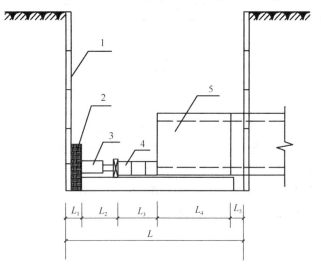

图 1-42　工作坑底长尺寸示意图

1—支撑；2—后背；3—千斤顶；4—顶铁；5—混凝土管

2) 工作坑基础：是为了防止工作坑地基沉降，导致管子顶进位置出现误差，而在坑底修建的。

含水弱土层通常采用混凝土基础。基础尺寸根据地基承载力、施工荷载、操作要求而定，下铺卵石或碎石垫层。

密实地基土可采用枕木基础，由方木铺成，平面尺寸与混凝土基础相同，根据地基承载力的大小，分密铺和疏铺两种，枕木一般采用15cm×15cm的方木，疏铺枕木基础的方木净距约为40～80cm。

3) 导轨：导轨的作用是引导管子按设计的中心线和坡度顶入土中，保证管子在将要顶入土中前的位置正确。

4) 后座墙与后背

后座墙与后背是千斤顶的支承结构。经常采用原土后座墙，这种后座墙造价经济，修建方便，黏土、黄土等均可做原土后座墙。根据施工经验，管顶埋深2～4m浅覆土原土后座墙的长度一般需4～7m。

选择工作坑位置时，应考虑有无原土后座墙可供利用，无法利用原土后座墙时，可修建人工后座墙。

后背的作用是减少对后座墙的单位面积压力，钢板桩后背通常用于弱土层。在工作坑双向顶进时，已顶进的管段作为未顶进管段的后背。双向同时顶进时，就不必设后背和后座墙。

5) 工作坑的垂直运输：地面与工作坑底之间的土方、管子和顶管设备等的垂直运输方法很多，一般可采用单轨电动吊车、三脚架、卷扬机、龙门吊等。由于三脚架起重设备不能作水平运输，采用这种方法还需地面操作平台。

工作坑布置时，还应解决电源、地面排水、地面运输、堆料场、泥浆处理、临时工作场和工人工地生活设施等问题。

（3）顶进设备

顶进一般采用油压顶管。顶管施工中经常采用的是变压器油。千斤顶在工作坑内的布置方式单列、并列和环周列等。

（4）前方挖土和运土

工作坑布置完毕，开始挖土和顶进。管内挖土分人工和机械两种，人工每次掘进深度，一般等于千斤顶顶程。开挖纵深过大，坑道开挖形状就不易控制正确，容易引起管子位置误差。因此，长顶程千斤顶用于管前方人工挖土情况下，全顶程可能分若干次顶进。地面有震动荷载时，要严格限制每次开挖纵深。

土质松散或有流砂时，为了保证安全和便于施工，在管前端安装工具管，施工时，先将工具管顶入土中，工人在管内挖土。

前方挖出的土，应及时运出管外，以避免管端因堆土过多而下沉，并改善工作环境。管径较大，可用手推车在管内运土；管径较小，可用特制小车运土。土运到工作坑后，由起重设备吊上来再运到工作坑外。

（5）管子的临时连接

一节管子顶完，再下入工作坑一节管子。继续顶进前，应将两节管子连接好，以提高管段的整体性和减少顶进误差。

顶进时的管子连接，分永久性和临时性两种。钢管采用永久性的焊接。管子的整体顶进长度越长，管子位置偏移随意性就越小，但是，一旦产生顶进位置误差，校正较困难。因此，整体焊接钢管的顶进阶段，应随时进行测量，避免积累误差。

钢筋混凝土管通常采用钢板卷圆的整体型内套环临时连接，在水平直径以上的套环与管壁间楔入木楔，这种内套环的优点是重量轻、安装方便，但刚性较差。为了提高刚性，可用肋板加固，两管间设置柔性材料（油麻、油毡）是为了防止管端压裂。

（6）中继间顶进、触变泥浆减阻

顶管施工的一次顶进长度取决于顶力大小、管材强度、后座墙强度、顶进操作技术水平等。通常情况下，一次顶进长度最大达 60～100m。长距离顶管时，可以采用中继间、触变泥浆减阻等方法，提高一次顶进长度，减少工作坑数目。

1）中继间顶进

中继间是在顶进管段中间设置的接力顶进工作间，此工作间内安装中继千斤顶，担负中继间之前的管段顶进。中继间千斤顶推进前面管段后，主压千斤顶再推进中继间后面的管段。此种分段接力顶进方法，称为中继间顶进。

中继间的特点是减少顶力效果显著，操作机动，可按顶力大小自由选择，分段接力顶进。但也存在设备较复杂、加工成本高、操作不便、降低工效等不足。

2）触变泥浆减阻

在管壁与坑壁间注入触变泥浆，形成泥浆套，可减少管壁与土壁之间的摩擦阻力，一次顶进长度可较非泥浆套顶进增加 2～3 倍。长距离顶管时，经常采用中继间泥浆套顶进。

触变泥浆的要求是泥浆在输送和灌注过程中具有流动性、可泵性和一定的承载力，经过一定的固结时间，产生强度。触变泥浆主要成分是膨润土和水。

（7）掘进顶管的内接口

管子顶进完毕，将临时连接拆除，进行内接口。内接口应有一定强度和水密性，并且保证管底流水面的平整度。接口方法根据管口形状而定。

平口钢筋混凝土管采用油麻石棉水泥内接口。施工时，在内涨圈连接把麻辫填入两管口之间。顶进完毕，拆除内涨圈，在管口缝隙处填打石棉水泥或填塞膨胀水泥砂浆。这种内接口防渗性较好。

企口管的接口采用油麻石棉水泥或膨胀水泥内接口，管壁外侧油毡为缓压层，内接口的外半圈采用聚氯乙烯胶泥接口。

1.5.4　排水管网构筑物

排水管渠系统上的构筑物包括雨水口、溢流井、检查井、跌水井、水封井、冲洗井、防潮门、出水口等。

1. 雨水口

地面及街道路面上的雨水，通过雨水口经过连接管流入排水管道。雨水口一般设在道路两侧，间距一般为 30m，如图 1-43 所示。

2. 检查井

为了便于对管渠系统检查和清理，必须设置检查井。检查井一般为圆形，由井底（包括基础）、井身和井盖组成，如图 1-44 所示。

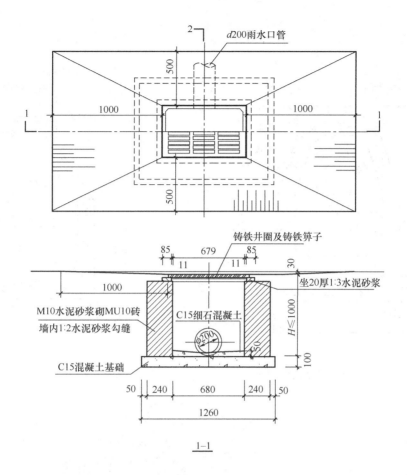

图 1-43　雨水口

　　井底材料一般采用低强度混凝土。为使水流流过检查井时阻力较小，井底宜设半圆形或弧形流槽。

　　井身材料可采用砖、石、混凝土或钢筋混凝土。一般大多采用砖砌，以水泥砂浆抹面。

　　检查井井盖和井座采用铸铁或钢筋混凝土，在车行道上一般采用铸铁。

　　3. 跌水井

　　当检查井衔接的上下游管底标高落差大于1m时，为消减水流速度，防止冲刷，在检查井内应设置消能设施，这种检查井称为跌水井，如图1-45所示。

　　4. 出水口

　　排水管渠的出水口一般设在岸边，出水口与水体岸边连接处做成护坡或挡土墙，以保护河岸及固定出水管渠与出水口，如图1-46所示。如果出水口的高程与水体的水面高差很大时，应考虑设置跌水。

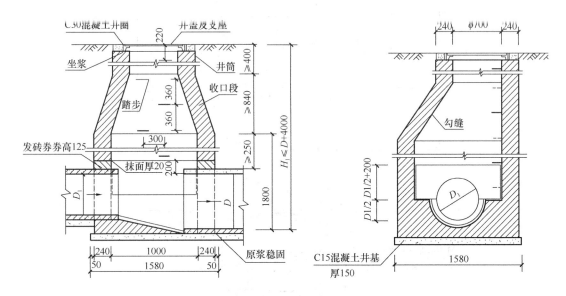

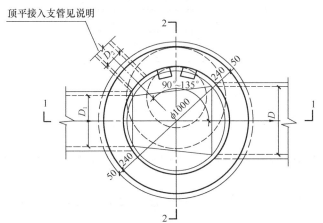

图 1-44　检查井

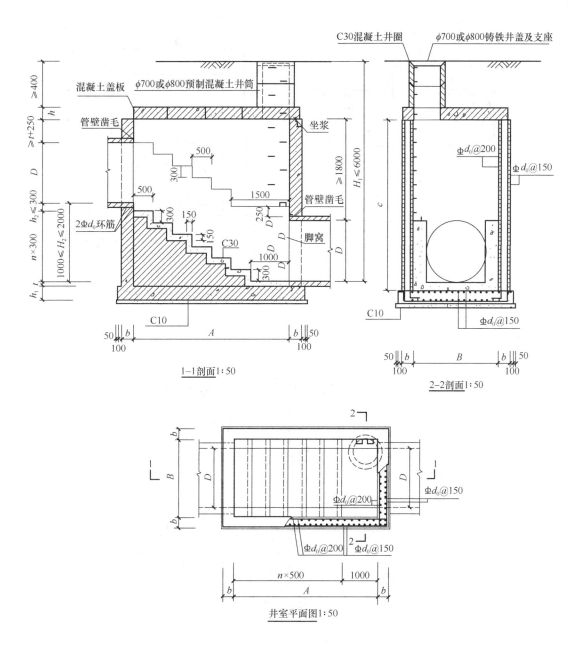

图 1-45 跌水井

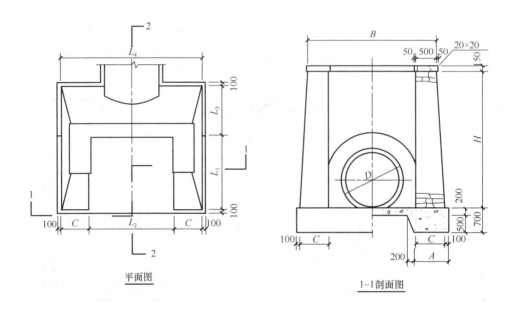

平面图

1-1剖面图

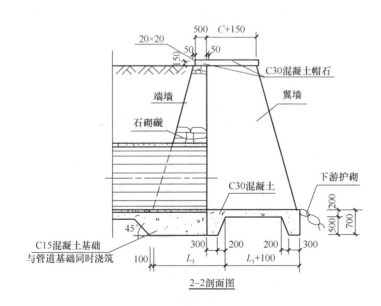

2-2剖面图

图 1-46　出水口

2 市政工程施工图识图

一条新建道路包括道路主体、桥梁、隧道、排水、交通、照明、绿化等。市政工程每个专业的施工图，根据功能作用的不同，还可以分为基本图和详图两部分。基本图表明全局性的内容，如城市道路工程的平面图、横断面图、纵断面图；桥梁的平面图、立面图、剖面图等都属于基本图。市政工程施工详图是表明某一局部或某一构配件的详细尺寸和材料、做法等详图。详图是基本图表达不足的补充，分为标准详图和非标准详图两种。

市政施工图的识图方法：

1. 从上往下，从左往右的看图顺序是施工图识读的一般顺序。比较符合看图的习惯，同时也是施工图绘制的先后顺序。

2. 由前往后看，根据道路的施工先后顺序，从道路、排水、照明到交通设施、绿化等依次看，此顺序基本也是结构施工图编排的先后顺序。

3. 看图时要注意从粗到细，从大到小。先粗看一遍，了解工程的概况、结构方案等。然后看总说明及每一张图纸，熟悉道路的平面布置，根据结构平面布置图，详细看每一个构筑物的尺寸、标高及其节点详图等。

4. 图纸中的文字说明是施工图的重要组成部分，应认真仔细逐条阅读，并与图样对照看，便于完整理解图纸。

5. 道路、排水、绿化等各专业施工图应结合起来看图。一般先看道路施工图，通过阅读设计说明、平面图，了解道路线形，长度、宽度等，然后再看排水施工图，在阅读排水平面图时应同时对照相应的道路平面图，把两者结合起来看，全面理解整条路的施工，并发现存在的矛盾和问题。

2.1　道　路　工　程　识　图

道路工程施工图一般由平面图、纵断面图、施工横断面图、标准横断面图、结构详图、交叉口设计图（如有）、附属工程结构设计图组成，工程量清单编制者必须认真阅读全套施工图，了解工程的总体情况，明确各结构部分的详细构造，为分部分项工程量清单编制掌握基础资料。

2.1.1　道路平面图

道路在平面上的投影称为道路工程平面图，主要表达道路的平面位置，道路红线之间的平面布置以及沿道路两侧一定范围内的地形、地物与道路的相互关系。

1. 图示主要内容

（1）工程范围；

（2）原有地物情况（包括地上、地下构筑物）；

（3）起讫点及里程桩号；

（4）设计道路的中线、边线，弯道及组成部分；

（5）设计道路各组成部分的尺寸；

（6）边沟或雨水井的布置和水流方向，雨水口的位置；

（7）其他（如附近水准点标志的位置、指北针、文字说明、接线图等）。

2. 道路工程横断面在编制施工图预算中的主要作用

道路平面图提供了道路直线段长度、交叉口转弯角及半径、路幅宽度等数据，可用于计算道路各结构层的面积，并按各结构层的做法套用相应的预算定额。

2.1.2 道路纵断面图

沿道路中心线方向剖切的截面为道路纵断面图，它反映了道路表面的起伏状况。道路工程纵断面图主要用距离和高度表示，纵向表示高程，横向表示距离。

1. 图示主要内容

（1）原地面线，它是根据中线上各桩点的高程而点绘的一条不规则的折线，反映了沿中线地面的起伏变化情况；

（2）拟建道路路面中心标高的设计线（即设计纵坡线），它是经过技术上、经济上及美学上诸多方面比较后定出的一条有规定形状的几何线，它反映了道路路线的起伏变化情况；

（3）纵向坡度与距离；

（4）各桩号的设计标高、地面标高及施工高度；

（5）曲线半径、曲线长、切线长及其起讫点的桩号及标高；

（6）沿线桥梁、涵洞、过路管、倒虹吸管等人工构筑物的编号、位置、孔径及结构形式；

（7）街沟设计纵坡度、长度；

（8）沿线各临时水准点位置以及注明引自标准水准点的地点、编号及高程；

（9）其他有关说明事项。

通过比较原地面标高和设计标高，反映了路基的挖填方情况。当设计标高高于原地面标高时，路基为填方；当设计标高低于原地面标高时，路基为挖方。

2. 道路工程横断面在编制工程量清单中的主要作用：主要为道路土石方工程、路基处理的分部分项工程量清单编制提供依据。

【例 2-1】某道路纵断面节选如图 2-1 所示。试判断桩号 K0＋655.00 处中心点的填挖情况。

【解】路中填挖高＝设计高程－地面高程，正数表示填方，负数表示挖方。

即设计高程－地面高程＞0，表示需要填土，为填方。

设计高程－地面高程＜0，表示需要挖土，为挖方。

从图中可以看出，桩号 K0＋655.00 处中心点的路中填挖高度为＋0.11，正数，表示填方。

2.1.3 道路横断面图

城市道路的横断面形式主要取决于道路的类别、等级、性质、红线宽度和有关交通资料。道路横断面宽是机动车道、非机动车道、人行道、分隔带和绿化带等所需宽度的总和。

垂直道路中心线方向剖切面的截面为道路横断面图。道路工程横断面图可分为标准设计横断面图和有地面线设计带帽的横断面图。

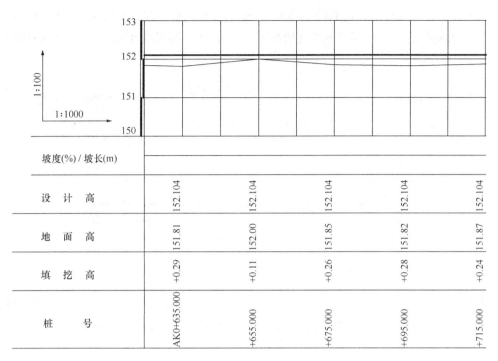

图 2-1 某道路纵断面图节选

1. 图示主要内容：道路的横断面布置、形状、宽度和结构层等。

2. 道路工程横断面在编制工程量清单中的主要作用：主要为路基土石方计算与路面各结构层计算提供了断面资料。

3. 道路横断面中典型图纸

（1）标准横断面图（图 2-2、图 2-3）

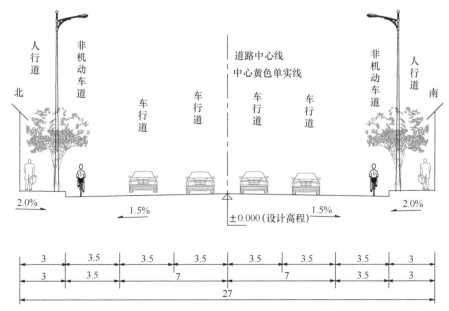

图 2-2 某道路标准横断面图（单位：m）

从图 2-2 中可以看出，道路路幅宽度 27m，标准横断面组成如下：3m（人行道）＋3.5m（非机动车道）＋4×3.5m（机动车道）＋3.5m（非机动车道）＋3m（人行道）＝27m，双向四车道。

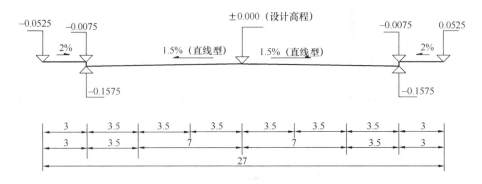

图 2-3　某道路横断面构造图（单位：m）

从图 2-3 中可以看出，车行道横坡坡度为 1.5%，人行道横坡坡度为 2%，路拱均采用直线型路拱。在预算中，通常按照路面的水平投影面积计算，不考虑坡度。

通常，标准横断面是计算道路面层各层的铺设宽度的重要依据。

（2）土方横断面图

土方横断面图中，H_s 表示路面设计标高，H_w 表示挖土深度，A_t 表示填方面积，A_w 表示挖方面积。注意，H_s 路面设计标高与路基设计标高不能混淆，二者相差路面结构层的厚度，即路面设计标高－路基设计标高＝路面结构层厚度（图 2-4～图 2-6）。

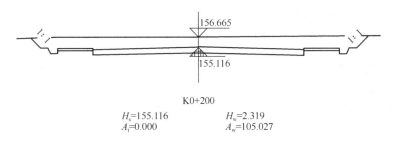

K0+200

$H_s=155.116$　　$H_w=2.319$
$A_t=0.000$　　$A_w=105.027$

图 2-4　挖方路基

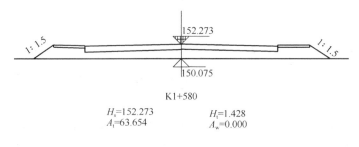

K1+580

$H_s=152.273$　　$H_t=1.428$
$A_t=63.654$　　$A_w=0.000$

图 2-5　填方路基

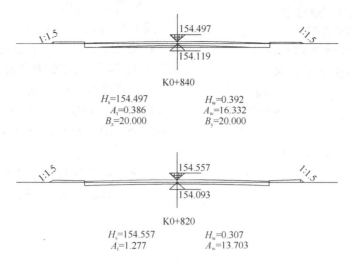

图 2-6 半填半挖路基

土方横断面图常用来计算道路土方工程量，常采用的计算方法为平均断面法。

在某路基横断面上，假设有相邻桩号 J 与桩号 K，两桩号处的横断面挖方及填方面积分别为 $A_{J挖}$、$A_{J填}$ 和 $A_{K挖}$、$A_{K填}$，将两个断面处的 $A_{挖}$ 相加求出平均断面面积，然后再乘以 J 点与 K 点桩号间的距离，即可得两桩号间的挖土方工程量。用此法可求得各相邻桩号间的挖土方工程量，再将各桩号间的挖土方量累积求和，即可得出整条道路路基的挖土方工程量，计算公式如下。

$$V_{挖/填} = (A_{J挖/填} + A_{K挖/填})/2 \times L$$

式中　$A_{J挖/填}$、$A_{K挖/填}$——分别为 J 点和 K 点的挖方或者填方面积；

　　　L——J 点到 K 点的距离。

【例 2-2】根据图 2-6，计算桩号 K0+820 至 K0+840 之间的挖方和填方。

【解】

$$V_{填} = (1.277 + 0.386)/2 \times 20 = 16.63 \text{ m}^3$$

$$V_{挖} = (13.703 + 16.332)/2 \times 20 = 300.35 \text{ m}^3$$

填入土方工程量表见表 2-1。

道路路基土方量表　　　　　　　　　　　　　表 2-1

桩号	$A_{填}$ (m²)	$A_{挖}$ (m²)	L (m)	$V_{填}$ (m³)	$V_{挖}$ (m³)
...					
K0+820	1.277	13.703			
K0+840	0.386	16.332	20	16.63	300.35
...					

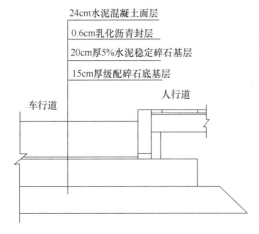

图 2-7　道路结构示意图

（3）路面结构图

路面结构图反映道路结构层、人行道、侧平石的类型、尺寸，面层有无配筋及各种缝的构造形式，主要为道路基层、道路面层、人行道及其他的分部分项工程量清单编制提供依据。对于造价人员来说非常重要，工程量清单的编制往往是从路面结构图着手列项。

道路路面结构按其组成的结构层次从下至上可分为面层、基层和垫层，如图 2-7～图 2-9 所示。

【例 2-3】请分析图 2-10 路面结构的各层次。

【解】基层有三层，从下往上分别是：18cm 级配碎石底基层，20cm 厚 5.5％水泥碎石上基层，20cm 厚 5.0％水泥碎石下基层。

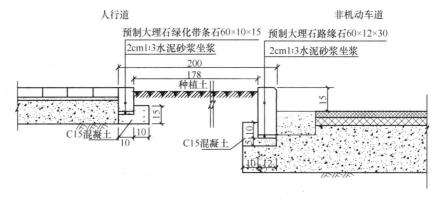

图 2-8　人行道含绿化带结构设计图

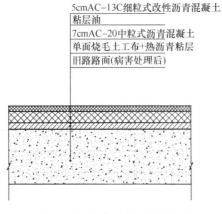

图 2-9　行车道原路面直接加铺
沥青结构图（适用于白改黑工程）

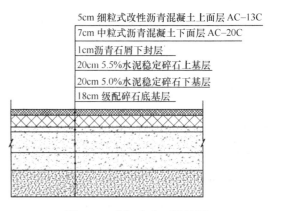

图 2-10　某沥青路面结构图

面层有三层，从下往上分别是：1cm 沥青石屑下封层，7cm 中粒式沥青混凝土下面层 AC-20C，5cm 细粒式改性沥青混凝土上面层 AC-13C。

2.1.4 道路工程识图实例

某道路工程施工图设计说明节选

1. 工程概况

××路（××路-东风路）是××市××片区规划路网中的一条城市次干道，道路西起××路，东至东风路，全长 519.381m，设计速度 40km/h。

2. 地层条件

根据已钻钻孔揭露该场地地层为：

（1）人工填土①（Q4ml）：厚度 2～5m 左右，褐黄色、褐红色、松散，稍湿，主要为素填土。

（2）粉质黏土③（Q4al＋pl）：灰褐色、褐黄色，可塑，含少量粉细砂。

（3）淤泥质土③（Q4al＋pl）：灰褐色，湿，软塑，主要成分为黏粒，局部含少量砾石。

（4）圆砾④（Q4al＋pl）：圆砾④（Q4al＋pl）：灰白色、黄褐色，饱和，稍密—中密状态。砾石含量约为 60％～80％。

（5）全风化泥质板岩⑤（Pt）：褐黄色，全风化，岩芯呈土状，局部可见小岩块。

（6）全风化泥质粉砂岩⑥（E）：褐红色，稍湿，大部分矿物成分已风化近土状。

工程地质结论：场地地貌单一、地形较平坦，水文地质及工程地质条件较简单—中等复杂，场地无滑坡、地面塌陷、岩溶等不良地质作用。

3. 平面线形

本次设计道路平面线形基本上与新的规划线形一致，按照城市道路设计规范要求设置缓和曲线，满足规范中道路横坡不设超高的最小平曲线半径要求。由于道路较短，转角点较多，线形看起来不是十分理想，但所有技术参数满足城市道路规范要求。

4. 纵断面设计

（1）设计原则

1）纵断面设计参照城市规划控制标高并适应临街建筑立面布置及沿线范围内地面水的排除；

2）保证行车安全、舒适，纵坡应平缓、圆滑、视觉连续，起伏不宜频繁，与周围环境协调；

3）道路的纵断面设计应综合考虑土石方平衡，汽车运营经济效益等因素，合理确定路面设计标高；

4）纵断面设计应对沿线地形、地下管线、地质、水文、气候和排水要求综合考虑；

5）为便于交叉口排水，控制凹形竖曲线变坡点不落在交叉口中央。

（2）控制标高

××路与已经进行设计的××路、东风路标高要保持一致，其余路口均按照规划的交叉口标高进行控制。

（3）纵断面设计

道路纵断面设计以现状道路起点××路、终点东风路为主要控制点。道路最大纵坡

2.95%，最小纵坡 0.3%。

5. 横断面设计

道路路幅宽度 26m，标准横断面设计如下：

2.0m 人行道＋1.50m 绿化设施带＋2.5m 非机动车道＋4×3.5m 机动车道＋2.5m 非机动车道＋1.5m 绿化设施带＋2.0m 人行道＝26m。

根据规划，靠近××路及东风路交叉口段道路路幅宽度每侧增加一个 3.5m 的右转弯车道，路幅宽度为 33m。横断面组成为：

2.0m 人行道＋1.50m 绿化设施带＋2.5m 非机动车道＋6×3.5m 机动车道＋2.5m 非机动车道＋1.5m 绿化设施带＋2.0m 人行道＝33m。

6. 路基设计

（1）一般路基设计

路拱横坡：行车道采用 1.5% 的向外横坡，人行道采用 2% 向内侧横坡；路基填挖高差均不大，路基切方边坡坡比为 1：1.5，填方边坡坡比为 1：1.5，采用 S 形弧线边坡，与现状地形顺接，避免出现尖角等人工痕迹，边坡表面均进行草皮防护；坡脚、平台及坡顶相应设置排水沟；填方边坡坡脚设置排水沟。如果道路两侧开发进度与道路建设进度协调，则可取消排水沟。

（2）路基压实标准与压实度

填方路基应分层铺筑均匀压实，填料应经过试验确认后方能使用，路基压实度及填料规格应满足表列数值要求，当填料无法满足规范要求时，必须及时采取适当的处理或换填措施。

为保证路基边缘压实度，路基填方施工宽度每侧超填 50cm，按技术规范，本设计超填数量未计入。

（3）路基基底处理

路基回弹模量应达到 30MPa，对承载力达不到路基设计要求的杂填土等软弱地基，采取换填等处理措施。

路堤基底均考虑了清除表土和淤泥，表土厚度视地基情况而定（一般为 50cm）。

平地（地面坡度为 0～1：10）填土前须碾压；地面坡度为 1：10～1：5 时填前挖松再碾压；地面坡度不小于 1：5 时须填前挖台阶。

采用土质路堑地段挖 0.5m 后回填压实和零填地段超挖至路表面以下 0.5m 后回填压实的方法，提高相关路段压实度。

填挖交界处必须挖台阶，零填地段应超挖回填，填挖交界处路基下必须清除较松散的岩石覆盖土，防止该处路基出现不均匀沉降。

（4）特殊路基处理

本道路区段的主要不良地质情况主要为人工填土，根据工程地质咨询报告，本路沿线均覆盖有 2～5m 左右的人工填土，当软基厚度小于 3.0m 时，全部清除换填好土。当软基厚度大于 3.0m 时，清除上部 3.0m 软土，再夯填 50cm 厚片石及 20cm 天然级配砂粒，然后再用符合路基要求的土分层压实。

（5）路基边坡防护

本项目为城市道路，由于填挖高度均不大，考虑到两侧土地开发等因素，对于路基边坡防护，坚持生态防护为主。结合工程地质和水文条件，在填方路段采用铺草护坡、切方路段采用喷草籽护坡。

（6）路基、路面排水系统构成

为保证路基和路面的稳定，不影响行车安全，本设计通过设置完整的排水设施同时对各类设施进行综合设计，以实现迅速排除路基、路面范围内的地表水和地下水的目的。

路基排水：道路两侧设置土质边沟（深 0.4m，坡比为 1∶1），与排水沟沿线贯通，引水入天然沟中。如果两边开发进度跟上，则可以取消边沟。

路面排水：说明及设计见排水工程部分。

7. 路面设计

（1）机动车道路面结构层总厚 72cm；其各层结构分别为：

4cm 厚细粒式沥青混凝土（AC-13）

＋5cm 厚中粒式沥青混凝土（AC-20）

＋7cm 厚粗粒式沥青混凝土下面层（AC-25）

＋1cm 沥青碎石封层

＋20cm 厚水泥稳定碎石上基层

＋20cm 厚水泥稳定碎石下基层

＋15cm 厚级配碎石。

沥青路面基层顶面设置透层，乳化沥青撒布量 $0.8L/m^2$；各沥青面层之间设置黏层，乳化沥青撒布量 $0.5L/m^2$。

（2）人行道铺装采用彩色生态砖，总厚 24cm，其结构组成为：

6cm 厚彩色生态砖；

＋3cm 厚 1∶2 半干性水泥砂浆；

＋15cm 厚 C15 水泥混凝土垫层。

所有侧平石及锁边石均采用麻石。

8. 某道路工程施工图识读（见附图 1）

2.2 桥 梁 工 程 识 图

桥梁主要是由上部结构（主梁或主拱圈和桥面系）、下部构造（桥墩、桥台和基础）及附属构造物（栏杆、灯柱及护岸、导流结构物）等组成，如图 2-11 所示。上部结构习惯称为桥跨结构。

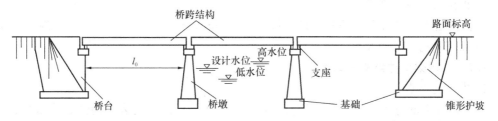

图 2-11 桥梁示意图

2.2.1 桥梁总体布置图识读

1. 桥位平面图

桥位平面图主要是表示桥梁与路线连接的平面位置。通过地形测量绘出桥位处的道路、河流、水准点、钻孔及附近的地形和地物（如房屋、原有桥梁等），以便作为设计桥梁、施工定位的根据。这种图一般采用较小的比例，如 1：500，1：1000，1：2000 等，如图 2-12 所示。

2. 桥位地质断面图

桥位地质断面图是根据水文调查和地质钻探资料所绘制的桥梁所在河床位置的地质断面图。

桥位地质断面图标出了河床断面线、各层地质情况、最高水位线、常水位线和最低水位线，以便作为设计桥梁、桥台、桥墩和计算土石方数量的依据；桥位地质断面图中还标出了钻孔的位置、孔口标高、钻孔深度及孔与孔之间的间距，如图 2-13 所示。

桥梁的地质断面图有时以地质柱状图的形式直接绘在桥梁总体布置图的立面图正下方。

3. 桥梁总体布置图

（1）桥梁总体布置图的图示内容

桥梁总体布置图主要由立面图、平面图、侧面图、路基设计表及附注组成。

立面图上主要表达桥梁的总长、各跨跨径、纵向坡度、施工放样和安装所必需的桥梁各部分的标高、河床的形状及水位高度。立面图还应反映桥位起始点、终点、桥梁中心线的里程桩号等及立面图方向桥梁各主要构件的相互位置关系。

平面图上主要表达桥梁在水平方向的线型、桥墩、桥台的布置情况及车行道、人行道、栏杆等位置。

侧面图（横断面图）主要表达桥面宽度、桥跨结构横断面布置及横坡设置情况。

路基设计表中应列出桥台、桥墩的桩号及各桩号处的设计高程、各测点的地面高程及各跨的纵坡。

（2）桥梁总体布置图的图示特点

1）由于桥梁左右对称，立面图一般采用半剖面图的形式表示，剖切平面通过桥梁中心线沿纵向剖切。

2）平面图可采用半剖图或分段揭层的画法来表示，半剖图是指左半部分为水平投影图，右半部分为剖面图（假想将上部结构揭去后的桥墩、桥台的投影图）。

3）侧面图根据需要可画出一个或几个不同断面图。在路桥专业图中，画断面图时，为了图面清晰、突出重点，只画剖切平面后离剖切平面较近的可见部分。

4）根据道路工程制图国家标准规定，可将土体看成透明体，所以埋入土中的基础部分都认为是可见的，可画成实线。

4. 识读桥梁总体布置图

从教材图中，可看出全桥共 5 跨，每跨长度 16m，桥长 85.96m。桥梁修筑起点桩号 K0＋501.02，终点桩号是 K0＋586.98。

2.2.2 桥梁构件结构图识图

1. 内容与特点

桥梁构件大部分是钢筋混凝土构件，钢筋混凝土构件图主要表明构件的外部形状及内部钢筋布置情况，所以桥梁构件图包括构件构造图（模板图）和钢筋结构图两种。

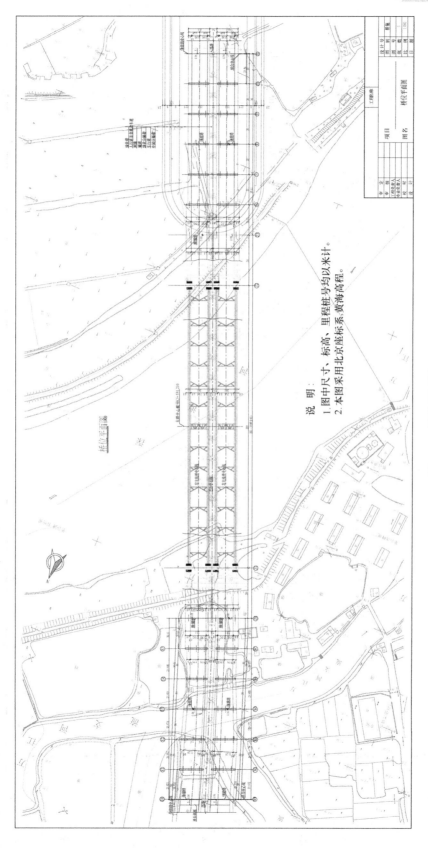

说明:
1.图中尺寸、标高、里程桩号均以米计。
2.本图采用北京坐标系黄海高程。

图 2-12 桥位平面图

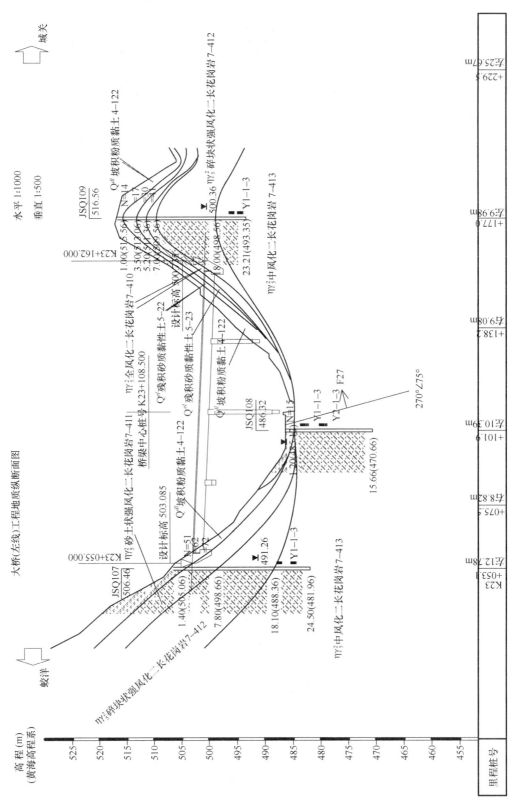

图 2-13　桥位地质断面图

（1）构件构造图只画构件形状、不画内部钢筋。

（2）钢筋结构图主要表示钢筋布置情况，通常又称为构件钢筋构造图。钢筋结构图一般应包括表示钢筋布置情况的投影图（立面图、平面图、断面图）、钢筋详图（即钢筋成型图）、钢筋数量表等内容。

（3）为突出构件中钢筋配置情况，把混凝土假设为透明体，结构外形轮廓画成细实线。

（4）钢筋纵向画成粗实线，钢筋断面用黑圆点表示。

（5）钢筋直径的尺寸单位采用 mm，其余尺寸单位均采用 cm，图中无需注出单位，如图 2-14 所示。

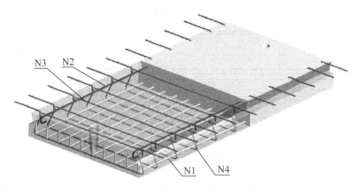

图 2-14 钢筋结构图

2. 识读构件钢筋构造图的方法

识读钢筋混凝土构件钢筋构造图，首先要概括了解它采用了哪些基本的表达方法，各剖面图、断面图的剖切位置和投影方向，然后要根据各投影中给出的细实线的轮廓线确定混凝土构件的外部形状，再分析钢筋详图及钢筋数量表确定钢筋的种类及各种钢筋的直径、等级、数量。

2.2.3 桥跨结构图识读

桥跨结构包括主梁和桥面系。常见的钢筋混凝土主梁有钢筋混凝土空心板梁、钢筋混凝土 T 形梁及钢筋混凝土箱梁等，如图 2-15 所示。

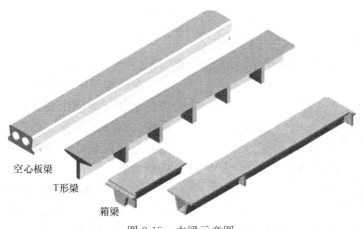

图 2-15 主梁示意图

1. 钢筋混凝土空心板一般构造图

构造图主要表达板的外部形状与尺寸，它由半立面图、半平面图、断面图及铰缝钢筋施工大样图组成。

由于边板和中板的立面形状区别不大，所以图中只画了中板立面图；又由于板纵向对称，图中采用了半立面图和半平面图。

由图 2-16、图 2-17 可看出该板跨度为 1600cm，两端留有接头缝，板的实际长度为 1596cm。中板的理论宽度为 100cm，板的横向也留有 1cm 的缝，所以中板的实际宽度为 99cm。边板的实际宽度为 99.5cm。断面图中省略了材料图例。

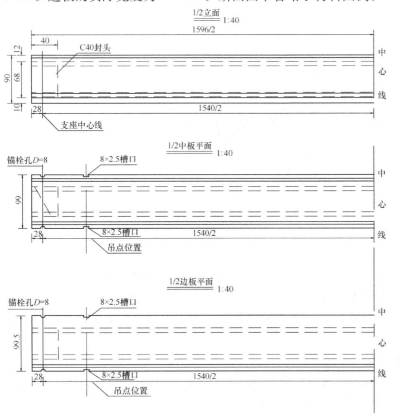

图 2-16　空心板一般构造图

2. 钢筋混凝土空心板钢筋结构图

图 2-18 为钢筋混凝土中板钢筋结构图，图 2-19 为其立体示意图。

在结构图中用细实线及虚线表示其外形轮廓线。该图由立面图、平面图、横断面图、钢筋详图及工程数量表组成。由于空心板比较长，立面图、平面图都采用了折断画法。

3. 桥面铺装钢筋结构图

图 2-20 是一孔桥面铺装钢筋结构图，图 2-21 为其立体示意图。

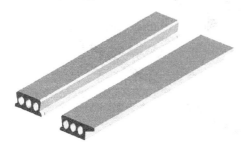

图 2-17　空心板立体示意图

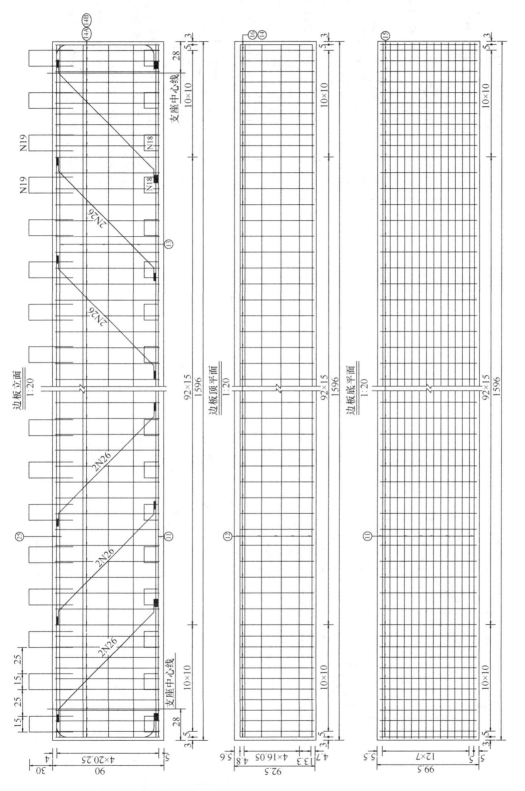

图 2-18 空心板梁边板钢筋构造（一）

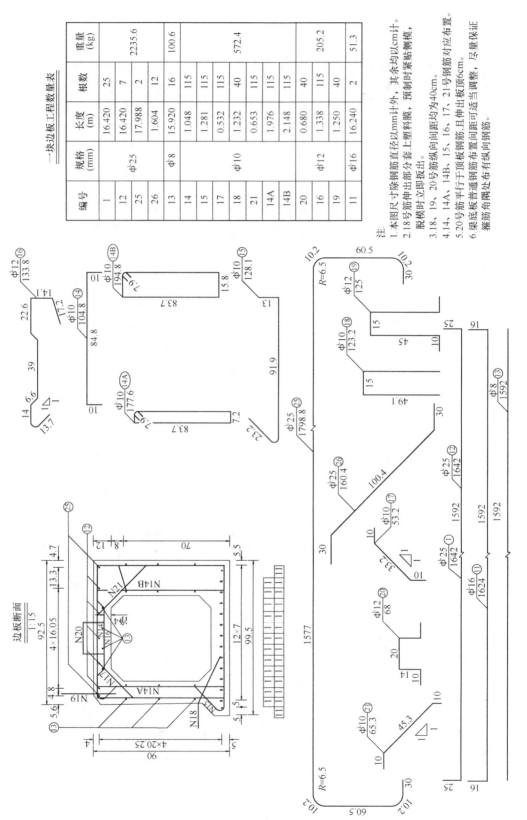

一块边板工程数量表

编号	规格 (mm)	长度 (m)	根数	重量 (kg)
1	Φ25	16.420	25	
12		16.420	7	2235.6
25		17.988	2	
26		1.604	12	
13	Φ8	15.920	16	100.6
14	Φ10	1.048	115	
15		1.281	115	
17		0.532	115	
18		1.232	40	572.4
21		0.653	115	
14A		1.976	115	
14B		2.148	115	
20	Φ12	0.680	40	
16		1.338	115	205.2
19		1.250	40	
11	Φ16	16.240	2	51.3

注:
1. 本图尺寸除钢筋直径以mm计外,其余均以cm计。
2. 18号筋伸出部分套上塑料膜,预制时紧贴侧模,脱模时立即拔出。
3. 18、19、20号筋纵向间距均为40cm。
4. 14、14A、14B、15、16、17、21号钢筋对应布置。
5. 20号筋平行于顶板钢筋,且伸出板顶6cm。
6. 梁底板普通钢筋布置可适当调整,尽量保证箍筋角隅处布有纵向钢筋。

图 2-18 空心板梁边板钢筋构造(二)

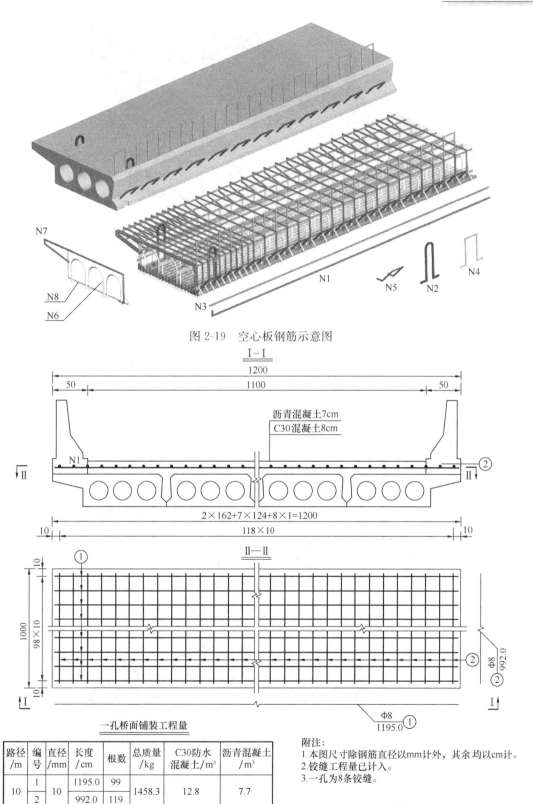

图 2-19　空心板钢筋示意图

图 2-20　孔桥面铺装钢筋结构图

一孔桥面铺装工程量

路径/m	编号	直径/mm	长度/cm	根数	总质量/kg	C30防水混凝土/m³	沥青混凝土/m³
10	1	10	1195.0	99	1458.3	12.8	7.7
	2		992.0	119			

附注:
1.本图尺寸除钢筋直径以mm计外,其余均以cm计。
2.铰缝工程量已计入。
3.一孔为8条铰缝。

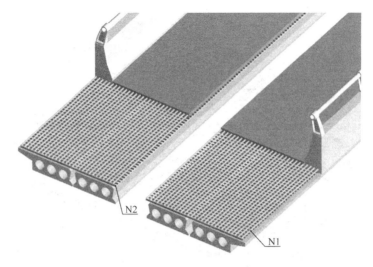

图 2-21　桥面铺装钢筋立体示意图

该图由立面图和平面图组成，立面图是沿垂直于桥梁中心线剖切得到的Ⅰ—Ⅰ断面图。

　　由图可见桥面铺装层铺设在空心板之上，桥面铺装层由两种钢筋组成，由横向钢筋 1 和纵向钢筋 2 组成钢筋网，现浇 C30 混凝土 8cm，面层为沥青混凝土 7cm。1 号钢筋、2 号钢筋都是均匀分布的，其间距均为 10cm，均为 HRB300 钢筋。1 号钢筋长 1195cm，共 99 根，2 号钢筋长 992cm，共 119 根。由于面积较大所以采用了折断画法，立体示意图也采用了折断画法。

2.2.4　墩台结构图识读

　　桥台位于桥梁的两端，一方面支承主梁，另一方面承受桥头路堤的水平推力，并通过基础把荷载传给地基。而桥墩位于桥梁的中部，支承它两侧的主梁，并通过基础把荷载传给地基，如图 2-22 所示。

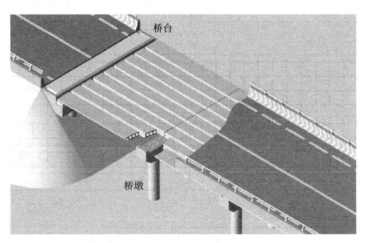

图 2-22　墩台结构示意图

1. 常见的桥墩形式

　　桥墩的形式很多，图 2-23 为两种常见的桥墩形式：重力式桥墩、桩柱式桥墩。

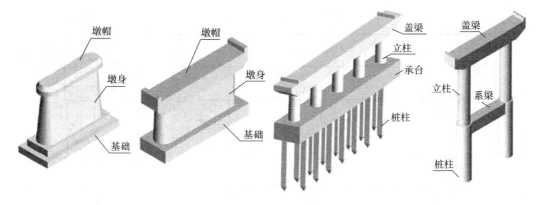

图 2-23　桥墩示意图

2. 常见的桥台形式

桥台的形式很多，图 2-24 为三种常见的桥台形式：重力式 U 型桥台（又称实体式桥台）、肋板式桥台、柱式桥台。

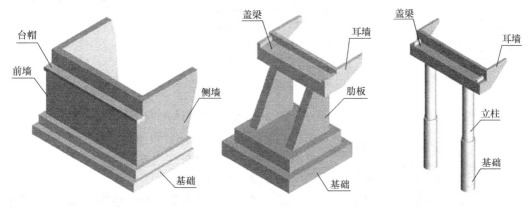

图 2-24　桥台示意图

3. 桥墩施工图

桥墩施工图由一般构造图和钢筋结构图两部分组成。

（1）桥墩一般构造图

图 2-25 为桥梁的钢筋混凝土桩柱式桥墩的一般构造图，由立面图、平面图和侧面图构成。该桥墩从上到下由盖梁、立柱、系梁、桩柱等几部分组成。

（2）桥墩配筋图

桥墩各部分均为钢筋混凝土结构，都应绘出其钢筋结构图，如桥墩盖梁钢筋结构图、系梁钢筋结构图、桥墩桩柱钢筋结构图、桥墩挡块钢筋结构图。图 2-26 为整个桥墩上的钢筋结构情况示意图。

1）桥墩盖梁钢筋结构图（图 2-27）。

2）桥墩桩柱钢筋结构图（见附图）。

4. 桥台图

（1）桥台一般构造图

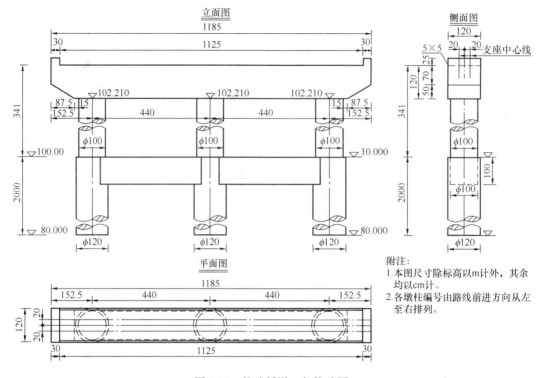

图 2-25 柱式桥墩一般构造图

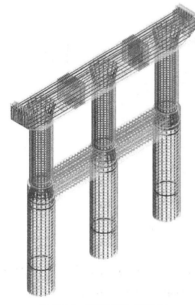

图 2-26 钢筋结构示意图

图 2-28 是桥台立体示意图。它由立面图、平面图和侧面图表示。该桥台由盖梁、耳墙、防震挡块、背墙、牛腿、立柱及桩柱组成。

（2）盖梁配筋图

桥台各部分均为钢筋混凝土结构，都应绘出其钢筋结构图，如桥台盖梁钢筋结构图、桥台桩柱钢筋结构图、桥台挡块钢筋结构图、背墙牛腿钢筋结构图、耳背墙钢筋结构图，如图 2-29 所示。

2.2.5 桥梁工程识图实例

某桥梁工程施工图设计说明节选

1. 工程概况

某桥梁工程，桥梁设计中心桩号为 K0＋544，该段道路设计纵坡为 2.6%，各墩位均在直线段内。桥梁按正桥设计，桥长 85.96m，全宽 30m，桥梁修筑起点桩号 K0＋501.02，桥梁修筑终点桩号 K0＋586.98。

2. 设计原则及技术标准

（1）技术标准

1）设计荷载：汽车—城 A，人群—5kPa/m²。

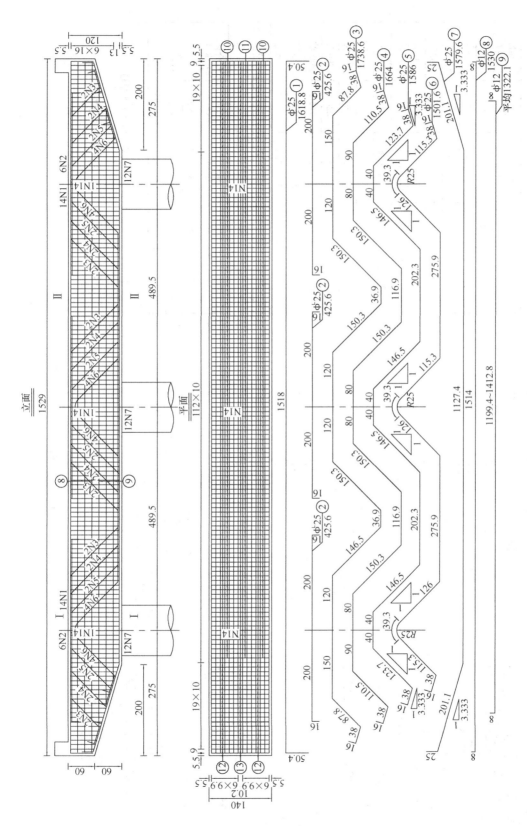

图 2-27 桥墩盖梁钢筋构造图（一）

一片盖梁钢筋明细表

编号	规格(mm)	每根长(cm)	根数	共长(m)
1	Φ^L25	1618.8	14	226.58
2	Φ^L25	425.6	18	76.6
3	Φ^L25	1738.6	4	69.6
4	Φ^L25	1664	2	33.28
5	Φ^L25	1586	2	31.72
6	Φ^L25	1501.6	4	60.07
7	Φ^L25	1579.6	12	189.55
8	Φ^L12	1530	6	91.8
9	Φ^L12	平均1322.1	6	79.33
10	Φ^L10	349.8	226	790.55
11	Φ^L10	429.6	113	485.45
12	Φ^L10	平均292.4	82	239.77
13	Φ^L10	平均372.2	41	152.6
14	Φ^L10	191.8	3	5.76

一片盖梁钢筋数量表

规格(mm)	总长(m)	单位重(kg/m)	共重(kg)
Φ^L25	687.4	3.853	2648.34
Φ^L12	171.13	0.888	151.96
Φ^L10	1674.13	0.617	1032.94
合计(kg)			3833.27

注:
1. 本图尺寸除钢筋直径以mm计外,其余均以cm为单位。
2. 本图比例为1:45。
3. 弯折钢筋焊接采用双面焊缝,长度不小于2.5d。
4. 盖梁混凝土采用C30。

图 2-27 桥墩盖梁钢筋构造图 (二)

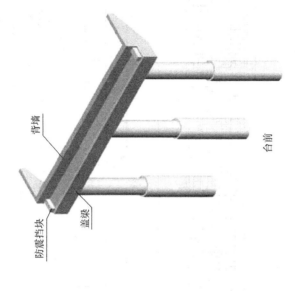

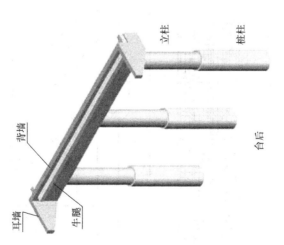

图 2-28　桥台立体示意图

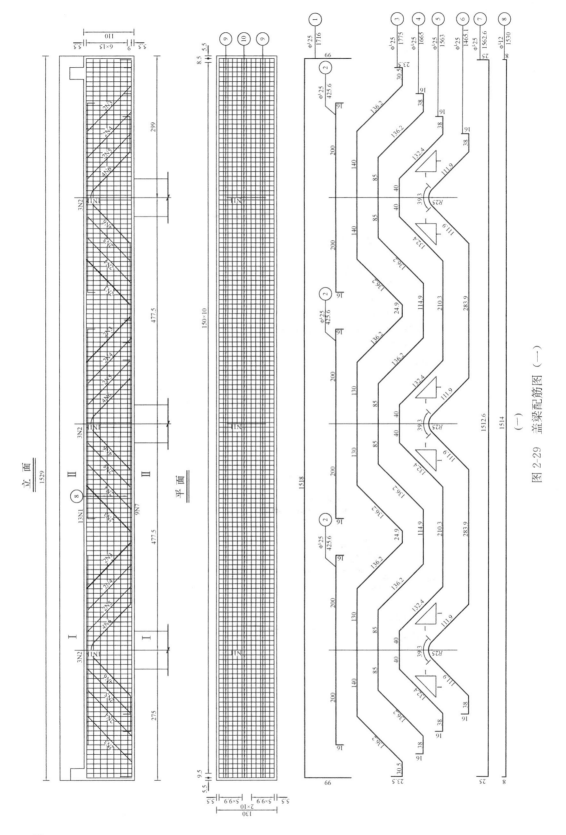

立 面

平 面

图 2-29　盖梁配筋图（一）

一片盖梁钢筋明细表

编号	规格(mm)	每根长(cm)	根数	共长(m)
1	Φ25	1716	13	223.08
2	Φ25	425.6	9	38.3
3	Φ25	1775	2	35.5
4	Φ25	1665	2	33.3
5	Φ25	1563	2	31.26
6	Φ25	1465.1	4	58.6
7	Φ25	1562.6	9	140.63
8	Φ12	1530	12	183.6
9	Φ10	310.0	306	948.6
10	Φ10	389.6	153	596.08
11	Φ10	211.4	3	6.34

一片盖梁钢筋数量表

规格(mm)	总长(m)	单位重(kg/m)	共重(kg)	合计(kg)
Φ25	560.67	3.853	1897.87	3017.89
Φ12	183.6	0.888	163.04	
Φ10	1551.02	0.617	956.98	

注：
1. 本图尺寸除钢筋直径以mm计外,其余均以cm为单位。
2. 本图比例为1:45。
3. 弯折钢筋焊接采用双面焊缝，长度不小于2.5d。
4. 盖梁采用C30混凝土。

图 2-29 盖梁配筋图（二）

2）地震基本烈度：6 度。

3）桥面横坡：双向坡，坡度 1.5%。

4）桥梁宽度：桥宽 30m，桥梁横向布置为：0.25m（人行道栏杆）＋4.50m（人行道）＋20m（车行道）＋4.50m（人行道）＋0.25m（人行道栏杆）。

5）桥面铺装

沥青混凝土：8cm 厚沥青混凝土（AC-13）。

水泥混凝土：板梁部分：10cm 厚 C40 防水混凝土（抗渗 W4）。

（2）采用规范

1）城市桥梁设计荷载标准。

2）城市桥梁设计准则。

......

3. 主要材料规格

（1）沥青混凝土：8cm 沥青混凝土 AC-13，规格及配比同路段面层沥青混凝土。

（2）水泥混凝土

1）桥面混凝土铺装：C40 防水混凝土。

2）钢筋混凝土空心板梁：C30 混凝土，铰缝：C40 混凝土。

3）柱式桥墩采用 C40 混凝土。

4）桥台、盖梁、搭板：C30 混凝土。

5）扩大基础：C25 混凝土。

6）人行道：C25 混凝土。

7）垫层：C10 混凝土。

混凝土耐久性按照Ⅱ类环境条件设计。混凝土中最大氯离子含量为 0.15%，最大含碱量为 3.0kg/m³，最大水胶比为 0.55，最小水泥用量为 300kg/m³。

4. 桥梁结构

（1）上部结构

上部结构采用标准跨径为 16m 的钢筋混凝土空心板梁，梁长 15.96m，梁高 0.9m，横向设置 30 块板，中板 28 块，预制板底宽 0.99m。边板 2 块，预制板底宽 0.995m。

（2）下部结构

全桥均采用扩大基础，基础垫层落在容许承载力为 300kPa 的砂砾层和容许承载力为 400kPa 的块石土层内。中墩为 2 个直径 1.2m 的 3 柱式桥墩，中间留有 2cm 的变形缝，盖梁断面为 140cm×120cm。桥台采用 3 肋式桥台，肋宽 1.00m，盖梁断面为 130cm×110cm，台后填天然砂砾。

桥长、孔径的确定是依据下游 600m 处 302 省道 1986 年建成通车的 3 孔 16 空心板桥（此桥经调查净高 6.5m，经历过 1995 年和 2005 年两次洪水的考验，此两次洪水面距梁底尚有 1.7m 左右距离），桥高的确定是综合考虑地形、路网节点控制、洪水位及下游旧桥净高等因素。另外桥长、桥高还考虑了避免桥头引道高填方及少占地等因素。设计洪水频率 1/100。

（3）附属结构

1）护栏：桥梁两侧均采用人行护栏。

2）桥梁伸缩装置：采用桥面连续构造。

3）支座：采用普通板式天然橡胶支座。

4）搭板：台后设 8m 长搭板，搭板以上铺设 8cm 厚沥青混凝土，搭板的纵、横坡与道路相同。

5）桥台后地基处理：台后填土土基处理的具体做法与要求详见路基施工图，桥头路基填土待预压沉降完成后，再反开槽进行桥台施工。台后填筑天然砂砾、分层夯实。

6）泄水孔为铸铁管，全桥共设 16 个。

5. 16m 钢筋混凝土空心板梁设计说明及施工注意事项

（1）主要材料

1）主钢筋采用 HRB335 级钢，直径 25mm。

2）混凝土强度等级：预制空心板混凝土采用 C30。

（2）设计要点

结构计算采用铰接板理论。

（3）施工要点及注意事项

1）板梁混凝土浇筑应一次完成，若必须分两次浇筑时，混凝土接合处宜设于顶板与肋板连接处。

2）为使桥面铺装与预制空心板梁紧密地结合为整体，预制空心板顶面必须拉毛，用水冲净后方可浇筑桥面混凝土。

3）浇筑铰缝混凝土前，必须清除结合面上的浮皮，并用水冲干净后方可浇筑铰缝混凝土及水泥砂浆，振捣密实。

4）浇筑时每孔内板梁龄期差不得超过 20 天，按孔放置，按浇注顺序上梁。

5）板梁吊装完毕，浇注完铰缝混凝土及桥面铺装，形成桥面连续后方可安装护栏。

6. 其他设计要点及施工注意事项

为防止对河道两侧基础冲刷，在枯水季节时，对桥位上下游各 30m 范围内河床用浆砌片石进行铺砌。

7. 某桥梁工程施工图识读（见附图）

2.3 排 水 工 程 识 图

市政排水工程施工图一般由封面、设计说明、管线标准横断面图、管道平面图、管道纵断面图、沟槽回填图、详图等组成。

2.3.1 综合管线标准横断面图

一般《管道标准横断面图》将道路上涉及的雨水、污水、给水、电力、通信、燃气、热力等专业管线做综合设计，做出平面位置的布置，管线结构由各管线单位自行设计。

1. 图示主要内容：道路相关管线的平面位置，与道路横断面图尺寸对应。

2. 道路工程横断面在编制工程量清单中的主要作用：主要帮助我们熟悉管线位置，对图纸加深了解。

【例 2-4】从图 2-30 中，可得到以下信息：

本项目道路红线宽度为 40m；设计雨、污水管分别布置在南侧、北侧非机动车道下。

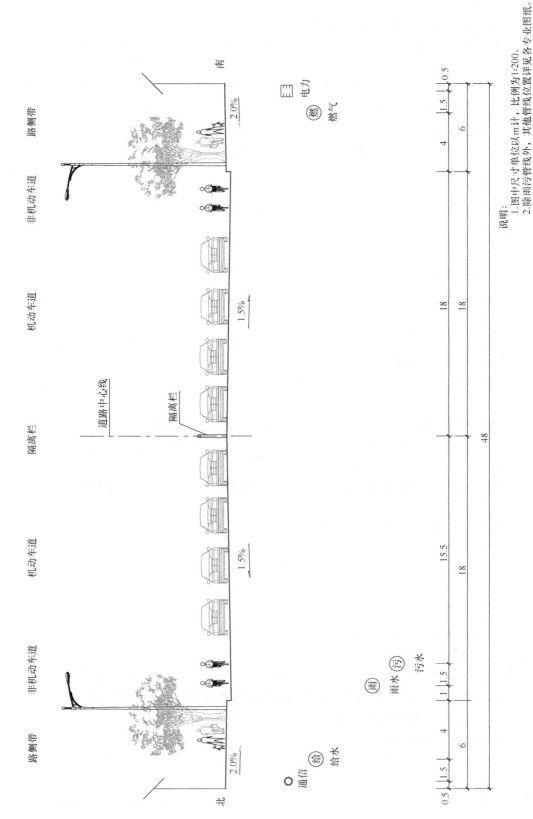

图 2-30　综合管线标准横断面图

本工程雨水管布置在道路南、北两侧非机动车道下，距离人行道路缘石 4m；污水管布置在道路南、北两侧非机动车道下，距离人行道路缘石 2m；其他市政管线布置在人行道下。

2.3.2 排水管道平面图

1. 图示主要内容

(1) 工程范围；

(2) 原有地物情况（包括地上、地下构筑物）；

(3) 起讫点及里程桩号；

(4) 设计排水管道的布置和水流方向，检查井、雨水口等的位置及其相关信息；

(5) 其他（如指北针、图例、文字说明、接线图等）。

2. 排水管道平面图在编制施工图预算中的主要作用

排水管道平面图提供了排水管道的长度、检查井和雨水口的数量等数据，可用于计算排水管道的长度和附属构筑物的数量，并按具体做法套用相应的预算定额。

【例 2-5】从图 2-31 中，我们需要了解到的信息有如下几个方面：

(1) 本工程完整的排水平面设计图共 8 页，本页为第 2 页；

(2) 本页施工图的里程为 K0＋060～K0＋220；

(3) 根据图例找到排水管道、预留管道、检查井、预留井、雨水口连接管、雨水管道、雨水检查井、雨水进水井等分别所在的位置及信息。

2.3.3 排水管道纵断面图

沿排水管道中心线方向剖切的截面为排水管道纵断面图，它反映了排水管道的起伏状况。排水管道纵断面图主要用距离和高程表示，纵向表示高程，横向表示距离。

1. 图示主要内容

(1) 道路路面中心标高的设计线（即设计纵坡线）及原地面线。

(2) 排水管道的纵向坡度与距离。

(3) 各桩号的设计路面标高、自然地面标高、设计管内底标高（或流水面标高）及管道埋深。

(4) 沿线排水管道、检查井、排水支管等的编号、位置、管径及结构形式。

(5) 其他有关说明事项。

2. 排水管道纵断面图在编制工程量清单中的主要作用

主要为排水管道土石方工程、排水管道、检查井的分部分项工程量清单编制提供依据。

【例 2-6】从图 2-32 中，可得到以下信息：

1. 本工程完整的排水纵断面图共 4 页，本页为第 1 页。

2. 本页施工图的里程为 K0＋051～K0＋315。

3. 根据自然地面线和设计路面线的对比可以看出，本段路线相对平缓，略有填方。

4. 排水管道为钢筋混凝土 II 级平口管，管道基础为 180° 混凝土基础，钢丝网水泥砂浆抹带接口。

5. K0＋051～K0＋315 之间管径 $d1350$，K0＋315～ K0＋320 为 $d1200$，坡度均为 1％。

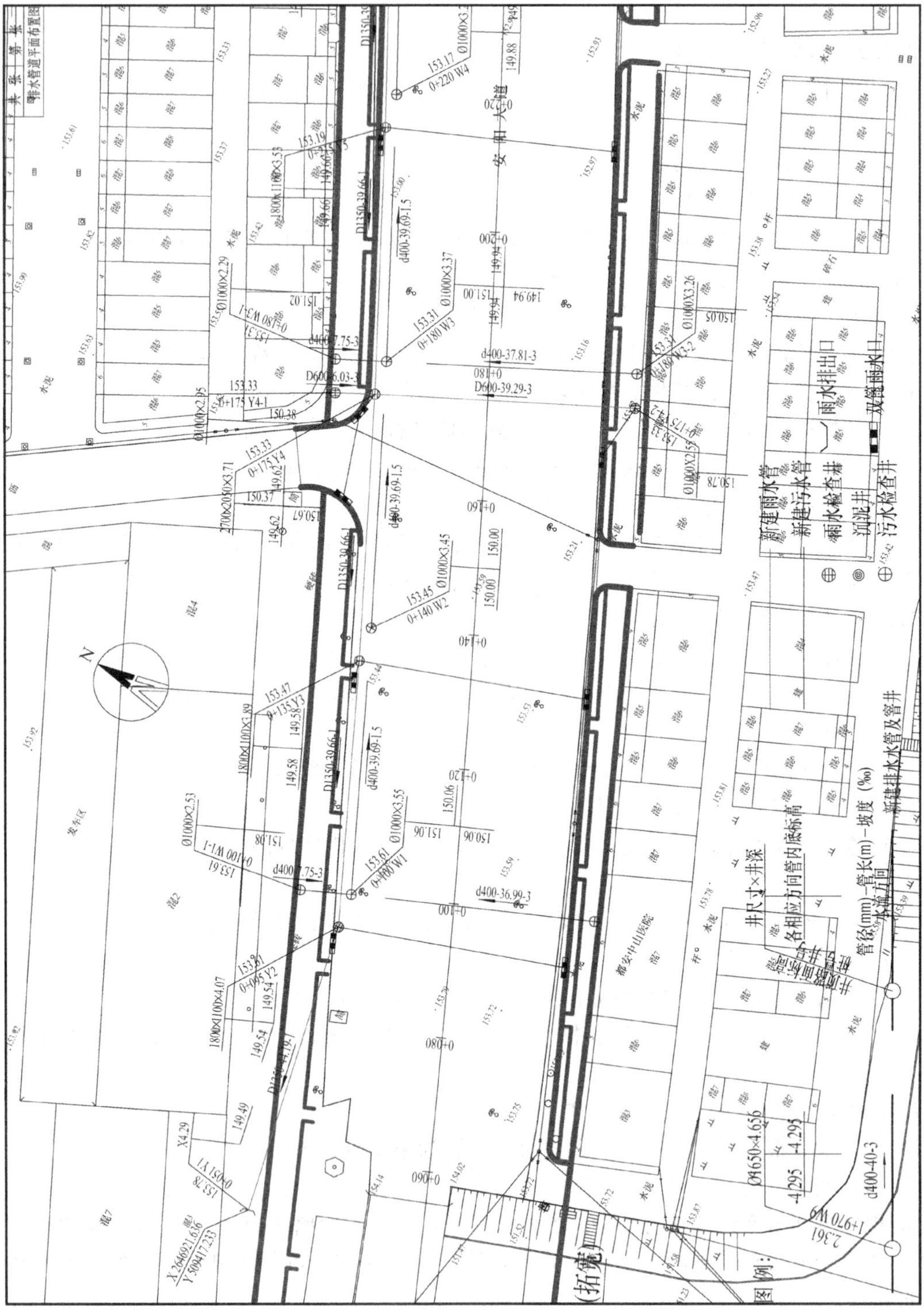

图 2-31 排水平面设计图

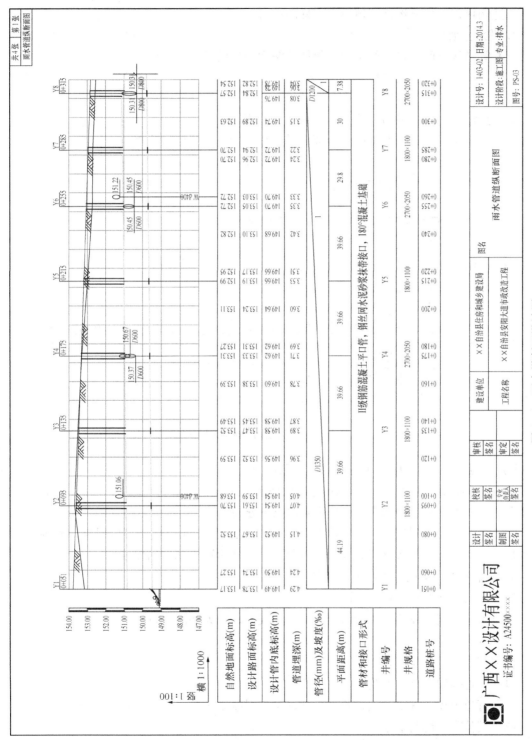

图 2-32 雨水纵断面设计图

6. 本段里程内共有 8 个雨水检查井，相应标高尺寸可在图中查得。

2.3.4 沟槽回填图

管道沟槽回填按照沟槽回填设计大样图执行。

1. 图示主要内容

(1) 管道沟槽回填材料要求，一般按照深度分层设置；

(2) 回填的深度和宽度尺寸；

(3) 其他有关说明事项。

2. 沟槽回填图在编制工程量清单中的主要作用

主要为排水管道土石方工程的分部分项工程量清单编制提供依据。

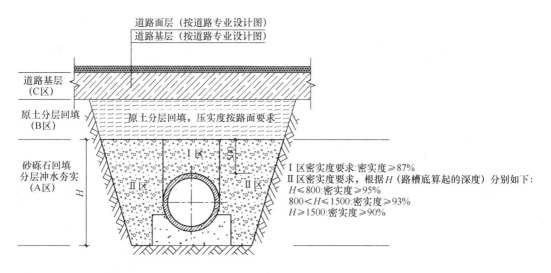

图 2-33　混凝土管沟槽回填断面图 1：40

【例 2-7】从图 2-33 中，可得到以下信息：

1. 本工程的混凝土管沟槽回填自基础底面至道路面层分为 A、B、C 三个区域，A 区采用砂砾石回填，分层冲水夯实；B 区采用原土分层回填；C 区为道路基层。

2. A 区范围为基础底面至管顶以上 500mm 范围，具体回填高度可以根据该管径尺寸计算得出，B 区范围为 A 区顶面至道路基层底，C 区为道路基层的厚度。

3. 根据施工方案确定工作面宽度和放坡系数。

2.3.5 管道附属构筑物设计图

管道附属构筑物设计图一般参照标准图集或者设计大样图执行。

1. 管道基础图

管道基础图示主要内容：

(1) 管道基础类型、混凝土强度等级。

(2) 管道内径、管壁厚度、管基尺寸、基础混凝土量。

(3) 其他有关说明事项。

2. 管道基础图集在编制工程量清单中的主要作用

主要为排水管道土石方工程的分部分项工程量清单编制提供依据。

【例2-8】某工程选用 $D800$ 钢筋混凝土管道，基础做法详见图集 06MS201-1，如图 2-34所示。

从图 2-34 中，可得到以下信息：

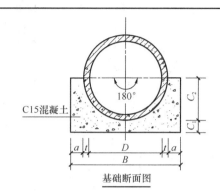

说明：
1. 本图适用于开槽法施工的钢筋混凝土排水管道，设计计算基础支承角$2\alpha=180°$。
2. 按本图使用的钢筋混凝土排水管规格应符合GB/T 11836—2009标准。
3. C_1、C_2分开浇筑时，C_1部分表面要求做成毛面并冲洗干净。
4. 本图可采用刚性接口的平口、企口管材。
5. 管道应敷设在承载能力达到管道地基承强度要求的原状土地基或经处理后回填密实的地基上。
6. 遇有地下水时，应采用可靠的降水措施，将地下水降至槽底以下不小于0.5m，做到干槽施工。
7. 沟槽回填密实度要求见本图集总说明5.12条。
8. 地面堆积荷载不得大于10kN/m²。
9. 当所用管材壁厚与本表不符时，C_1值可按2t采用并不得小于100，其他管基尺寸及基础混凝土量应做相应修正。

管内径D	管壁厚t	管基尺寸				基础混凝土量(m³/m)
		a	B	C_1	C_2	
600	60	120	960	120	360	0.257
700	70	140	1120	140	420	0.350
800	80	160	1280	160	480	0.457
900	90	180	1440	180	540	0.579
1000	100	200	1600	200	600	0.715
1100	110	220	1760	220	660	0.865
1200	120	240	1920	240	720	1.029
1350	135	270	2160	270	810	1.302
1500	150	300	2400	300	900	1.608
1650	165	330	2640	330	990	1.945
1800	180	360	2880	360	1080	2.315
2000	200	400	3200	400	1200	2.858
2200	220	440	3520	440	1320	3.458
2400	230	460	3780	460	1430	3.932
2600	235	470	4010	470	1535	4.339
2800	255	510	4330	510	1655	5.072
3000	275	550	4650	550	1775	5.862

管级	Ⅱ	Ⅲ
计算覆土高度H(m)	6.0<H≤7.5	7.5<H≤9.0

$D=600\sim3000$钢筋混凝土管（Ⅱ级管、Ⅲ级管）180°混凝土基础					图集号	06MS201-1
审核		校对		设计		页

图 2-34 混凝土基础选型图

管道基础选用 C15 混凝土；基础尺寸及管壁厚度如图中框选所示；

3. 排水检查井图

排水检查井图示主要内容：

（1）检查井的平面、立面、剖面图；

（2）检查井的井圈、井盖及井筒的规格尺寸；

（3）排水管道与检查井的相对位置；

（4）检查井的基础尺寸、埋深尺寸，配筋图；

（5）其他有关说明事项。

【例2-9】某排水工程选用 $D1250$ 圆形混凝土污水检查井，做法详见图集 06MS201-3，如图 2-35 所示。

从图 2-35 中，可得到以下信息：

1. 检查井选用 C10 混凝土垫层，直径为 1950mm；

2. 井墙及底板混凝土为 C25；

3. 检查井内径为 1250mm，井壁厚度为 200mm，井室高度为 $D+1800$。

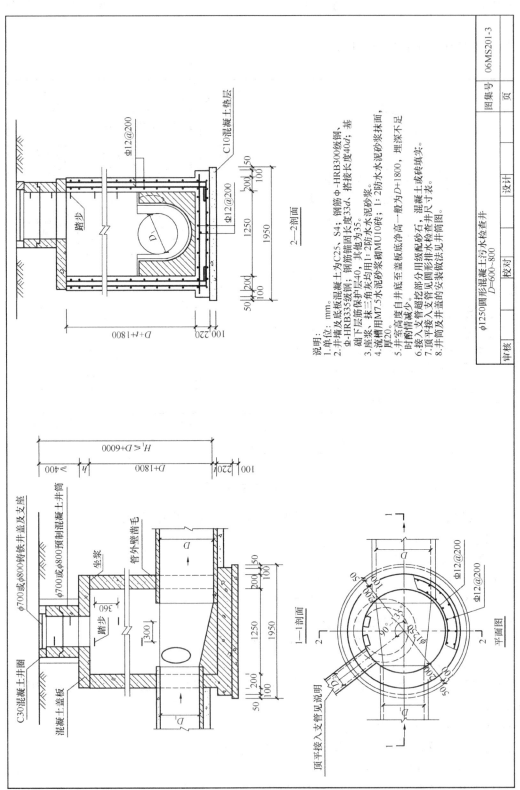

图 2-35　混凝土污水检查井设计图

2.3.6 排水工程识图实例

某排水工程施工图设计说明节选

1. 工程概况

××路（××路-东风路）是××市××片区规划路网中的一条城市次干道，道路西起××路，东至东风路，全长 0.51km，雨污合流系统。本施工图设计内容为市政排水管渠、道路路面雨水排水系统。

管道采用明挖铺设，管道施工原则上应按照从下游往上游顺序进行。

2. 管材、基础及接口

（1）本图尺寸除管径以 mm 计，其余以 m 计。

（2）管道管径 $D{\leqslant}800$mm 时采用埋地用高强度聚丙烯（PP-HM）双壁波纹管。

埋地用高强度聚丙烯（PP-HM）双壁波纹管接口形式采用胶圈连接，PP-HM 管道与混凝土检查井连接时，采用柔性连接，管道与检查井连接具体做法见图集 06MS201-2，管道与检查井的连接二。

PP-HM 管道基础采用砂垫层基础，管底以下铺设一层厚度为 200mm 的中粗砂基础层。

（3）管道管径为 $D{>}800$mm 时采用 Ⅱ 级钢筋混凝土平口圆管。

接口采用钢丝网水泥砂浆抹带接口；

采用 180° 混凝土基础，做法详见图集 06MS201。

3. 地基处理及沟槽回填

（1）当基础达不到地基承载力要求时，应对地基进行加固处理，采取超挖沟槽深度 0.8m 或清除不良土质，再进行砂砾石回填。

（2）道路挖方区，若地质满足路基要求，则直接开挖；在填方区管道埋设应先按路基的密实度要求填埋路基，沟槽采用反开挖施工。

（3）管道沟槽回填：钢筋混凝土管，灌顶 500mm 以下的回填材料采用最大粒径小于 40mm 的天然级配砂砾。PP-HM 管采用中粗砂回填至管顶 50cm，后用黏土回填。

（4）检查井沟槽回填：检查井四周回填土夯实度不得小于同一位置的道路压实度，并按本设计检查井周回填土要求执行，局部小部分无法压实部位可考虑采用 C15 素混凝土填实。

管道敷设完后，应进行闭水试验，试验合格后及时回填。

4. 检查井

（1）检查井井盖设计标高如与道路路面设计标高不符时，以道路路面设计标高为准。

（2）合流管采用污水检查井，均采用钢筋混凝土检查井。

（3）$d{\leqslant}800$ 时，检查井采用 $D1250$ 型；$800{<}d{\leqslant}1000$ 时，检查井采用 $D1500$ 型；$d{\geqslant}1200$ 时，检查井采用矩形检查井。井室内外壁均抹 20mm 厚砂浆，检查井做法详见图集 06MS201-3。

（4）检查井筒、井圈及基础做加强，具体做法见图纸，当井筒高度大于 3m 时，井筒加强见井筒加强图；检查井筒内需加设防坠网，详见图纸，球墨铸铁防坠落井盖（$D400$）$D700$。

（5）预留井：道路两侧预留井井盖中心原则上距路边线 1.5m。排水预留井为 $D1000$

圆形污水检查井（盖板式），连接管除特别标明外，均采用 $DN600$ 埋地用高强度聚丙烯（PP-HM）双壁波纹管。

（6）跌水井：排水管跌差 $0.5{\leqslant}h{\leqslant}1m$ 时，采取防冲刷措施，井底应加厚 0.2m C30 混凝土。排水管跌差 $h>1m$ 时，需采用跌水井。具体做法详见图集 06MS201。

（7）支管接入主管时，跌水大于 1m 时，检查井底需加强，具体见本设计图。

5. 雨水口

雨水口采用偏沟式双算雨水口，球墨铸铁井圈，详见图集 06MS201。雨水口连接管采用 $DN300$ 埋地用高强度聚丙烯（PP-HM）双壁波纹管。

6. 某排水工程施工图识读（见附图）

3 市政工程计价基础知识

3.1 市政工程费用组成

市政工程费用是指施工发承包工程造价，根据不同划分方法分为两类构成。

3.1.1 按费用构成要素划分

按照费用构成要素划分，市政工程费由直接费、间接费、利润和增值税组成（表3-1），各项费用的价格不包含增值税和进项税额。

市政工程费用组成表（按构成要素分）　　　　　　表 3-1

市政工程费	直接费	人工费	计时工资（或计件工资）
			津贴、补贴
			特殊情况下支付的工资
		材料费	材料原价
			运杂费
			运输损耗费
			采购及保管费
		机械费	折旧费
			大修理费
			经常修理费
			安拆费及场外运费
			人工费
			燃料动力费
			税费
	间接费	企业管理费	管理人员工资
			办公费
			差旅费
			固定资产使用费
			工具用具使用费
			劳动保险及职工福利费
			劳动保护费
			工会经费
			职工教育经费
			财产保险费
			财务费
			税金
			其他
		规费	社会保险费
			住房公积金
			工程排污费
	利润		
	增值税		

1. 直接费

直接费由人工费、材料费、施工机械使用费（机械费）组成。

（1）人工费：是指按工资总额构成规定，支付给从事工程施工的生产工人和附属生产单位的各项费用。

（2）材料费：是指施工过程中耗费的原材料、辅助材料、构配件、零件、半成品、成品、工程设备的费用和周转使用材料的摊销（或租赁）费用。

（3）机械费：是指施工作业所发生的机械使用费以及机械安拆费和场外运输费或其租赁费。

2. 间接费

间接费由企业管理费和规费组成。

（1）企业管理费：是指建筑安装企业组织施工生产和经营管理所需的费用。

（2）规费：是指按国家法律、法规规定，由省级政府和省级有关权力部门规定必须缴纳或计取的费用，包括社会保险费、住房公积金、工程排污费。

其中社会保险费包括养老保险费、失业保险费、医疗保险费、生育保险费、工伤保险费。

3. 利润：是指施工企业完成所承包工程获得的盈利。

4. 增值税：是指国家税法规定的应计入建筑工程造价内的增值税。增值税为当期销项税额。

3.1.2 按工程造价形成划分

按照工程造价形成划分，建设工程费由分部分项工程费、措施项目费、其他项目费、规费、税前项目费、增值税组成。分部分项工程费、措施项目费、其他项目费包含人工费、材料费、施工机具使用费（机械费）、企业管理费和利润。各项费用的价格不包含增值税和进项税额（表 3-2）。

市政工程费用组成表（按工程造价形成划分） 表 3-2

			分部分项工程费	
市政工程费	措施项目费	单价措施费	大型机械设备进出场及安拆费	1. 人工费 2. 材料费 3. 机械费 4. 管理费 5. 利润
			施工排水、降水费	
			二次搬运费	
			已完工程保护费	
			……	
		总价措施费	安全文明施工费	
			检验试验配合费	
			雨季施工增加费	
			优良工程增加费	
			提前竣工（赶工）费	
			……	
	其他项目费		暂列金额	
			暂估价（材料暂估价、专业工程暂估价）	
			计日工	
			总承包服务费	
	规费		社会保险费	
			住房公积金	
			工程排污费	
			税前项目费	
			增值税	

1. 分部分项工程费

分部分项工程费是指施工过程中，建设工程的分部分项工程应予列支的各项费用。分部分项工程划分见现行国家《建设工程工程量清单计价规范》GB 50500—2013。

2. 措施项目费

措施项目费是指为完成建设工程施工，发生于该工程施工前和施工过程中的技术、生活、安全、环境保护等方面的非工程实体项目，包括单价措施项目费和总价措施项目费。

市政工程混凝土模板及支撑（桥梁支架除外）的支、拆、运输费用和摊销或租赁费用以及混凝土泵送费用计入混凝土综合单价，不作为措施费计列。

（1）单价措施费

在市政工程中，单价措施费是指按设计图纸或施工组织设计方案计量并计算的措施费，内容包括大型机械进出场及安拆费、施工排水、降水费、二次搬运费、已完工程保护费等。

由于计价方式与分部分项工程费用相同，故在计价过程中通常合成一表。

（2）总价措施费

总价措施费是指无定额套用以费率或按实际发生计算的措施费，内容包括：安全文明施工费、雨季施工增加费、检验试验配合费、工程定位复测费等。

3. 其他项目费

（1）暂列金额：是指招标人在工程量清单中暂定并包括在工程合同价款中的一笔款项。用于工程合同签订时尚未确定或者不可预见的所需材料、工程设备、服务的采购，施工中可能发生的工程变更、合同约定调整因素出现时的工程价款调整以及发生的索赔、现场签证确认等的费用。

（2）暂估价：是指招标人在工程量清单中提供的用于支付必然发生但暂时不能确定价格的材料、工程设备的单价以及专业工程的金额。包括材料设备暂估价、专业工程暂估价。

（3）计日工：是指在施工过程中，承包人完成发包人提出的工程合同以外的零星项目或工作，按合同中约定的单价计价的一种方式。

（4）总承包服务费：是指总承包人为配合协调发包人进行的专业工程分包，对发包人自行采购的材料、工程设备等进行保管以及施工现场管理、竣工资料汇总整理等服务所需的费用。

（5）停工窝工人工补贴：施工企业进入现场后，由于设计变更、停水、停电累计超过8小时（不包括周期性停水、停电）以及按规定应由建设单位承担责任的原因造成的、现场调剂不了的停工、窝工损失费用。

（6）机械台班停滞费：非承包商责任造成的机械停滞所发生的费用。

4. 规费：定义同前。

5. 税前项目费

是指在费用计价程序的增值税项目前，根据交易习惯按市场价格进行计价的项目费用。税前项目的综合单价不按定额和清单规定程序组价，而按市场规则组价，其内容为包含了除增值税以外的全部费用。

6. 增值税：定义同前。

3.2 工程量清单编制

3.2.1 分部分项和单价措施项目清单编制

分部分项工程量清单是指构成建设工程实体的全部分项实体项目名称和相应数量的明细清单。单价措施项目清单是指为了完成拟建工程项目施工，发生于该工程施工准备和施工过程中的技术、生活、安全、环境保护等方面的项目。

分部分项工程和单价措施项目清单必须载明项目编码、项目名称、项目特征、计量单位和工程量。市政工程工程量清单应根据《市政工程工程量计算规范》GB 50857—2013及广西实施细则规定的项目编码、项目名称、项目特征、计量单位和工程量计算规则进行统一编制（表3-3）。

分部分项工程和单价措施项目清单与计价表　　　　　　表3-3

工程名称：××工程

序号	项目编码	项目名称及项目特征描述	计量单位	工程量	金　额（元）		
					综合单价	合价	其中：暂估价

【例3-1】某道路长1200m，车行道底基层为15cm厚级配碎石，断面形式如图3-1所示，请编制分部分项工程量清单。

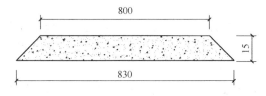

图3-1　某车行道基层设计图（单位：cm）

面积 $S = 8.15 \times 1200 = 9780 \text{m}^2$

2. 表格填写（表3-4）

【解】

1. 清单工程量计算

根据道路基层项目清单设置及说明，"如道路基层设计截面为梯形时，应按其截面平均宽度计算面积，并在项目特征中对截面参数加以描述。"

截面平均宽度 $W = (8+8.3)/2 = 8.15 \text{m}$

分部分项工程和单价措施项目清单与计价表　　　　　　表3-4

工程名称：××道路工程　　　　　　　　　　　　　　　第　页　共　页

序号	项目编码	项目名称及项目特征描述	计量单位	工程量	金　额（元）		
					综合单价	合价	其中：暂估价
1	040202011001	15cm厚级配碎石底基层 描述：梯形截面，上底800cm，下底830cm，高度15cm	m²	9780.00			

3.2.2 措施项目清单编制

（1）计量规范广西实施细则修订本规定，国家市政计量规范措施项目11项，按计量规范广西实施细则修订本增补的17项执行。本书总价措施项目按计量规范广西实施细则修订本增补的清单项目进行说明。

（2）规范所列总价措施项目应根据工程实际情况计算措施项目费用，需分摊的应合理计算摊销费用。

（3）编制工程量清单时，若设计图纸中有措施项目的专项设计方案时，应按措施项目清单中有关规定描述其项目特征，并根据工程量计算规则计算工程量；若无相关设计方案，其工程数量可为暂估量，在办理结算时，按经批准的施工组织设计方案计算。

（4）广西未采用国家计算规范中的表L.8处理、监测、监控共2个清单项目。地下管线交叉处理项目，实际发生时另行签证处理，计价时不需要单列该项目；施工监测、监控放入总价措施项目计价。

（5）钢筋混凝土模板包括现浇混凝土模板、水上柱基础支架平台和桥涵支架等40个项目。根据广西实际，现浇混凝土模板工程不单独列项，按混凝土及钢筋混凝土实体项目执行，综合单价中应包含模板费用。原槽浇灌的混凝土基础、垫层不计算模板。

（6）安全文明施工费用为不可竞争费，为必须列出的工程量清单项目。

【例3-2】某桥梁盖梁示意图如图3-2所示，采用现浇混凝土浇筑，支架搭设高度10m，全桥共8个盖梁，试编制浇筑盖梁混凝土所需的脚手架工程量清单。

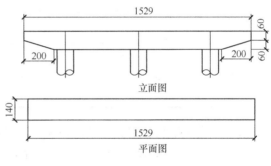

图 3-2 盖梁示意图

【解】

1. 清单工程量计算

根据措施项目清单，工程桥梁支架清单工程量计算规则：按支架搭设的空间体积计算。

$$V = 1.4 \times 15.29 \times 10 \times 8 = 1712.48 \text{m}^3$$

2. 表格填写（表3-5）

分部分项工程和单价措施项目清单与计价表　　　　表 3-5

工程名称：××桥梁工程　　　　　　　　　　　　　　　　　　　第　页　共　页

序号	项目编码	项目名称及项目特征描述	计量单位	工程量	综合单价	合价	其中：暂估价
					金　额（元）		
		桥涵支架					
1	041102040001	桥涵盖梁支架 搭设方式：满堂式 材质：钢管	m³	1712.48			

【例3-3】某道路土方工程采用1台液压挖掘机（斗容量1.25m³）挖土，1台振动压

路机（15t）回填碾压。请编制该土方工程大型机械设备进出场及安拆费项目的工程量清单。

【解】

首先进行清单列项。

根据工程背景，挖掘机和压路机都需要计算大型机械设备进出场及安拆费用，由于机械名称和型号不同，故分开列两个清单项目，见表3-6。

分部分项工程和单价措施项目清单与计价表

表3-6

工程名称：××工程　　　　　　　　　　　　　　　　　　　　　　　第　页　共　页

序号	项目编码	项目名称及项目特征描述	计量单位	工程量	金　额（元）		
					综合单价	合价	其中：暂估价
	041106	大型机械设备进出场及安拆费					
1	041106001001	大型机械设备进出场及安拆 1. 机械设备名称：挖掘机 2. 机械设备规格型号：1m³ 以上	台次	1			
2	041106001002	大型机械设备进出场及安拆 机械设备名称：压路机	台次	1			

3.2.3　其他项目、规费、增值税项目清单编制

其他项目、规费、增值税项目工程量清单编制类似于建筑工程计价中此类模块清单编制，在此不再赘述。

3.3　工程量清单计价

采用工程量清单计价，建设工程造价由分部分项工程费、措施项目费、其他项目费、税前项目费、规费、税金组成。分部分项工程量清单应采用综合单价计价。

3.3.1　计价程序及取费费率

1. 计价程序

计价程序详见表3-7。计价程序中的综合单价由人工费、材料费、机械费、管理费、利润及一定范围的风险费组成，具体详见表3-8。

工程量清单计价程序

表3-7

序号	项目名称	计算程序
1	分部分项工程量清单及单价措施项目清单计价合计	Σ（分部分项工程量清单及单价措施项目清单工程量×相应综合单价）

序号	项 目 名 称	计 算 程 序
1.1	其中：Σ人工费	Σ（分部分项工程量清单及单价措施项目清单项目工作内容的工程量×相应消耗量定额人工费）
1.2	其中：Σ材料费	Σ（分部分项工程量清单及单价措施项目清单项目工作内容的工程量×相应消耗量定额材料费）
1.3	其中：Σ机械费	Σ（分部分项工程量清单及单价措施项目清单项目工作内容的工程量×相应消耗量定额机械费）
2	总价措施项目清单计价合计	［<1.1>＋<1.2>＋<1.3>］×相应费率或按有关规定计算
3	其他项目清单计价合计	按有关规定计算
4	规费	<4.1>＋<4.2>＋<4.3>
4.1	社会保险费	<1.1>×相应费率
4.2	住房公积金	<1.1>×相应费率
4.3	工程排污费	［<1.1>＋<1.2>＋<1.3>］×相应费率或<1.1>×相应费率
5	税前项目费	
6	增值税	［<1>＋<2>＋<3>＋<4>＋<5>］×相应费率
7	工程总造价	<1>＋<2>＋<3>＋<4>＋<5>＋<6>

注："< >"内的数字均为表中对应的序号。

工程量清单综合单价组成表 表 3-8

序号	分部分项及单价措施工程量清单综合单价					
	组成内容	计算程序	序号	费用项目的组成	计 算 方 法	
					以"人工费＋机械费"为计算基数	
A	人工费	$\dfrac{<1>}{清单项目工程量}$	1	人工费	<1>=Σ（分部分项工程量清单工作内容的工程量×相应消耗量定额中人工费）	
B	材料费	$\dfrac{<2>}{清单项目工程量}$	2	材料费	<2>=Σ分部分项工程量清单工作内容的工程量×（相应的消耗量定额中材料含量×相应除税材料单价）	
C	机械费	$\dfrac{<3>}{清单项目工程量}$	3	机械费	<3>=Σ分部分项工程量清单工作内容的工程量×（相应的消耗量定额中机械含量×相应除税机械单价）	
D	管理费	$\dfrac{<4>}{清单项目工程量}$	4	管理费	Σ［<1>＋<3>］×管理费费率	
E	利润	$\dfrac{<5>}{清单项目工程量}$	5	利润	Σ［<1>＋<3>］×利润费率	
小　计					A＋B＋C＋D＋E	

注："<　>"内的数字均为表中对应的序号。

2. 费率取定及注意事项

根据 2016 年发布执行的《自治区住房城乡建设厅关于颁布 2016 年〈广西壮族自治区建设工程费用定额〉》桂建标〔2016〕16 号文中关于市政工程各项费率的规定见表 3-9～表 3-13。

管理费率及利润率
表 3-9

编号	项目名称	计算基数	管理费费率（%）	利润费率（%）
1	市政综合工程	Σ分部分项及单价措施费定额（人工费＋机械费）	23.10～31.50	9.90～13.90
2	轨道交通盾构工程		8.60～12.90	4.10～6.20
3	轨道交通轨道工程		39.00～43.10	17.30～21.10
4	轨道交通安装工程		26.70～30.80	9.60～15.40
5	土石方工程		6.50～8.70	3.20～5.30
6	地基处理及桩基础工程		11.40～18.20	6.30～10.50

注："项目名称"一列划分为六个部分，定额章节对应如下：

(1) 市政综合工程：除土石方工程、地基处理及桩基础工程、轨道交通（盾构工程、轨道、安装工程）外其余章节。

(2) 轨道交通盾构工程：C4-0209～C4-0253。

(3) 轨道交通轨道工程：C8-0349～C8-0681。

(4) 轨道交通安装工程：C8-0682～C8-1285。

(5) 土石方工程：C1-0001～C1-0153、C8-0001～C8-0051、C7-0001～C7-0027。

(6) 地基处理及桩基础工程：C1-0203～C1-0244、C1-0288～C1-0342、C3-0001～C3-0104。

措施费费率
表 3-10

编号	项目名称	计算基数	费率（%）	
			市政综合工程	轨道交通土建工程
1	安全文明施工费	Σ分部分项及单价措施费定额（人工费＋机械费）	11.90	8.20
2	工程定位复测费		0.20～0.40	0.20～0.50
3	检验试验配合费		0.40～0.60	0.20～0.30
4	雨季施工增加费		2.00～4.00	1.00～2.00
5	优良工程增加费		6～10	6～10
6	特殊保健费	按相关文件规定		
7	交叉施工补贴	受影响（监控）部分Σ分部分项及单价措施费定额（人工费＋机械费）	6～8	6～8
8	行车行人干扰增加费		4～6	4～6
9	施工监测、监控费		—	1～2
10	提前竣工（赶工补偿）费	在合同约定每提前 1 日历天奖励费用或根据相关措施方案计算		
11	暗室施工增加费	暗室施工定额人工费	25%	
12	夜间施工增加费	夜间施工工日数（工日）	18 元/工日	

编号	项目名称	计算基数	费率（%）	
			轨道交通轨道工程	轨道交通安装工程
1	安全文明施工费	Σ分部分项及单价措施费定额（人工费＋机械费）	18.20	12.10
2	工程定位复测费		0.40～0.60	0.20～0.40
3	检验试验配合费		1.20～1.40	0.40～0.60
4	雨季施工增加费		1.00～3.00	1.00～2.00
5	优良工程增加费		10.10～16.20	6.10～10.10
6	特殊保健费	按相关文件规定		
7	交叉施工补贴	受影响（监控）部分Σ分部分项及单价措施费定额（人工费＋机械费）	6～8	6～8
8	行车行人干扰增加费		—	—
9	施工监测、监控费		—	—
10	提前竣工（赶工补偿）费	在合同约定每提前1日历天奖励费用或根据相关措施方案计算		
11	暗室施工增加费	暗室施工定额人工费	25%	
12	夜间施工增加费	夜间施工工日数（工日）	18元/工日	

注："费率"一栏根据专业工程特点划分为四项取费标准，具体如下：

(1) 市政综合工程：适用范围基本同管理费、利润划分标准，但轨道交通地下车站工程按轨道交通土建工程计取。

(2) 轨道交通土建工程：适用于轨道交通地下车站、盾构及非盾构区间土建工程。

(3) 轨道交通轨道工程：适用范围同管理费、利润划分标准。

(4) 轨道交通安装工程：适用范围同管理费、利润划分标准。

其他项目费费率　　　　　　　　　　表 3-11

编号	项目名称		计算基数	费率（%）或标准
1	暂列金额		Σ（分部分项工程费及单价措施项目费＋总价措施项目费）	5～10
2	总承包服务费			1～3
3	暂估价	材料暂估价	按实际发生计算	
		专业工程暂估价		
4	计日工		按暂定工程量×综合单价	
5	机械台班停滞费		签证停滞台班×机械停滞台班费×1.1	
6	停工窝工人工补贴		停工窝工工日数（工日）	45元/工日

规　费　费　率　　　　　　　　　　表 3-12

编号		费用项目名称	计算基数	费率（%）
1		社会保险费	Σ（分部分项及单价措施项目人工费）	29.35
其中	1.1	养老保险费		17.22
	1.2	失业保险费		0.34
	1.3	医疗保险费		10.25
	1.4	生育保险费		0.64
	1.5	工伤保险费		0.90
2		住房公积金		1.85
3		工程排污费		0.40

增值税费率

表 3-13

编号	项目名称	计算基数	税率
1	增值税	Σ(分部分项及单价措施项目费＋总价措施项目费＋其他项目费＋税前项目费＋规费)	11%

3. 费用定额的使用及注意事项

（1）分部分项工程费及单价措施项目费中的管理费、利润及总价措施费均按"人工费＋机械费"为计算基数，规费按"分部分项及单价措施人工费"为计算基数。

（2）编制概预算、施工图预算、标底、招标控制价等时，人工费及材料、机械台班消耗量根据消耗量定额确定。

人工费应按自治区建设行政主管部门发布的系数进行调整：广西壮族自治区住房和城乡建设厅于 2015 年 1 月 22 日发布了桂建标〔2015〕5 号文"关于调整建设工程定额人工费及有关费率的通知"，自 2014 年 7 月 1 日开始执行。本教材案例中人工费按此文件调整。

材料单价（除税单价）按当时当地造价管理机构发布的信息价或市场询价。

机械台班单价（除税台班单价）按自治区造价管理机构发布的价格计取，其中人工费按自治区建设行政主管部门发布的桂建标〔2015〕5 号文进行调整，燃料动力费可以按照当时当地信息价进行调整，调整后的费用计入机械费内。

企业投标报价时可根据自身技术管理水平和市场行情确定人工、材料、机械台班费用。

（3）措施费项目应根据本定额规定并结合工程实际确定。本定额未包括的其他措施项目费，发承包双方可自行补充或约定。

（4）为了加强建设工程安全生产、文明施工管理，保障施工从业人员的作业条件和生活环境，防止施工安全事故发生，保证安全和文明施工措施落实到位，安全文明施工费作为不可竞争费用。

（5）在编制施工图预算、标底、招标控制价等时，有费率区间的项目应按费率区间的中值至上限值间取定。一般工程按费率中值取定，特殊工程可根据投资规模、技术含量、复杂程度在费率中值至上限值间选择，并在招标文件中载明。无费率区间的项目一律按规定的费率取值。

本教材案例均选取一般工程，费率按中值取定。

（6）投标报价时，除不可竞争费用和规费按本费用定额规定的费率计算外，其余各项费用企业可自主确定。

（7）提前竣工（赶工补偿）费：发包人要求承包人在合同工期基础上提前竣工的，可在合同中约定每提前一日历天发包人应支付承包人的奖励费用。此外，如业主要求提前竣工超出常规的，可不按提前天数计算奖励费用，而应按经专家委员会审定后的提前竣工措施方案计算赶工增加费报业主审批。计取提前竣工（赶工）费的工程不应同时计取夜间施工增加费。

（8）总承包服务费

1）招标人单独分包的工程，总包单位与分包单位的配合费由招标人、总承包人和分包人在合同中明确。

2）总承包人自行分包的工程所需的总包管理费由总承包人和分包人自行解决。

（9）甲供材料及设备均不计入招标控制价、投标报价及合同价。

3.3.2 分部分项和单价措施项目计价

1. 工程量清单综合单价计算

根据计价程序可知，分部分项工程量清单及单价措施项目清单计价合计＝Σ（分部分项工程量清单及单价措施项目清单工程量×相应综合单价）。

简化之，分部分项和单价措施项目清单计价＝工程量×综合单价。

综合单价是指完成一个规定计量单位的分部分项工程量清单项目或措施清单项目所需的人工费、材料费、施工机械使用费和企业管理费与利润，以及一定范围内的风险费用。

简化之，综合单价＝人工费＋机械费＋材料费＋管理费＋利润。

（1）计算方法

1）方法一

清单综合单价计算见表 3-14。

工程量清单综合单价计算表   表 3-14

序号	名称	计 算 方 法	金额（元）
1	人工费	Σ（定额工程量×定额人工费）/清单工程量	
2	材料费	Σ（定额工程量×定额材料费）/清单工程量	
3	机械费	Σ（定额工程量×定额机械费）/清单工程量	
4	管理费	Σ（人工费＋机械费）×管理费费率	
5	利润	Σ（人工费＋机械费）×利润率	
	综合单价	人工费＋材料费＋机械费＋管理费＋利润	

此方法将清单综合单价五个部分全部计算出来。

2）方法二

如果仅要求计算清单综合单价，不需要进行五个部分的分析，则可简化如下式：

$$清单综合单价＝Σ（定额工程量×定额综合单价）/清单工程量$$

其中，定额综合单价＝定额人工费＋定额材料费＋定额机械费＋相应管理费＋相应利润。定额人工费、定额材料费、定额机械费三者合称为直接费。

计算人工费、材料费、机械费，需要确定完成该清单项目所需要消耗的人工、材料、机械设备等消耗要素及相应的要素价格，而清单计价规范中没有人工、材料、机械设备等消耗量。清单计价规范规定，填报综合单价所需的消耗量，编制招标控制价可按建设主管部门颁布的计价定额确定，编制投标报价可按企业定额确定。所以计价定额是工程量清单计价的重要依据，正确计算定额工程量、定额综合单价都是必要的基础工作。

计算定额管理费和利润则根据计价程序表取定。

（2）计算步骤

工程量清单综合单价的计算步骤如下：

1）套用定额子目

根据清单项目的特征描述，结合清单项目工作内容正确选用定额子目是计算清单综合单价的基础。一个清单项目可能套用一个或多个定额子目，套定额子目时要注意定额子目的工作内容与清单项目的工作内容、项目特征描述的吻合，做到清单计价时对其工作内容的考虑不重复、不遗漏，以便能计算出较为合理的价格。

例如水泥混凝土路面清单项目的工作内容包括模板制作、安装、拆除，混凝土拌合、运输、浇筑、拉毛、压痕或刻防滑槽、伸缝、缩缝、锯缝、嵌缝、路面养护等工作内容，套用定额时应考虑包含这些工作内容的定额。

① 直接套用

当某分项工程或工序采用的材料、施工方法、工作内容等与定额条件一致，则可直接套用定额计算人、材、机消耗量或人工费、材料费使用费。人工费、材料费、机械费之和称为直接工程费。

② 换算

当设计要求与定额的工程内容、材料规格或施工方法等条件不一致时，对混凝土强度、砂浆强度、碎石规格等应加以调整换算；为保持定额的简明性，定额对某些情况采用乘系数进行调整。所有套用定额前须认真阅读定额说明，明确定额的适用条件和换算规则。如关于现浇混凝土项目，广西现行市政定额总说明规定，"……混凝土的强度等级和粗细骨料是按常用规格拌制的，如设计规定与定额不同时应进行换算。"

定额换算一般有以下几种情况，按定额说明规定的定额乘系数换算；把定额中的某种材料替换成实际使用的材料换算；砂浆强度、混凝土强度换算、无机结合料配合比换算等。

广西现行市政定额总说明，"本定额的机械台班消耗量是按正常合理的机械配备综合取定的，在执行中不得因机械型号不同而调整"，意即施工中实际采用机械的种类、规格与定额规定的不同时，一律不得换算。

2）计算定额工程量

根据定额工程量计算规则计算所套用的定额子目工程量。计算时，要注意定额规则与清单规则的对比，大部分情况下，定额工程量计算规则与清单工程量计算规则是一致的，但也有部分工程量计算规则不统一的情况，计算时要注意区别。例如，排水管道铺设长度的计算。清单工程量计算规则是"按设计图示中心线长度以延长米计算。不扣除附属构筑物、管件、阀门等所占长度"，而定额工程量计算规则是"各种角度的混凝土基础、混凝土管铺设按井至井之间中心线长度扣除检查井长度，以延长米计算工程量"。二者工程量的差别在于是否扣除了检查井等长度。

3）计算定额综合单价

根据广西现行市政费用定额计价程序计算定额综合单价。

4）计算清单综合单价

结合工作实际情况选择上述两种工程量清单综合单价计算方法之一，正确计算清单综合单价。

【例3-4】根据图3-3计算ϕ300混凝土管和ϕ900钢筋混凝土管铺设的清单及定额工程量。

【解】

（1）清单工程量：根据清单计算规则，"按设计图示中心线长度以延长米计算。不扣

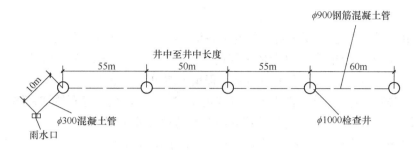

图 3-3 管道平面布置图

除附属构筑物、管件、阀门等所占长度"，计算如下：

ϕ900 管：$55+50+55+60=220$m

ϕ300 管：10m

（2）定额工程量：根据定额计算规则，"各种角度的混凝土基础、混凝土管铺设按井至井之间中心线长度扣除检查井长度，以延长米计算工程量"。每座检查井扣除长度按表 3-15 计算。

每座检查井扣除长度　　　　　　　　　　　表 3-15

检查井规格（mm）	扣除长度（m）	检查井形式	扣除长度（m）
ϕ700	0.40	各种矩形井	1.0
ϕ1000	0.7	各种交汇井	1.20
ϕ1250	0.95	各种扇形井	1.0
ϕ1500	1.20	圆形跌水井	1.60
ϕ2000	1.70	矩形跌水井	1.70
ϕ2500	2.2	阶梯式跌水井	按实扣

根据表 3-15 查得：规格为 ϕ1000 的检查井每座扣除长度为 0.70m。计算如下：

ϕ900 管：$(55+50+55+60)-0.70\times4$ $=220-2.8=217.2$m

ϕ300 管：$10-0.70\times0.5=9.65$m

【例 3-5】 某道路长 1200m，车行道底基层为 15cm 厚级配碎石，断面形式如图 3-4 所示，根据表 3-16，按广西现行市政定额计

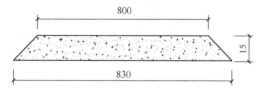

图 3-4 某车行道基层设计图（单位：cm）

算该清单项目的综合单价及合价，并填入表 3-16 对应位置。材料价格均按定额除税基期价取定。

分部分项工程和单价措施项目清单与计价表　　　　表 3-16

工程名称：××道路工程　　　　　　　　　　　　　　　第　页　共　页

序号	项目编码	项目名称及项目特征描述	计量单位	工程量	金　额（元）		
					综合单价	合价	其中：暂估价
1	040202011001	15cm 厚级配碎石底基层 描述：梯形截面，上底 800cm，下底 830cm，高度15cm	m²	9780.00			

【解】

分析：由于表格中不需要进行清单的工料机分析，故可直接用公式：

清单综合单价＝∑（定额工程量×定额综合单价）÷清单工程量

项目合价＝清单工程量×清单综合单价

1. 套用定额：根据清单工作内容，查找定额 C2-0021，级配碎石摊铺，厚 15cm。

2. 计算定额工程量：查阅定额计算规则，与清单计算规则相同。

定额工程量＝清单工程量＝9780.00m²，由于定额单位为 100m²，故定额工程量为 97.80。

3. 计算定额综合单价（表 3-17）

定额综合单价＝定额人工费＋材料费＋机械费＋管理费＋利润。

根据费率表取中值，市政综合工程的管理费及利润费率分别是 27.3％、11.9％。

定额综合单价分析表 表 3-17

C2-0021 级配碎石摊铺厚 15cm 单位：100m²

序号	名 称	单位	单价（元）	数量	费用（元）
A	人工费			149.91	164.90
B	材料费				1144.89
40502003	碎石 5～20mm	m³	63.11	6.96	439.25
40502004	碎石 5～40mm	m³	63.11	5.8	366.04
40701006	石屑	m³	31.07	10.44	324.37
310101065	水	m³	3.3	3.05	10.07
341508002	其他材料费	元	5.87	0.88	5.17
C	机械费				416.96
990701005	履带式推土机 功率 90kW	台班	913.82	0.05	45.69
990712002	平地机 功率 120kW	台班	1110.42	0.146	162.12
991302002	振动压路机 工作质量 8t	台班	524.66	0.034	17.84
991302005	振动压路机 工作质量 15t	台班	1056.98	0.181	191.31
	A+B+C				1726.75
	A+C				581.87
D	管理费			27.30%	158.85
E	利润			11.90%	69.24
合计	综合单价				1954.84

其中材料基期价及机械台班计算示例见表 3-18、表 3-19。

材料基期价 表 3-18

编号	名称规格	单位	基期价格（元）		增值税税率（%）
			含税价	除税价	
040502003	碎石 5～20mm	m³	65.00	63.11	3
040502004	碎石 5～40mm	m³	65.00	63.11	3

编号	名称规格	单位	基期价格（元）		增值税税率（%）
			含税价	除税价	
040701006	石屑	m³	32.00	31.07	3
310101065	水	m³	3.40	3.3	3

履带式推土机台班单价计算表   表 3-19

名称	信息价（元）	数量（单位）	调整后费用（元）
台班工日		142.5（元）	163.88
折旧费		164.47（元）	140.57
大修理		45.25（元）	38.68
经修费		117.65（元）	105.69
柴油 0 号	7.88	59.01（kg）	465.00
小计（元）			913.82

平地机 功率120kW、振动压路机 工作质量8t、振动压路机 工作质量15t 三个机械台班单价的计算过程相似，此处略。

4. 计算清单综合单价

（1）方法一

清单综合单价分析计算见表 3-20。

工程量清单项目综合单价分析表   表 3-20

清单项目：040202011001   15cm 厚级配碎石底基层   单位：m²

编码	名称	计算式	金额（元）
一	人工费	(97.80×164.90)÷9780.00	1.65
二	材料费	(97.80×1144.89)÷9780.00	11.45
三	机械费	(97.80×416.96)÷9780.00	4.17
四	管理费	(1.65+4.17)×27.3%	1.59
五	利润	(1.65+4.17)×11.9%	0.69
综合单价（一+二+三+四+五）			19.55

（2）方法二

清单综合单价＝Σ(定额工程量×定额综合单价)÷清单工程量

＝(97.80×1954.84)÷9780.00＝19.55 元/m²

5. 计算项目合价

项目合价＝清单工程量×清单综合单价

＝9780.00×19.55＝191199.00 元

6. 填表（表 3-21）

分部分项工程和单价措施项目清单与计价表　　　　　　表 3-21

工程名称：××道路工程　　　　　　　　　　　　　　　　　第　页　共　页

序号	项目编码	项目名称及项目特征描述	计量单位	工程量	金　额（元）		
					综合单价	合价	其中：暂估价
1	040202011001	15cm 厚级配碎石底基层 描述：梯形截面，上底 800cm，下底 830cm，高度 15cm	m²	9780.00	19.55	191199.00	
	C2-0021	级配碎石摊铺 厚15cm	100m²	97.80	1954.84		

【例 3-6】 某道路全长 800m，横断面设计为一幅式，宽度为 5m，道路横断面及路缘石大样图如图 3-5、图 3-6 所示。根据工程量清单表 3-22，按广西现行市政定额计算路缘石清单项目的综合单价及合价，并填入表 3-22 中。材料价格均按表 3-23 信息价列示。

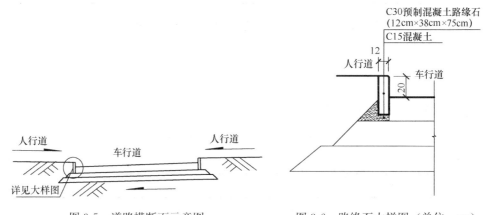

图 3-5　道路横断面示意图　　　　　　图 3-6　路缘石大样图（单位：cm）

分部分项工程和单价措施项目清单与计价表　　　　　　表 3-22

工程名称：××道路工程　　　　　　　　　　　　　　　　　第　页　共　页

序号	项目编码	项目名称及项目特征描述	计量单位	工程量	金　额（元）		
					综合单价	合价	其中：暂估价
1	040204004001	安砌侧石 1. 材料品种、规格：C30 预制混凝土，12cm×38cm×75cm 2. 基础、垫层：C15 水泥混凝土	m	1600.00			

材料价格信息表　　　　　　表 3-23

序号	编　码	名　称	单位	除税价格（元）
1	042704001	混凝土预制块路缘石	m	36.00

序号	编　码	名　称	单位	除税价格（元）
2	043103002	碎石 GD20 商品普通混凝土 C15	m³	322.33
3	800102003	水泥砂浆 1∶2	m³	243.71
4	341103001	电	kW·h	0.71

【解】

1. 套用定额：根据清单工作内容，查找定额。

路缘石断面面积为 $12 \times 38 = 456 \mathrm{cm^2} > 360 \mathrm{cm^2}$，

套用定额 C2-0165，混凝土预制块路缘石/断面面积/360cm² 以上［C15 混凝土靠背］。

C15 水泥混凝土为路缘石的靠背，在定额中已考虑，不需单独列项。

2. 计算定额工程量

C2-0165：由于定额计算规则同清单计算规则，故定额工程量＝清单工程量＝1600m，定额单位为 100m，故定额工程量为 16.00。

3. 计算定额综合单价（表 3-24）

定额综合单价＝定额人工费＋材料费＋机械费＋管理费＋利润

根据费率表取中值，市政综合工程的管理费及利润费率分别是 27.3%、11.9%。

定额综合单价分析表　　　　　　　　　　　　　表 3-24

C2-0165 混凝土预制块路缘石/断面面积/360cm² 以上［C15 混凝土靠背］　　　　单位：100m

序号	名　称	单位	单价（元）	数量	费用（元）
A	人工费			711.53	782.68
B	材料费				4269.08
42704001	混凝土预制块路缘石	m	36.00	101.5	3654.00
43103002	碎石 GD20 商品普通混凝土 C15	m³	322.33	1.827	588.90
800102003	水泥砂浆 1∶2	m³	243.71	0.05	12.19
341508002	其他材料费	元	15.91	0.88	14.00
C	机械费				0.79
990509001	灰浆搅拌机　拌筒容量 200L	台班	98.85	0.008	0.79
	A＋B＋C				5052.56
	A＋C				783.47
D	管理费			27.30%	213.89
E	利润			11.90%	93.23
合计	综合单价				5359.68

其中灰浆搅拌机台班单价计算表见表 3-25。

灰浆搅拌机台班单价计算表　　　　　　　　　　　　　　表 3-25

990509001　　灰浆搅拌机 拌筒容量 200L　台班

序号	名称	信息价（元）	数量（单位）	调整后费用（元）
1	台班工日		71.25（元）	81.94
2	折旧费		2.96（元）	2.53
3	大修理		0.63（元）	0.54
4	经修费		2.52（元）	2.26
5	安拆及进退		5.47（元）	5.47
6	电	0.71	8.61（kW·h）	6.11
小计（元）				98.85

4. 计算清单综合单价

（1）方法一

清单综合单价分析计算见表 3-26。

工程量清单项目综合单价分析表　　　　　　　　　　　　表 3-26

清单项目：040204004001　　安砌侧石　　　单位：m

编码	名称	计算式	金额（元）
一	人工费	$(16.00 \times 782.68) \div 1600$	7.83
二	材料费	$(16.00 \times 4269.08) \div 1600$	42.69
三	机械费	$(16.00 \times 0.79) \div 1600$	0.01
四	管理费	$(7.83 + 0.01) \times 27.3\%$	2.14
五	利润	$(7.83 + 0.01) \times 11.9\%$	0.93
综合单价（一＋二＋三＋四＋五）			53.60

（2）方法二

$$清单综合单价 = \Sigma（定额工程量 \times 定额综合单价）\div 清单工程量$$
$$= (16.00 \times 5359.70) \div 1600 = 53.60 \; 元/m$$

5. 计算项目合价

$$项目合价 = 清单工程量 \times 清单综合单价$$
$$= 1600.00 \times 53.60 = 85760.00 \; 元$$

6. 填表（表 3-27）

分部分项工程和单价措施项目清单与计价表　　　　　　　表 3-27

工程名称：××道路工程　　　　　　　　　　　　　　　　　第　页　共　页

序号	项目编码	项目名称及项目特征描述	计量单位	工程量	金额（元）		
					综合单价	合价	其中：暂估价
1	040204004001	安砌侧石 1. 材料品种、规格：C30 预制混凝土，12cm×38cm×75cm 2. 基础、垫层：C15 水泥混凝土	m	1600.00	53.60	85760.00	

序号	项目编码	项目名称及项目特征描述	计量单位	工程量	金 额（元）		
					综合单价	合价	其中：暂估价
	C2-0165	混凝土预制块路缘石，断面面积，360cm² 以上［C15 混凝土靠背］	100m	16.00	5359.70		

3.3.3 总价措施项目、其他项目、规费、增值税项目计价

总价措施项目、其他项目、规费、增值税计价类似建筑工程计价中此类内容计价，在此不再赘述。

4 工程量清单编制实务

4.1 土石方及道路工程工程量清单编制

4.1.1 工程量清单编制注意事项

1. 土石方工程工程量清单编制

（1）土石方工程量计算

在计算土方工程量之前，应首先收集确定以下数据：

1）土壤的类别。

2）地下水位标高，所挖土方是干土还是湿土，二者所使用的定额标准不同。

3）挖运土的方法，确定是采用人工挖运，还是机械挖运等。

4）余土和缺土的运距。

5）是否放坡或支挡板，是否需要留工作面等。

上述数据可以通过勘测资料和施工组织设计获得。

（2）土石方工程工程量清单编制注意事项

1）沟槽、基坑、一般土石方的划分为：底宽≤7m且底长>3倍底宽为沟槽，底宽≤3倍底宽且底面积≤150m² 为基坑。超过上述范围的土方按挖一般土方计算。

2）挖弃土方体积应按挖掘前的天然密实体积计算。

3）挖沟槽、基坑土方中的挖土深度，一般指原地面标高至槽、坑底的平均高度。

4）挖一般土方、沟槽、基坑土方应根据工程部位不同，分别设置清单编码。

5）广西结合实际情况，把挖沟槽、基坑土石方因工作面和放坡增加的工程量（管沟工作面增加的工程量），并入各土石方清单工程量中。

6）挖沟槽、基坑、一般土石方清单项目的工作内容不包括土石方场内平衡所需的运输费用，如发生场内平衡时所需费用，应计入040103001"回填方"。暗挖土方清单项目的工作内容中仅包括了洞内的水平、垂直运输费用，如需土石方外运时，按040103002"余方弃置"项目编码列项。

7）挖方出现流沙、淤泥时，如设计未明确，在编制工程量清单时，其工程数量可为暂定量，运距必须描述，如不能确定时，招标人可暂定。结算时，应根据实际情况由发包人与承包人双方现场签证确认工程量，运距按实调整。

8）挖淤泥、流沙清单项目的工作内容中包含运输（场内、外），不能与其他挖土方清单合并列项。

9）回填方清单项目的工作内容含运输，回填方总工作量中若包括场内平和利用方回填和缺方内运借方回填两种情况时，应分别列项编码。

10）回填方如需缺方内运，且填方材料品种为土方时，运距可以不描述，但应注明由投标人根据工程实际情况自行考虑决定报价，购买土方的费用计入综合单价。

11) 根据广西实施细则规定，沟槽、基坑清单工程量同定额工程量，因此沟槽余方和挖一般土方余方可以合并，不需再分别列余方弃置清单项目。

12) 余方弃置清单项目中，运距可以不描述，但应注明由投标人根据工程实际情况自行考虑决定报价，弃置堆放费用计入综合单价。

2. 道路工程工程量清单编制注意事项

(1) 道路各层厚度均以压实后的厚度为准。

(2) 道路基层设计截面为梯形时，应按其截面平均宽度计算面积，并在项目特征中对截面参数加以描述。

(3) 道路基层和面层均按不同结构分布分层设立清单项目。

(4) 如采用碎石、粉煤灰、砂等作为路基处理的填方材料时，应按附录 A 土石方工程"回填方"项目编码列项。

(5) 路基处理各类桩清单中如遇空桩，为避免工程变更引起计价纠纷，空桩与实桩分别编码列项；桩长应包括桩尖，空桩长度＝孔深－桩长，孔深为自然地面至设计桩底的深度。

(6) 水泥混凝土路面中传力杆和拉杆的制作、安装应按附录 J 钢筋工程中相关项目编码列项。

(7) 清单编号 040204002 人行道块料铺设和 040204003 现浇混凝土人行道板及进口坡工程量计算规则调整为"按设计图示尺寸以面积计算，不扣除面积在 $1.5m^2$ 以内各种井所占面积，但应扣除侧石、树池所占面积"。

4.1.2　工程量清单编制实例

1. 案例

【例 4-1】某道路工程全长 600m，路基工程中，共挖土方 $2000m^3$，挖土深度综合考虑。根据地质勘察报告，挖方为三类土，均为不良地基土，需外运 1km 弃置。请根据题意编制土方部分相关工程量清单，填入表 4-1 中。

【解】

1. 清单列项

根据《建设工程工程量计算规范广西壮族自治区实施细则（修订本）》（GB 50857～50862—2013），表 A.1 关于挖一般土方的注释，"挖沟槽、基坑、一般土石方清单项目的工作内容不包括土石方场内平衡所需的运输费用，如发生场内平衡时所需费用，应计入 040103001 "回填方"……如需土石方外运时，按 040103002 余方弃置项目编码列项。"

2. 表格填写

分部分项工程和单价措施项目清单与计价表　　　　表 4-1

工程名称：××道路工程

序号	项目编码	项目名称及项目特征描述	计量单位	工程量	金　额（元）		
					综合单价	合价	其中：暂估价
1	040101001001	挖一般土方 1. 土壤类别：三类土 2. 挖土深度：综合 3. 部位：路基	m^3	2000.00			

续表

序号	项目编码	项目名称及项目特征描述	计量单位	工程量	金额（元）		
					综合单价	合价	其中：暂估价
2	040103002001	余方弃置 运距：1km	m³	2000.00			

【例 4-2】 某市新建道路土方工程，修筑起点 K0＋000，终点 K0＋300，路基设计宽度为 16m，该路段内既有填方，又有挖方，详见表 4-2。土质三类土，余方运至 5km 处弃置点，填方要求密实度达到 95％，借方运距按 6km 考虑。试编制土方工程量清单，填入表4-3 中。

道路工程土方计算表　　　　　　　　　　　　表 4-2

桩号	A填 （m²）	A挖 （m²）	长度 （m）	填方 （m³）	挖方 （m³）
＋000	4.4	0	—	—	—
			50	372.5	0
K0＋050	10.5	0			
			50	470	0
K0＋100	8.3	0			
			50	260	60
K0＋150	2.1	2.4			
			50	52.5	265
K0＋200	0	8.2			
			50	0	335
K0＋250	0	5.2			
			50	0	520
K0＋300	0	15.6	—	—	—
合　　计				1155	1180

注：挖方中有 400m³ 为可利用土方。

【解】

1. 清单列项

本项目背景中，挖方 1180m³，400m³ 可以利用，则需要外运弃置 1180－400＝780m³，故列两个清单项目，挖一般土方及余方弃置。

040103001，回填方的项目特征中需区别填方来源，本项目填方共需 1155m³，土方来源分为两类，一类是场内可利用方，另一类需借方，故列两个清单项目。

2. 清单工程量计算

挖一般土方：1180m³

利用方回填：400×0.87＝348m³

借方回填 1155－348＝807m³

余方弃置 1180－400＝780m³

3. 表格填写（表 4-3）

分部分项工程和单价措施项目清单与计价表　　　　　　　　表 4-3

工程名称：××道路工程

序号	项目编码	项目名称及项目特征描述	计量单位	工程量	综合单价	合价	其中：暂估价
					金　额（元）		
1	040101001001	挖一般土方 1. 土壤类别：三类土 2. 挖土深度：综合 3. 部位：路基	m³	1180			
2	040103001001	利用方回填 1. 压实度：95% 2. 填方材料品种：四类土 3. 填方来源：场内平衡 4. 借方运距：1km 以内 5. 部位：路基	m³	348			
3	040103001002	借方回填 1. 密实度：95% 2. 填方材料品种：硬土 3. 填方来源：自行考虑 4. 借方运距：1km 以内 5. 部位：路基	m³	807			
4	040103002001	余方弃置 1. 废弃料品种：三类土 2. 运距：由投标人根据施工现场实际情况自行考虑决定	m³	780			
5	桂 040103003001	土石方运输每增 1km 1. 弃方 2. 运距 4km	m³·km	780			
	桂 040103003002	土石方运输每增 1km 1. 借方 2. 运距 5km	m³·km	807			

【例 4-3】某道路工程中有 200m³ 的路基为一、二类土，不良土质，需换填硬土。施工方案为，液压挖掘机（斗容量 1.25m³）挖土，装车。自卸汽车（12t）运土。弃土运距按 1km 计算，借土运距按 3km 计算，买土费用不包含运费，振动压路机（15t 以内）碾压。

试编制此部分换填土方的相关工程量清单，填入表 4-4。

【解】

分析：本案例为软土路基换填，在清单项目中没有直接换填的清单编码。考虑到换填的主要工作内容有挖除不良土，外运，借土回填，故列三个清单项目。

分部分项工程和单价措施项目清单与计价表 表 4-4

工程名称：××道路工程

序号	项目编码	项目名称及项目特征描述	计量单位	工程量	金额（元）		
					综合单价	合价	其中：暂估价
1	040101001001	挖一般土方 1. 一、二类土，含装车 2. 挖土深度：综合 3. 部位	m³	200			
2	040103001002	回填方 1. 密实度：按设计值 2. 填方品种：硬土 3. 借方来源：外购土 4. 借方运距 1km 5. 部位：路基	m³	200			
3	040103002001	余方弃置 1. 一、二类土 2. 运距 1km	m³	200			
4	桂 040103003001	土石方运输每增 1km 1. 硬土 2. 借方运距 4km	m³·km	200			

【例 4-4】 某道路采用沥青路面，现施工 K0＋600～K0＋800 段，道路横断面及大样图如图 4-1、图 4-2 所示。试编制沥青路面面层工程量清单，填入表 4-5 中。

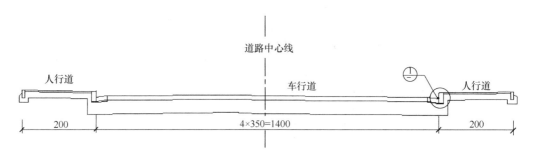

图 4-1　道路横断面图（单位：cm）

【解】

1. 清单列项

沥青混凝土的项目特征中，区分沥青品种、沥青混凝土种类、石料粒径、掺和度和厚度，按"m²"计算工程量，故图中上面层、下面层及封层需分别列项。

2. 计算清单工程量

根据清单工程量计算规则："按设计图示尺寸以面积计算，不扣除各种井所占面积，带平石的面层应扣除平石所占面积。"

从大样图中可知，三层面层的长度为 $800-600=200$m，宽度均为 $14-0.4\times2=13.2$m，面积为：

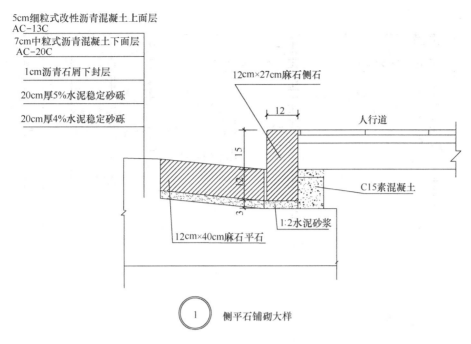

图 4-2 大样图（单位：cm）

$$S = 200 \times 13.2 = 2640.00 \text{m}^2$$

3. 填表

分部分项工程和单价措施项目清单与计价表　　　　　表 4-5

工程名称：××道路工程

序号	项目编码	项目名称及项目特征描述	计量单位	工程量	金 额（元）		
					综合单价	合价	其中：暂估价
1	040203006001	5cm 细粒式改性沥青混凝土上面层 AC-13C	m²	2640.00			
2	040203006002	7cm 中粒式沥青混凝土下面层 AC-20C	m²	2640.00			
3	040203004001	1cm 沥青石屑下封层	m²	2640.00			

【例 4-5】某道路长 500m，采用 C30 水泥混凝土路面（$f_{\text{cm}} = 4.5\text{MPa}$），厚度 20cm，路面采用刻纹防滑。道路横断面、路面板块划分及各种缝的构造如图 4-3～图 4-8 所示，道路每隔 100m 设置一条胀缝（包括起终点两端），胀缝邻近的三条缩缝设置传力杆，其余缩缝为假缝型。采用玛琋脂填缝，请根据工程背景编制水泥路面工程量清单。

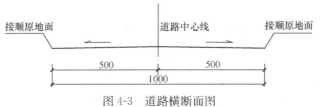

图 4-3 道路横断面图

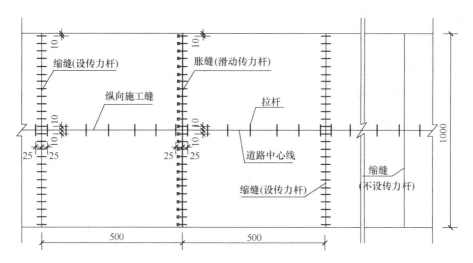

图 4-4　道路路面板块划分设计图

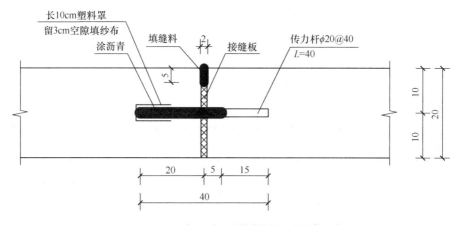

图 4-5　胀缝结构图

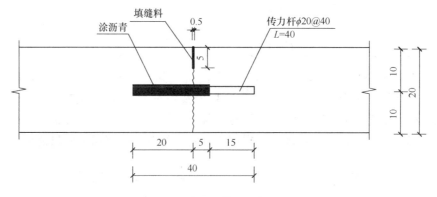

图 4-6　缩缝设传力杆构造图

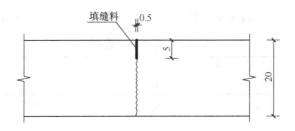

图 4-7　缩缝不设传力杆构造图

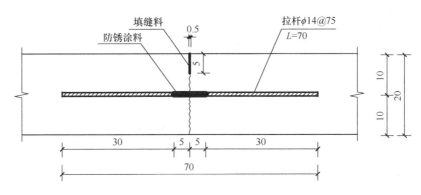

图 4-8　纵缝构造图（单位：cm）

【解】

1. 清单列项

（1）关于水泥混凝土路面

根据《建设工程工程量计算规范（GB 50854～50862—2013）广西壮族自治区实施细则（修订本）》，水泥混凝土路面属于"表 B.3 道路面层"部分，项目编码为 040203007，水泥混凝土路面，工程内容包括"模板制作、安装、拆除，混凝土拌合、运输、浇筑、拉毛、压痕或刻防滑槽、伸缝、缩缝、锯缝、嵌缝、路面养护"等，模板及各种缝的构造在水泥混凝土路面的工作内容以内，故不单独列项。

（2）关于路面钢筋

根据表 B.3 的注解，"水泥混凝土路面中传力杆和拉杆的制作、安装应按附录 J 钢筋工程中相关项目编码列项"。故本工程中钢筋项目单列。

查阅广西现行市政定额：第二册道路工程→第二章道路面层→六水泥混凝土路面→钢筋制作、安装。钢筋部分共有三个定额，分别为"构造筋"、"钢筋网"、"传力杆（有套筒）"。

在路面钢筋中，胀缝中传力杆带套筒，按"传力杆（有套筒）"计价，根据定额注释"若施工中使用无套筒传力杆时，扣除定额中半硬质塑料管φ32 消耗量，其他不变"，缩缝中传力杆不带套筒，故在"传力杆（有套筒）"定额上扣除塑料管φ32 进行换算，纵缝拉杆及角隅钢筋、边缘加强筋、检查井、雨水口加强筋等均按"构造筋"计价，路面钢筋网则按"钢筋网"计价，故本工程中分别列三个关于"现浇构件钢筋"的清单项目。

2. 计算清单工程量

（1）水泥混凝土路面工程量＝500×10＝5000m²

（2）钢筋工程量

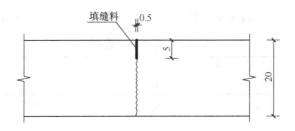

根据图可计算出胀缝（或缩缝）传力杆及纵缝拉杆每5m的工程数量见表4-6。

每5m钢筋工程数量表 表 4-6

名称	米重（kg/m）	单根长（m）	根数	总长（m）	总重（kg）
胀缝（或缩缝）传力杆 $\phi20$	2.468	0.4	$(500-10\times2)/40+1=13$	5.2	12.84
纵缝拉杆 $\phi14$	1.21	0.7	$(500-25\times2)/75+1=7$	4.9	5.93

计算钢筋总量：

① 胀缝传力杆 $\phi20$

$$胀缝数量＝(500/100+1)=6 条$$

$$\phi20 重量＝12.84\times2\times6/1000=0.154t$$

② 缩缝传力杆 $\phi20$

$$缩缝数量＝(500/5+1-6)=95 条$$

其中靠近胀缝的 3 条设置传力杆，故有 15 条缩缝设置传力杆。

$$\phi20=12.84\times2\times15/1000=0.385t$$

③ 纵缝拉杆 $\phi14=(500/5)\times5.93/1000=0.593t$

3. 填表（表 4-7）

分部分项工程和单价措施项目清单与计价表 表 4-7

工程名称：××道路工程

序号	项目编码	项目名称及项目特征描述	计量单位	工程量	金 额（元）		
					综合单价	合价	其中：暂估价
1	040203007001	C30 水泥混凝土路面（$f_{cm}=$4.5MPa） 1. 混凝土强度等级：C30 2. 厚度：20cm 3. 嵌缝材料：沥青玛瑞脂	m²	5000.00			
2	040901001001	现浇构件钢筋 钢筋种类、规格：胀缝传力杆 $\phi20$	t	0.154			
3	040901001002	现浇构件钢筋 钢筋种类、规格：缩缝传力杆 $\phi20$	t	0.385			
4	040901001003	现浇构件钢筋 钢筋种类、规格：纵缝拉杆 $\phi14$	t	0.593			

2. 综合实例（施工图详见附图）

某道路工程招标工程量清单

内容包括：封面（封-1）、扉页（扉-1）、总说明、单位工程投标报价汇总表、分部分项工程和单价措施项目清单与计价表、总价措施项目清单与计价表、其他项目清单与计价汇总表、暂列金额明细表、规费、增值税计价表、承包人提供主要材料和工程设备一览表。

某道路工程　　　　工程

招 标 工 程 量 清 单

招 标 人：＿＿＿＿＿＿＿＿＿＿＿＿＿＿＿＿
（单位盖章）

造价咨询人：＿＿＿＿＿＿＿＿＿＿＿＿＿＿＿＿
（单位盖章）

2016 年 09 月 12 日

封-1

招标工程量清单

招 标 人：_____
（单位盖章）

造价咨询人：_____
（单位资质专用章）

法定代表人
或其授权人：_____
（签字或盖章）

法定代表人
或其授权人：_____
（签字或盖章）

编 制 人：_____
（造价人员签字）

复 核 人：_____
（造价工程师签字盖专用章）

编 制 时 间： 2016 年 09 月 12 日   复 核 时 间：_____

扉-1

总　说　明

工程名称：某道路工程

一、工程概况

该工程位于××市内，主要内容包括：土方、道路工程。道路总长度为0.52km。

二、编制依据

1. 设计图纸。

2.《建设工程工程量清单计价规范》GB 50500—2013及广西壮族自治区实施细则（修订本）。

3.《建设工程工程量清单计算规范》（GB 50854～50862—2013）广西壮族自治区实施细则修订本。

4. 2014年《广西壮族自治区市政工程消耗量定额》及桂建标〔2016〕16号文。

5. 现行配套文件《关于调整建设工程定额人工费及有关费率的通知》（桂建标〔2005〕5号文）等相关计价文件。

三、其他说明

1. 本招标工程量清单按常规施工方案考虑施工措施。

2. 拆迁电力、管线、征地、赔偿工程暂不计入本预算。

3. 本清单涉及运输距离按5km计算。

单位工程投标报价汇总表

工程名称：某道路工程   第 1 页 共 1 页

序号	汇总内容	金额（元）	备注
1	分部分项工程和单价措施项目清单计价合计		
1.1	其中：暂估价		
2	总价措施项目清单计价合计		
2.1	其中：安全文明施工费		
3	其他项目清单计价合计		
4	税前项目清单计价合计		
5	规费		
6	增值税		
7	工程总造价＝1＋2＋3＋4＋5＋6		

分部分项工程和单价措施项目清单与计价表

工程名称：某道路工程　　　　　　　　　　　　　　　　　第 1 页　共 4 页

序号	项目编码	项目名称及项目特征描述	计量单位	工程量	综合单价	合价	其中：暂估价
					金额（元）		
					综合单价	合价	其中：暂估价
		分部分项工程					
		土石方工程					
1	040101001001	挖一般土方 1. 土壤类别：三类土，装车 2. 挖土深度：综合 3. 部位：路基	m³	6223			
2	040103002001	余方弃置 1. 废弃料品种：松土 2. 运距 1km	m³	3111.5			
3	040103001001	利用方回填 1. 密实度：95% 2. 填方材料品种：场内三类土 3. 填方来源：场内平衡 4. 借方运距 1km 内 5. 部位：路基	m³	2707.01			
4	040103001002	借方回填 1. 密实度：95% 2. 填方材料品种：硬土 3. 填方来源：外购土 4. 借方运距 1km 5. 部位：路基	m³	21381			
5	桂 040103003001	土石方运输每增 1km 1. 土或石类别：松土 2. 弃方	m³·km	3111.5			
6	桂 040103003002	土石方运输每增 1km 1. 土或石类别：硬土 2. 借方	m³·km	21381			
		软土路基处理					
7	040101001002	挖一般土方 1. 土壤类别：杂填土，黏性土 2. 挖土深度：综合 3. 部位：路基	m³	36406			
8	040103002002	余方弃置 1. 废弃料品种：杂填土，黏性土 2. 运距 1km	m³	36406			
9	040103001003	软土路基换填土 1. 密实度：按设计要求	m³	21233.22			

分部分项工程和单价措施项目清单与计价表

工程名称：某道路工程　　　　　　　　　　　　　　　　　　第 2 页　共 4 页

序号	项目编码	项目名称及项目特征描述	计量单位	工程量	综合单价	合价	其中：暂估价
		2. 填方材料品种：硬土 3. 填方来源：外购 4. 借方运距 1km 5. 部位：路基					
10	桂 040103003003	土石方运输每增 1km 1. 土或石类别：硬土 2. 借方	m³·km	21381			
11	040103001004	软土路基换填片石 1. 密实度：按设计要求 2. 填方材料品种：片石 3. 填方来源：外借 4. 借方运距 1km 5. 部位：软土路基	m³	2000			
12	040103001005	软土路基换填砂砾 1. 密实度：按设计要求 2. 填方材料品种：砂砾 3. 填方来源：外借 4. 借方运距 1km 5. 部位：软土路基	m³	800			
		道路工程					
13	040202001001	路床（槽）整形	m²	12485.01			
14	040202011001	15cm 厚级配碎石	m²	12485.01			
15	040202015001	20cm 厚 5％水泥稳定碎石下基层	m²	12381.13			
16	040202015002	20cm 厚 6％水泥稳定碎石上基层	m²	12277.25			
17	040203004001	改性沥青封层	m²	11637.61			
18	040203006001	7.0cm 厚粗粒式沥青混凝土 AC-25	m²	11637.61			
19	040203006002	5.0cm 厚中粒式沥青混凝土 AC-20	m²	11637.61			
20	040203006003	4.0cm 厚细粒式沥青混凝土 AC-13	m²	11637.61			
21	040204001001	人行道整形碾压	m²	3413.14			
22	040204002001	人行道块料铺设 块料品种、规格：6cm 厚彩色生态砖，30cm×60cm 及 50cm×50cm 芝麻白花岗岩 基础、垫层：15cm 厚 C15 混凝土基础，3cm 厚 1：2 水泥砂浆垫层 形状：矩形	m²	1812.34			
23	040204004001	安砌麻石平石 材料品种、规格：预制混凝土平石，规格 15cm×40cm×60cm 基础、垫层：2cm 厚 1：2 水泥砂浆垫层	m	1045.6			

分部分项工程和单价措施项目清单与计价表

工程名称：某道路工程　　　　　　　　　　　　　　　　　　　　　　　第3页　共4页

序号	项目编码	项目名称及项目特征描述	计量单位	工程量	金额（元）		
					综合单价	合价	其中：暂估价
24	040204004002	安砌麻石侧石 材料品种、规格：预制混凝土，规格12cm×30cm×60cm 基础、垫层：2cm厚1：2水泥砂浆垫层	m	1045.6			
25	040204004003	安砌麻石锁边石 材料品种、规格：预制混凝土，规格12cm×25cm×60cm 基础、垫层：3cm厚1：2水泥砂浆垫层	m	1909			
		小计					
		Σ人工费					
		Σ材料费					
		Σ机械费					
		Σ管理费					
		Σ利润					
		单价措施项目					
	1.1	大型机械设备进出场及安拆费					
26	041106001001	大型机械设备进出场及安拆 机械设备名称：挖掘机 机械设备规格型号：1m³以外	台·次	1			
27	041106001002	大型机械设备进出场及安拆 机械设备名称：推土机 机械设备规格型号：90kW以内	台·次	1			
28	041106001003	大型机械设备进出场及安拆 机械设备名称：压路机	台·次	1			
	1.2	施工排水、降水费					
	1.3	二次搬运费					
	1.4	已完工程及设备保护费					
	1.5	夜间施工增加费					
	2.1	脚手架工程费					
	2.2	混凝土、钢筋混凝土模板及支架费					
	2.3	垂直运输机械费					

分部分项工程和单价措施项目清单与计价表

工程名称：某道路工程　　　　　　　　　　　　　　　　　　　　第 4 页　共 4 页

序号	项目编码	项目名称及项目特征描述	计量单位	工程量	金额（元）		
					综合单价	合价	其中：暂估价
2.4		混凝土运输及泵送费					
2.5		建筑物超高加压水泵费					
		小计					
		Σ人工费					
		Σ材料费					
		Σ机械费					
		Σ管理费					
		Σ利润					
		合计					
		Σ人工费					
		Σ材料费					
		Σ机械费					
		Σ管理费					
		Σ利润					

总价措施项目清单与计价表

工程名称：某道路工程   第1页　共1页

序号	项目编码	项目名称	计算基础	费率（%）或标准	金额（元）	备注
一		市政综合工程				
1	桂 041201001001	安全文明施工费	Σ分部分项、单价措施（人工费＋机械费）			
2	桂 041201002001	检验试验配合费				
3	桂 041201003001	雨季施工增加费				
4	桂 041201004001	工程定位复测费				
		合计				

注：以项计算的总价措施，无"计算基础"和"费率"的数值，可只填"金额"数值，但应在备注栏说明施工方案出处或计算方式。

其他项目清单与计价汇总表

工程名称：某道路工程   第1页　共1页

序号	项目名称	金额（元）	备注
一	市政综合工程		
1	暂列金额	60000.00	
2	材料暂估价		
3	专业工程暂估价		
4	计日工		
5	总承包服务费		
	合计		

注：材料暂估单价进入清单项目综合单价，此处不汇总。

暂列金额明细表

工程名称：某道路工程　　　　　　　　　　　　　　　　　第1页　共1页

序号	项目名称	计量单位	暂定金额(元)	备注
1	暂列金额		60000.00	
1.1	工程量偏差	元	15000.00	
1.2	设计变更及政策调整	元	20000.00	
1.3	材料价格波动	元	25000.00	
	合计		60000.00	

注：此表由招标人填写，如不能详列，也可只列暂定金额总额，投标人应将上述暂列金额计入总价中。

规费、增值税计价表

工程名称：某道路工程　　　　　　　　　　　　　　　　　　　第1页　共1页

序号	项目名称	计算基础	计算费率（%）	金额（元）
一	市政综合工程			
1	规费	1.1+1.2+1.3		
1.1	社会保险费			
1.1.1	养老保险费			
1.1.2	失业保险费			
1.1.3	医疗保险费	Σ（分部分项人工费＋单价措施人工费）		
1.1.4	生育保险费			
1.1.5	工伤保险费			
1.2	住房公积金			
1.3	工程排污费			
2	增值税	Σ（分部分项工程费及单价措施项目费＋总价措施项目费＋其他项目费＋税前项目费＋规费）		
	合计			

承包人提供主要材料和工程设备一览表

（适用于造价信息差额调整法）

工程名称：某道路工程 　　　　　　　　　　　　　　　　　编号：

序号	名称、规格、型号	单位	数量	风险系数（%）	基准单价（元）	投标单价（元）	确认单价（元）	价差（元）	合计差价（元）
1	普通硅酸盐水泥 32.5MPa	t		5.00					
2	砂（综合）	m³		5.00					
3	碎石 5～10mm	m³		5.00					
4	碎石 5～20mm	m³		5.00					
5	碎石 5～40mm	m³		5.00					
6	砂砾 5～80mm	m³		5.00					
7	片石	m³		5.00					
8	石油沥青 60 号～100 号	kg		5.00					
9	改性沥青	kg		5.00					
10	轻柴油 0 号	kg		5.00					
11	水	m³		5.00					
12	碎石 GD40 商品普通混凝土 C15	m³		5.00					
13	汽油 93 号	kg		5.00					
14	轻柴油 0 号	kg		5.00					
15	电	kW·h		5.00					
16	合计								

注：1. 此表由招标人填写除"投标单价"栏的内容，投标人在投标时自主确定投标单价。

　　2. 招标人应优先采用工程造价管理机构发布的单位作为基准单价，未发布的，通过市场调查确定其基准
　　　单价。

4.2 桥梁工程工程量清单编制

4.2.1 工程量清单编制注意事项

1. 打试验桩和打斜桩应按相应项目编码单独列项，并应在项目特征中注明试验桩或斜桩（斜率）。

2. 泥浆护壁成孔灌注桩是指泥浆护壁条件下成孔，采用水下灌注混凝土的桩。其成孔方法包括冲击钻成孔、冲抓锥成孔、回旋钻成孔、潜水钻成孔、泥浆护壁的旋挖成孔等。

3. 干作业成孔灌注桩是指不用泥浆护壁和套管护壁的情况下，用钻机成孔后，下钢筋笼，灌注混凝土，适用于地下水位以上的土层。其成孔方法包括螺旋钻成孔、螺旋钻成孔扩底、干作业的旋挖成孔等。

4. 混凝土灌注桩的钢筋笼制作、安装，按附录J钢筋工程中相关项目编码列项。

5. 本表工作内容未含桩基础的承载力检测，桩身完整性检测。

6. 台帽、台盖梁均应包括耳墙、背墙。

7. 支座垫石混凝土按C.3混凝土基础项目编码列项。

4.2.2 工程量清单编制实例

1. 案例

【例4-6】某桥梁扩大基础示意图如图4-9所示，现浇混凝土强度等级为C25，全桥共8个扩大基础，试编制扩大基础混凝土工程量清单。

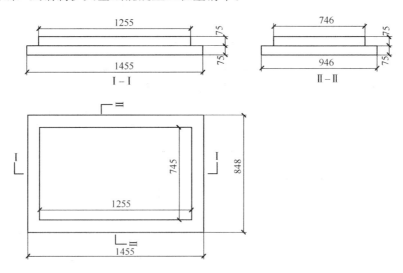

图4-9 扩大基础示意图

【解】

1. 清单工程量计算

根据《建设工程工程量计算规范（GB 50854～50862—2013）广西壮族自治区实施细则（修订本）》C.3桥涵工程中桥梁现浇混凝土基础项目清单工程量计算规则：按设计图示尺寸以体积计算。

$$V = (12.55 \times 7.46 \times 0.75 + 14.55 \times 9.46 \times 0.75) \times 8 = 1387.60 \text{m}^3$$

2. 表格填写（表4-8）

分部分项工程和单价措施项目清单与计价表　　　　表4-8

工程名称：××桥梁工程

序号	项目编码	项目名称及项目特征描述	计量单位	工程量	金额（元）		
					综合单价	合价	其中：暂估价
1	040303002001	扩大基础现浇混凝土 混凝土种类、强度等级：现浇混凝土C25	m³	1387.60			

【例4-7】某桥梁桥墩如图4-10所示，现浇混凝土强度等级为C40，全桥共24个桥墩，试编制桥墩混凝土工程量清单。

【解】

1. 清单工程量计算

根据《建设工程工程量计算规范（GB 50854～50862—2013）广西壮族自治区实施细则（修订本）》C.3桥涵工程中桥梁现浇混凝土墩身项目清单工程量计算规则：按设计图示尺寸以体积计算。

$$V = 3.14 \times 0.6 \times 0.6 \times 10 \times 24 = 271.30 \text{m}^3$$

2. 表格填写（表4-9）

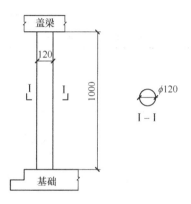

图4-10　桥墩示意图

分部分项工程和单价措施项目清单与计价表　　　　表4-9

工程名称：××桥梁工程

序号	项目编码	项目名称及项目特征描述	计量单位	工程量	金额（元）		
					综合单价	合价	其中：暂估价
1	040303005001	桥墩现浇混凝土 1. 部位：墩身 2. 截面：ϕ120 3. 结构形式：等截面 4. 混凝土种类、强度等级：现浇混凝土C40	m³	271.30			

【例4-8】某桥梁盖梁示意图如图4-11所示，现浇混凝土强度等级为C30，全桥共8个盖梁，试编制盖梁混凝土工程量清单。

【解】

1. 清单工程量计算

根据《建设工程工程量计算规范（GB 50854～50862—2013）广西壮族自治区实施细

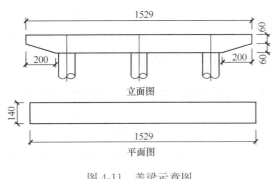

图 4-11　盖梁示意图

则（修订本）》C.3 桥涵工程中桥梁现浇混凝土盖梁项目清单工程量计算规则：按设计图示尺寸以体积计算。

$$V_1 = 15.29 \times 1.4 \times 0.6 = 12.85 \text{m}^3$$

$$V_2 = (15.29 + 1.5 + 4.895 \times 2)$$
$$\times 1.4 \times 0.6 / 2$$
$$= 11.16 \text{m}^3$$

$$V_3 = (V_1 + V_2) \times 8 = 192 \text{m}^3$$

2. 表格填写（表 4-10）

分部分项工程和单价措施项目清单与计价表　　表 4-10

工程名称：××桥梁工程

序号	项目编码	项目名称及项目特征描述	计量单位	工程量	综合单价	合价	其中：暂估价
					金额（元）		
1	040303007001	盖梁现浇混凝土 1. 部位：盖梁 2. 混凝土种类、强度等级：现浇混凝土 C30	m³	192			

【例 4-9】某桥台肋板如图 4-12 所示，现浇混凝土强度等级为 C30，全桥共 24 块桥台肋板，试编制盖梁混凝土工程量清单。

【解】

1. 清单工程量计算

根据《建设工程工程量计算规范（GB 50854～50862—2013）广西壮族自治区实施细则（修订本）》C.3 桥涵工程中桥梁现浇混凝土桥台肋板项目清单工程量计算规则：按设计图示尺寸以体积计算。

$$V = (1.1 + 5.46) / 2$$
$$\times 10.067 \times 1.1 \times 24$$
$$= 871.72 \text{m}^3$$

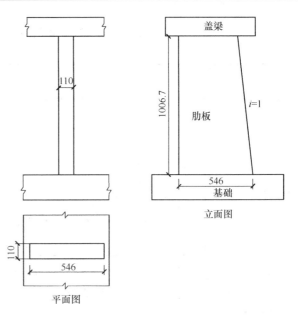

图 4-12　桥台肋板示意图

2. 表格填写（表 4-11）

分部分项工程和单价措施项目清单与计价表　　　　表 4-11

工程名称：××桥梁工程

序号	项目编码	项目名称及项目特征描述	计量单位	工程量	金额（元）		
					综合单价	合价	其中：暂估价
1	040303005001	桥台肋板现浇混凝土 1. 部位：桥台 2. 截面：110cm×546cm 3. 结构形式：等截面 4. 混凝土种类、强度等级：现浇混凝土 C30	m³	871.72			

【**例 4-10**】某桥梁预制空心板断面如图 4-13 所示，每块空心板长度为 16m，混凝土强度等级为 C30，全桥共 30 块空心板，试编制桥梁预制空心板工程量清单。

1. 清单工程量计算

根据《建设工程工程量计算规范（GB 50854～50862—2013）广西壮族自治区实施细则（修订本）》C.4 桥涵工程中桥梁预制空心板混凝土项目清单工程量计算规则：按设计图示尺寸以体积计算。

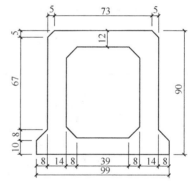

$$S_1 = (0.73 + 0.05 + 0.05) \times 0.9$$
$$+ (0.1 + 0.08 + 0.08)/2 \times 0.08$$
$$\times 2 - 0.05 \times 0.05/2 \times 2$$
$$= 0.765 \text{m}^2$$

$$S_2 = (0.39 + 0.08 + 0.08) \times (0.9 - 0.12$$
$$- 0.12) - 0.08 \times 0.08/2 \times 4$$
$$= 0.352 \text{m}^2$$

$$S_3 = S_1 - S_2 = 0.42 \text{m}^2$$

$$V = S_3 \times 16 \times 30 = 201.6 \text{m}^3$$

图 4-13　预制空心板断面示意图
（单位：cm）

2. 表格填写（表 4-12）

分部分项工程和单价措施项目清单与计价表　　　　表 4-12

工程名称：××桥梁工程

序号	项目编码	项目名称及项目特征描述	计量单位	工程量	金额（元）		
					综合单价	合价	其中：暂估价
1	040304003001	预制空心板混凝土 1. 部位：板 2. 图集图纸名称：图 4-13 3. 构件代号、名称：预制空心板 4. 混凝土种类、强度等级：C30	m³	201.6			

2. 综合实例

某桥梁工程工程量清单（施工图详见附图）。

某桥梁工程招标工程量清单

内容包括：封面（封-1）（略）、扉页（扉-1）（略）、总说明（略）、单位工程投标报价汇总表（略）、分部分项工程和单价措施项目清单与计价表、总价措施项目清单与计价表（略）、其他项目清单与计价汇总表（略）、规费、增值税计价表（略）、承包人提供主要材料和工程设备一览表（略）。

注：略去表格形式参考第 4.1.2 节道路工程综合实例，此处不再赘述。

分部分项工程和单价措施项目清单与计价表

工程名称：某桥梁工程　　　　　　　　　　　　　　　　　　　　第 1 页　共 3 页

序号	项目编码	项目名称及项目特征描述	计量单位	工程量	金额（元）		
					综合单价	合价	其中：暂估价
		分部分项工程					
		桥涵工程					
1	040303001001	混凝土垫层 混凝土种类、强度等级：C15 商品混凝土	m³	65.74			
2	040303002001	扩大基础混凝土 混凝土种类、强度等级：C25 泵送商品混凝土	m³	1410.89			
3	040303005001	桥墩混凝土 1. 部位：墩身 2. 截面：D1200 3. 结构形式：柱式 4. 混凝土种类、强度等级：C40 泵送商品混凝土	m³	314.28			
4	040303005002	桥台肋板混凝土 1. 部位：肋板 2. 截面：矩形变截面 3. 混凝土种类、强度等级：C30 泵送商品混凝土	m³	396.24			
5	040303007001	桥墩盖梁 1. 部位：桥墩盖梁 2. 混凝土种类、强度等级：C30 泵送商品混凝土	m³	192.76			
6	040303007002	混凝土桥台盖梁 1. 部位：桥台盖梁 2. 混凝土种类、强度等级：C30 泵送商品混凝土	m³	87.78			
7	040303006001	混凝土系梁 混凝土种类、强度等级：C25 泵送商品混凝土	m³	51.2			

分部分项工程和单价措施项目清单与计价表

工程名称：某桥梁工程 第 2 页 共 3 页

序号	项目编码	项目名称及项目特征描述	计量单位	工程量	金额（元）		
					综合单价	合价	其中：暂估价
8	040303004001	桥台耳背墙 1. 部位：桥台耳背墙 2. 混凝土种类、强度等级：C30 泵送商品混凝土	m³	17.14			
9	040304001001	预制混凝土空心板梁 1. 部位：板梁 2. 图集、图纸名称：空心板梁上部构造横断面图；空心板梁一般构造图 3. 混凝土种类、强度等级：预制 C30 混凝土	m³	1033.46			
10	040303024001	铰缝混凝土 1. 名称、部位：铰缝 2. 混凝土种类、强度等级：C40 商品混凝土	m³	290.29			
11	040303019001	现浇整体化防水混凝土桥面铺装 1. 部位：桥面 2. 图集、图纸名称：空心板梁上部构造横断面图 3. 混凝土种类、强度等级：C40 现浇整体化防水混凝土	m²	2400			
12	040203006001	沥青混凝土铺装 1. 沥青品种：细粒式 2. 沥青混合料种类：商品沥青混凝土 3. 厚度：8cm	m²	2400			
13	040304003001	预制混凝土板（人行道板） 1. 部位：人行道 2. 图集、图纸名称：人行道板构造图 3. 混凝土种类、强度等级：C25 商品混凝土	m³	115.07			
14	040309001001	金属栏杆 栏杆材质、规格：Q235A 钢管、钢板，详见栏杆设计图	m	160			
15	040309004001	板式橡胶支座 1. 材质：橡胶支座 2. 规格、型号：GYZ200×56 3. 形式：板式	个	600			
16	040309007001	桥梁伸缩装置 1. 材料品种：橡胶带 2. 规格、型号：D-40 型 3. 混凝土种类：防水混凝土 4. 混凝土强度等级：C50	m	60			
17	040309009001	桥面泄水管 1. 材料品种：PVC 2. 管径：φ150	m	293.2			

分部分项工程和单价措施项目清单与计价表

工程名称：某桥梁工程   第 3 页   共 3 页

序号	项目编码	项目名称及项目特征描述	计量单位	工程量	金额（元）		
					综合单价	合价	其中：暂估价
18	040303020001	混凝土桥头搭板 混凝土种类、强度等级：C30 泵送商品混凝土	m³	168			
19	040305003001	河床铺砌 1. 部位：河床 2. 材料品种、规格：15 号浆砌片石 30cm 厚	m³	2321			
		钢筋工程					
20	040901001001	非预应力钢筋 1. 钢筋种类：R235 2. 钢筋规格：10mm 以内	t	167.242			
21	040901001002	非预应力钢筋 1. 钢筋种类：HRB335 2. 钢筋规格：10mm 以上	t	394.744			
		小计					
		Σ 人工费					
		Σ 材料费					
		Σ 机械费					
		Σ 管理费					
		Σ 利润					
		单价措施项目					
22	041106001001	大型机械场外运输费履带式挖掘机 1.0以内 1. 机械设备名称：履带式挖掘机 2. 机械设备规格型号：1.0 以内	台·次	1			
23	041102040001	桥涵盖梁支架 1. 基础类型：扩大基础 2. 部位：盖梁 3. 材质：钢管 4. 支架类型：满堂式	m³	2667.1			
		小计					
		Σ 人工费					
		Σ 材料费					
		Σ 机械费					
		Σ 管理费					
		Σ 利润					
		合计					
		Σ 人工费					
		Σ 材料费					
		Σ 机械费					
		Σ 管理费					
		Σ 利润					

4.3 排水工程工程量清单编制

4.3.1 工程量清单编制注意事项

1. 本章清单项目所涉及土方工程的内容应按计算规范中附录 A 土石方工程中相关项目编码列项。

2. 刷油、防腐、保温工程、阴极保护及牺牲阳极应按现行国家标准《通用安装工程工程量计算规范》GB 50856—2013 附录 M 刷油、防腐蚀、绝热工程中相关项目编码列项。

3. 管道检验及试验要求应按各专业的施工验收规范及设计要求，对已完管道工程进行的管道吹扫、冲洗消毒、强度试验、严密性试验、闭水试验等内容进行描述。

4. 管道附属构筑物为标准定型附属构筑物时，在项目特征中应标注标准图集编号及页码。

4.3.2 工程量清单编制实例

1. 案例

【例 4-11】某新建雨水管道工程，起点 K2＋000，终点 K2＋200。间隔 40m 设置 1 个矩形检查井，其雨水管采用 D1200 Ⅱ 级钢筋混凝土平口圆管，基础参照图集 06MS201-1-19，如图 4-14 所示，接口采用钢丝网水泥砂浆抹带接口，铺设深度 6m 以内。

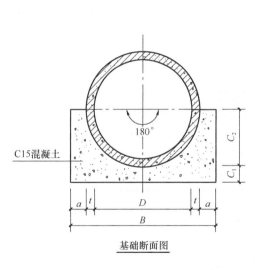

管内径	管壁厚	管基尺寸				基础混凝土量
D	t	a	B	C_1	C_2	(m³/m)
600	60	120	960	120	360	0.257
700	70	140	1120	140	420	0.350
800	80	160	1280	160	480	0.457
900	90	180	1440	180	540	0.579
1000	100	200	1600	200	600	0.715
1100	110	220	1760	220	660	0.865
1200	120	240	1920	240	720	1.029
1350	135	270	2160	270	810	1.302
1500	150	300	2400	300	900	1.608
1650	165	330	2640	330	990	1.945
1800	180	360	2880	360	1080	2.315
2000	200	400	3200	400	1200	2.858
2200	220	440	3520	440	1320	3.458
2400	230	460	3780	460	1430	3.932
2600	235	470	4010	470	1535	4.339
2800	255	510	4330	510	1655	5.072
3000	275	550	4650	550	1775	5.862

图 4-14 混凝土管道断面图（图集 06MS201-1-19）

要求：编制混凝土排水管的工程量清单。

【解】

1. 清单列项

查询《建设工程工程量计算规范（GB 50854～50862—2013）广西壮族自治区实施细则（修订本）》，混凝土管道铺设属于"E.1 管道铺设"部分。

2. 清单工程量计算

根据清单工程量计算规则，按设计图示中心线长度以延长米计算。不扣除附属构筑物、管件及阀门等所占长度。工程量为 200m。

3. 表格填写（表 4-13）

分部分项工程和单价措施项目清单与计价表　　表 4-13

工程名称：××排水工程

序号	项目编码	项目名称及项目特征描述	计量单位	工程量	金额（元）		
					综合单价	合价	其中：暂估价
1	040501001001	D1200 Ⅱ级钢筋混凝土管 1. 垫层、基础材质及厚度：180° C15 混凝土基础 2. 规格：D1200 3. 接口方式：钢丝网水泥砂浆抹带接口 4. 铺设深度：6m 以内 5. 混凝土强度等级：Ⅱ级钢筋混凝土 6. 管道检验及试验要求：闭水试验 7. 详见图集 06MS201-1-19	m	200			

【例 4-12】 某街道新建排水工程中，其雨水进水井采用了双箅雨水进水井，雨水箅子采用复合材料，具体尺寸如图 4-15～图 4-18 所示。

要求：编制 1 座雨水口的工程量清单。

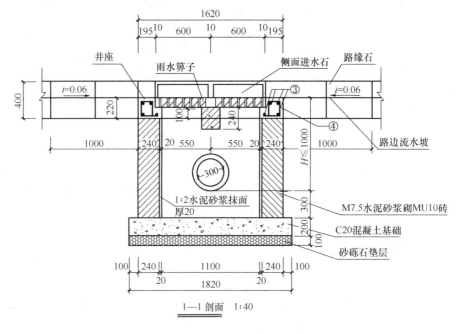

图 4-15　1—1 剖面图

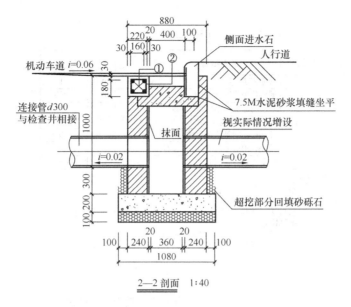

2—2 剖面 1:40

图 4-16　2—2 剖面图

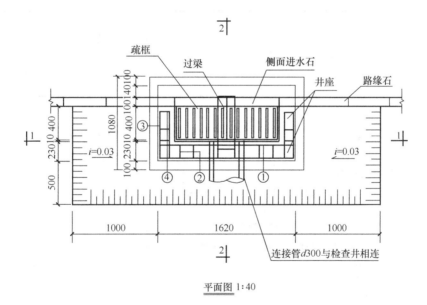

平面图 1:40

图 4-17　平面图

【解】

1. 清单列项

查询《建设工程工程量计算规范（GB 50854～50862—2013）广西壮族自治区实施细则（修订本）》，雨水口属于"E.4 管道附属构筑物"部分。

2. 清单工程量计算

根据清单工程量计算规则，雨水口按座计量。

3. 表格填写（表 4-14）

工程数量表

编号	工程项目	单位	数量 H=1000
1	砂砾石垫层	m³	0.19
2	现浇C20混凝土基础	m³	0.39
3	M7.5水泥砂浆砌MU10砖	m³	1.55
4	现浇钢筋混凝土（≥4.5MPa抗折）井座	m³	0.12
5	预制C30钢筋混凝土过梁	m³	0.019
6	预制C30混凝土侧面进水石	m³	0.06
7	1:2水泥砂浆抹面	m²	3.96

说明：
1. 本图尺寸单位以mm计。
2. 侧面进水石、过梁构造见另图。
3. 雨水口边框周围采用井座加固。井座用混凝土抗折强度不小于4.5MPa。
4. 雨水算子尺寸：$B×L×H=400×600×100$，采用生产厂家生产的成套产品，设计荷载等级为城-A级。

图4-18 工程数量表

分部分项工程和单价措施项目清单与计价表 　　　　　　　　　　表4-14

工程名称：××排水工程

序号	项目编码	项目名称及项目特征描述	计量单位	工程量	金额（元）		
					综合单价	合价	其中：暂估价
1	040504009001	双算雨水口 1. 雨水算子及圈口材质、型号、规格：$B×L×H=400×600×100$ 2. 垫层、基础材质及厚度：砂砾石垫层100mm，混凝土基础200mm 3. 混凝土强度等级：C20混凝土 4. 砌筑材料品种、规格：M7.5水泥砂浆砌MU10砖 5. 砂浆强度等级及配合比：1:2水泥砂浆	座	1			

2. 综合实例（施工图详见附图）

某排水工程招标工程量清单

内容包括：封面（封-1）（略）、扉页（扉-1）（略）、总说明（略）、单位工程投标报价汇总表（略）、分部分项工程和单价措施项目清单与计价表、总价措施项目清单与计价表（略）、其他项目清单与计价汇总表（略）、规费、增值税计价表（略）、承包人提供主要材料和工程设备一览表（略）。

注：略去表格形式参考第4.1.2节道路工程综合实例，此处不再赘述。

分部分项工程和单价措施项目清单与计价表

工程名称：某排水工程 第1页 共6页

序号	项目编码	项目名称及项目特征描述	计量单位	工程量	金额（元）		
					综合单价	合价	其中：暂估价
		分部分项工程					
		土石方工程					
1	040101002001	挖沟槽土方 1. 土壤类别：三类土 2. 挖土深度：4m以内 3. 部位：沟槽及检查井	m³	5179.13			
2	040103001001	钢筋混凝土管回填砂砾 1. 密实度：同路基要求 2. 填方材料品种：小于40mm天然级配砂砾 3. 填方来源：借方回填 4. 借方运距：5km 5. 部位：钢筋混凝土管顶50cm以内	m³	1001.24			
3	040103001002	波纹管回填中粗砂 1. 密实度：同路基要求 2. 填方材料品种：中粗砂 3. 填方来源：外借 4. 借方运距：5km 5. 部位：双壁波纹管顶50cm以内	m³	777.06			
4	040103001003	人工回填土 1. 密实度：同路基要求 2. 填方材料品种：三类土 3. 填方来源：利用方 4. 部位：管顶50cm以外	m³	2653.79			
5	040103001004	井圈周边回填C10素混凝土 1. 密实度：同路基要求 2. 填方材料品种：C10素混凝土 3. 填方来源：外借 4. 部位：井圈周边	m³	2.91			
6	040103001005	检查井周边回填C20素混凝土 1. 密实度：同路基要求 2. 填方材料品种：C20素混凝土 3. 填方来源：外借 4. 部位：检查井周边	m³	20.49			
7	040103002001	余方弃置 1. 废弃料品种：三类土 2. 运距：5km	m³	2525.34			
	0405	管网工程					

分部分项工程和单价措施项目清单与计价表

工程名称：某排水工程 　　　　　　　　　　　　　　　　　　　第 2 页　共 6 页

序号	项目编码	项目名称及项目特征描述	计量单位	工程量	金额（元）		
					综合单价	合价	其中：暂估价
8	040501004001	D300 雨水口连接管 1. 垫层、基础材质及厚度：中粗砂基础层 200 厚 2. 材质及规格：PP-HM 双壁波纹管 D300 3. 连接形式：热收缩带连接 4. 铺设深度：埋深 1m 5. 管道检验及试验要求：闭水试验	m	371			
9	040501004002	D600PP-HM 双壁波纹管 1. 垫层、基础材质及厚度：中粗砂基础层 200 厚 2. 材质及规格：PP-HM 双壁波纹管 D600 3. 连接形式：热收缩带连接 4. 铺设深度：6m 以内 5. 管道检验及试验要求：闭水试验	m	438.88			
10	040501004003	D800PP-HM 双壁波纹管 1. 垫层、基础材质及厚度：中粗砂基础层 200 厚 2. 材质及规格：PP-HM 双壁波纹管 D800 3. 连接形式：热收缩带连接 4. 铺设深度：6m 以内 5. 管道检验及试验要求：闭水试验	m	47.73			
11	040501001001	D1200 混凝土承插管 1. 垫层、基础材质及厚度：180°混凝土基础厚 200 2. 规格：D1200 3. 接口方式：O 型橡胶圈接口 4. 铺设深度：6m 以内 5. 混凝土强度等级：I 级钢筋混凝土 6. 管道检验及试验要求：闭水试验 7. 详见图集 06MS201-1-18	m	196.54			
12	040501001002	D1500 混凝土企口管 1. 垫层、基础材质及厚度：180°混凝土基础厚 200 2. 规格：D1500 3. 接口方式：Q 型橡胶圈接口 4. 铺设深度：6m 以内 5. 混凝土强度等级：I 级钢筋混凝土 6. 管道检验及试验要求：闭水试验 7. 详见图集 06MS201-1-18	m	49.77			

分部分项工程和单价措施项目清单与计价表

工程名称：某排水工程　　　　　　　　　　　　　　　　第 3 页　共 6 页

序号	项目编码	项目名称及项目特征描述	计量单位	工程量	金额（元）		
					综合单价	合价	其中：暂估价
13	040504002001	ϕ1250 型混凝土井 1. 垫层、基础材质及厚度：C10 混凝土垫层厚 100 2. 混凝土强度等级：C25 3. 盖板材质、规格：重型球墨铸铁防盗型井盖 4. 井盖、井圈材质及规格：C30 混凝土井圈 5. 踏步材质、规格：塑钢爬梯 6. 防渗、防水要求：内外壁均抹 20mm 厚砂浆 7. 平均井深：4m 以内 8. 详见图集 06MS201-3-25	座	7			
14	040504002002	3300×2400 四通矩形混凝土井 1. 垫层、基础材质及厚度：C10 混凝土垫层厚 100，基础厚 400 2. 混凝土强度等级：C25 3. 盖板材质、规格：重型球墨铸铁防盗型井盖 4. 井盖、井圈材质及规格：C30 混凝土井圈 5. 踏步材质、规格：塑钢爬梯 6. 防渗、防水要求：内外壁均抹 20mm 厚砂浆 7. 平均井深：8m 以内 8. 详见图集 06MS201-3-51	座	1			
15	040504002003	1500×1100 直线矩形混凝土井 1. 垫层、基础材质及厚度：C10 混凝土垫层厚 100，基础厚 250 2. 混凝土强度等级：C25 3. 盖板材质、规格：重型球墨铸铁防盗型井盖 4. 井盖、井圈材质及规格：C30 混凝土井圈 5. 踏步材质、规格：塑钢爬梯 6. 防渗、防水要求：内外壁均抹 20mm 厚砂浆 7. 平均井深：6m 以内 8. 详见图集 06MS201-3-38	座	4			
16	040504002004	2700×2050 四通矩形混凝土井(管径 1200) 1. 垫层、基础材质及厚度：C10 混凝土垫层厚 100，基础厚 350 2. 混凝土强度等级：C25 3. 盖板材质、规格：重型球墨铸铁防盗型井盖 4. 井盖、井圈材质及规格：C30 混凝土井圈 5. 踏步材质、规格：塑钢爬梯 6. 防渗、防水要求：内外壁均抹 20mm 厚砂浆 7. 平均井深：6m 以内 8. 详见图集 06MS201-3-51	座	1			

分部分项工程和单价措施项目清单与计价表

工程名称：某排水工程　　　　　　　　　　　　　　　　第 4 页　共 6 页

序号	项目编码	项目名称及项目特征描述	计量单位	工程量	金额（元）		
					综合单价	合价	其中：暂估价
17	040504002005	2200×2200 三通矩形混凝土井（管径1200） 1. 垫层、基础材质及厚度：C10 混凝土垫层厚 100，基础厚 300 2. 混凝土强度等级：C25 3. 盖板材质、规格：重型球墨铸铁防盗型井盖 4. 井盖、井圈材质及规格：C30 混凝土井圈 5. 踏步材质、规格：塑钢爬梯 6. 防渗、防水要求：内外壁均抹 20mm 厚砂浆 7. 平均井深：6m 以内 8. 详见图集 06MS201-3-45	座	1			
18	040504002006	1800×1100 直线矩形混凝土井（管径1500） 1. 垫层、基础材质及厚度：C10 混凝土垫层厚 100，基础厚 250 2. 混凝土强度等级：C25 3. 盖板材质、规格：重型球墨铸铁防盗型井盖 4. 井盖、井圈材质及规格：C30 混凝土井圈 5. 踏步材质、规格：塑钢爬梯 6. 防渗、防水要求：内外壁均抹 20mm 厚砂浆 7. 平均井深：6m 以内 8. 详见图集 06MS201-3-38	座	2			
19	040504002007	跌水井 1. 垫层、基础材质及厚度：C10 混凝土垫层厚 100，基础厚 400 2. 混凝土强度等级：C25 3. 盖板材质、规格：重型球墨铸铁防盗型井盖 4. 井盖、井圈材质及规格：C30 混凝土井圈 5. 踏步材质、规格：塑钢爬梯 6. 防渗、防水要求：内外壁均抹 20mm 厚砂浆 7. 平均井深：8m 以内 8. 详见图集 06MS201-3-111	座	1			
20	040504002008	φ1000 型预留井 1. 垫层、基础材质及厚度：C10 混凝土垫层厚 100，基础厚 220 2. 混凝土强度等级：C25 3. 盖板材质、规格：重型球墨铸铁防盗型井盖 4. 井盖、井圈材质及规格：C30 混凝土井圈 5. 踏步材质、规格：塑钢爬梯 6. 防渗、防水要求：内外壁均抹 20mm 厚砂浆 7. 平均井深：6m 以内 8. 详见图集 06MS201-3-12	座	12			

分部分项工程和单价措施项目清单与计价表

工程名称：某排水工程　　　　　　　　　　　　　　　　　　第 5 页　共 6 页

序号	项目编码	项目名称及项目特征描述	计量单位	工程量	综合单价	合价	其中：暂估价
					金额（元）		
21	040504009001	雨水口 1. 雨水箅子及圈口材质、型号、规格：球墨铸铁井圈 2. 垫层、基础材质及厚度：C15 混凝土基础厚 100 3. 混凝土强度等级：C30 过梁 4. 砌筑材料品种、规格：M10 水泥砂浆砌 MU10 砖 5. 砂浆品种、强度等级及配合比：1∶2 水泥砂浆 6. 详见图集 06MS201-8-10	座	30			
		小计					
		Σ人工费					
		Σ材料费					
		Σ机械费					
		Σ管理费					
		Σ利润					
		单价措施项目					
	041101	脚手架工程					
	041102	混凝土模板及支架					
	041103	围堰					
	041104	便道及便桥					
	041105	洞内临时设施					
	041106	大型机械设备进出场及安拆					
22	041106001001	履带式挖掘机进出场及安拆 机械设备名称：履带式挖掘机 机械设备规格型号：1.25m³	台·次	1			
23	041106001002	履带式推土机进出场及安拆 机械设备名称：履带式推土机 机械设备规格型号：75kW	台·次	1			
	041107	施工排水、降水					
	041108	处理、监测、监控					
	041111	施工护栏					
	041112	二次搬运费					
	041113	夜间施工增加费					
		小计					
		Σ人工费					

分部分项工程和单价措施项目清单与计价表

工程名称：某排水工程

序号	项目编码	项目名称及项目特征描述	计量单位	工程量	金额（元）		
					综合单价	合价	其中：暂估价
		Σ材料费					
		Σ机械费					
		Σ管理费					
		Σ利润					
		合计					
		Σ人工费					
		Σ材料费					
		Σ机械费					
		Σ管理费					
		Σ利润					

5 招标控制价编制实务

5.1 道路工程招标控制价编制实例

5.1.1 土方工程定额使用注意事项

1. 土石方工程

（1）机械挖软岩，由于施工方法与土方相同，归在机械挖土方章节子目内。

（2）基础施工所需工作面宽度计算表附注中，"挖土交接处产生的重复工程量不扣除，如在同一断面内遇有数类土壤，其放坡系数可按各类土占全部深度的百分比加权计算"。挖土交接处是指不同沟槽管道十字或斜向交叉时产生的重复土方，无需扣除。如果是不同管道走向相同，在施工过程中管道交接处产生的重复土方，必须扣除。

（3）清理土堤基础根据设计规定按堤坡斜面积计算，清理厚度为30cm内，废土运距按30m计算。

（4）自卸汽车运土方（石方）分别设置了运距以0.5km以内和1km以内起步的项目，运距0.5km以内起步的项目一般在场内土石方调配时使用，土石方的场外运输以运距1km内起步。

2. 防护、支护、围护工程

地下连续墙定额项目未包括泥浆池的制作、拆除，发生时根据施工组织设计另行计算；泥浆使用后的废浆，因无场地处理需立即清运的，执行第三册桥涵工程泥浆外运子目；泥浆经晾晒干化处理后外运的，执行土方相应定额子目。

3. 地基处理工程

抛石挤淤按设计要求抛填范围内片石的实际抛填量计算，定额中片石消耗量不含需挤密碾压施工增加的压实量。抛填片石后需铺设反滤层时，另行套用相应定额子目计算。

4. 脚手架工程

（1）独立安全挡板是自设支撑单独搭设的防护挡板，用于行人通道、设备防护等；独立安全挡板是不靠在脚手架上的，分水平和垂直两类，所搭的位置一般是进入建筑物施工人员通道，或者建筑物底下的人行通道，水平搭设就是水平安全挡板，垂直搭设就是垂直安全挡板。

（2）靠脚手架安全挡板是靠在外脚手架外边的安全挡板，支撑全由外架提供。

（3）独立安全挡板及靠脚手架安全挡板的用途都是防坠落（图5-1）。

（4）独立安全挡板是指脚手架以外单独搭设的，用于车辆通道、人行通道、临街防护和施工现场与其他危险场所隔离防护。独立安全防护挡板，水平的安全挡板按投影面积计算，垂直的安全挡板按垂直搭设面积计算。

图 5-1 安全独立挡板

5. 拆除工程

预制混凝土块料拆除适用于透水砖、植草砖、水泥阶砖等块料类（含砂浆结合层）拆除。

6. 相关工程

施工护栏定额按《南宁市建设工程质量安全管理标准化图集》（强制性行业标准）2013 年 4 月出版的 4 种围挡形式编制，分别为围挡样式一（图 5-2）：砌体＋彩钢夹心板围挡（高 2.5m）；围挡样式二（图 5-3）：砌体围挡（高 2.0m）；围挡样式三（图 5-4）：型钢＋彩钢夹心板（50mm 厚）围挡（高 2.0m）；围挡样式四（图 5-5）：型钢＋彩钢板（0.5mm 厚）围挡（高 1.76m）。使用定额时要根据实际施工采用的样式套用。施工护栏装饰定额仅适用于围挡样式一、二的砌块部分的涂料装饰。非上述两种施工围挡的装饰，不能套用该定额。

图 5-2 围挡样式一 砌体＋彩钢
夹心板围挡（高 2.5m）

图 5-3 围挡样式二 砌体围挡（高 2.0m）

图 5-4 围挡样式三 型钢＋彩钢夹心板
（50mm 厚）围挡（高 2.0m）

图 5-5 围挡样式四 型钢＋彩钢板
（0.5mm 厚）围挡（高 1.76m）

5.1.2　道路工程定额使用注意事项

1. 道路面层

（1）路面钢筋子目单列，如设计路面有钢筋时，另套钢筋制作、安装相应子目。

路面钢筋分构造筋、钢筋网和有套筒传力杆设置。胀缝中的带套筒的传力杆，套用传力杆（有套筒）定额，若使用无套筒传力杆时，扣除定额中半硬质塑料管 $\phi32$ 消耗量，其余不变。拉杆、边缘（角隅）加固筋、钢筋网均套用构造钢筋定额。

（2）道路工程沥青混凝土、水泥混凝土及其他类型路面工程量以设计长度乘以设计宽度加上圆弧等加宽部分以"m^2"计算，均不扣除 $1.5m^2$ 以内各类井所占面积，带平石的面层应扣除平石面积。若遇到路口时，应加上路口的转角面积。

交叉口转角面积计算公式如下：

① 路正交时路口 1 个转角面积计算：$F=0.2146R^2$

② 路斜交时路口 1 个转角面积计算：$F=R^2(\mathrm{tg}\alpha/2-0.00873\alpha)$

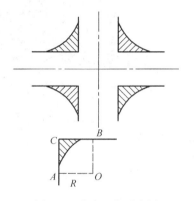

图 5-6　道路正交示意图

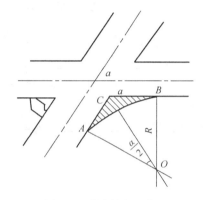

图 5-7　道路斜交示意图

（3）水泥混凝土路面定额厚度为 15cm 起步，若铺设厚度未达到 15cm，执行混凝土基础垫层定额套用。

（4）混凝土路面养生仅保留塑料膜养生子目，若现场使用其他养生方式，不予换算。

2. 人行道及其他

（1）混凝土及石质路缘石安砌子目已包含混凝土靠背（宽 150mm，高 200mm 的三角形）施工，删除原定额中的水泥砂浆坐浆。设计不同时，混凝土靠背用量可以换算，其余不变。

（2）混凝土预制块侧（平、缘）石安砌按断面面积 $360cm^2$ 以内、以外设置定额子目，套用定额时，按实际断面面积套用。

（3）现浇混凝土出入口、人行道、侧（平、缘）石子目，已包含混凝土模板内容，不再重复计算模板费用。

（4）树池砌筑中，设置混凝土块、石质条石子目，若有树池盖板安装，套用园林绿化定额。

3. 交通设施

（1）标杆制作是按常规的钢管和钢板的比例计算消耗量的，若实际与定额不同可以换算其中的用量。

（2）标志牌制作分三角形、圆形和方形三种，适用于铝合金材料的标志牌；合成树脂类等半成品材料标志牌可按市场购买价计算材料费并套相应安装子目。

（3）标志牌安装区分每块标牌的面积大小套用定额，净高小于4.5m的标牌安装应扣除定额中高架车台班。

（4）贴膜包含反光膜的底膜和面膜，不含图案和文字设计费。实际需要在电脑上进行文字、图案设计的，需再套文字、图案制作定额。常规的一些图案是不需要再设计的，则不能再套文字、图案制作子目。

（5）隔离护栏制作按焊接编制，包括刷一遍防锈漆工料。除注明外，均包括现场内（工厂内）的材料运输、号料、加工、组装及成品堆放等全部工序。

隔离栅立柱包括钢管、型钢和钢筋混凝土三种，型钢立柱指除钢管外各类钢制现场制作支柱，成品钢立柱不论何种形状均套用钢管立柱（图5-8～图5-10）。

图5-8　钢管立柱

图5-9　型钢立柱

图5-10　混凝土立柱

5.1.3　招标控制价编制实例

1. 案例

【例5-1】某道路工程中有长度200m的路基为一、二类土，不良土质，需换填硬土。

施工方案为，液压挖掘机（斗容量 1.25m³）挖土，装车。自卸汽车（12t）运土。弃土运距按 1km 计算，借土运距按 3km 计算，买土费用不包含运费，振动压路机（15t 以内）碾压。

要求：给工程量清单表 5-1 中的清单项目套定额子目并判断换算，计算定额工程量。

分部分项工程和单价措施项目清单与计价表　　　　　　表 5-1

工程名称：××道路工程

序号	项目编码	项目名称及项目特征描述	计量单位	工程量	金额（元）		
					综合单价	合价	其中：暂估价
1	040101001001	挖一般土方 1. 一、二类土，含装车 2. 挖土深度：综合 3. 部位	m³	200			
2	040103001002	回填方 1. 密实度：按设计值 2. 填方品种：硬土 3. 借方来源：外购土 4. 借方运距：1km 5. 部位：路基	m³	200			
3	040103002001	余方弃置 1. 一、二类土 2. 运距 1km	m³	200			
4	桂 040103003001	土石方运输每增 1km 1. 硬土 2. 借方	m³·km	200			

【解】

1. 确定定额子目并判断是否需要换算（表 5-2）。

分部分项工程和单价措施项目清单与计价表　　　　　　表 5-2

工程名称：××道路工程

序号	项目编码	项目名称及项目特征描述	计量单位	工程量	金额（元）		
					综合单价	合价	其中：暂估价
1	040101001001	挖一般土方 1. 一、二类土，含装车 2. 挖土深度：综合 3. 部位	m³	200			
	C1-0016	液压挖掘机挖土方（斗容量 1.25m³），装车，一、二类土	1000m³	0.2			
2	040103001002	回填方 1. 密实度：按设计值 2. 填方品种：硬土 3. 借方来源：外购土 4. 借方运距：1km 5. 部位：路基	m³	200			

续表

序号	项目编码	项目名称及项目特征描述	计量单位	工程量	金额（元）		
					综合单价	合价	其中：暂估价
	C1-0124	自卸汽车运土方（运距 1km 内），12t	1000m³	0.23			
	B-	购买硬土费用（含挖）	m³	230			
	C1-0093	填土碾压，振动压路机，15t 内	1000m³	0.2			
3	040103002001	余方弃置 1. 一、二类土 2. 运距 1km	m³	200			
	C1-0124	自卸汽车运土方（运距 1km 内），12t	1000m³	0.2			
4	桂 040103003001	土石方运输每增运 1km 1. 硬土 2. 借方	m³·km	200			
	C1-0127 换	自卸汽车运土方（增加 4km 运距），12t	1000m³	0.23			换算：增运2km，本定额乘以 2 倍

2. 计算定额工程量（表 5-3）

定额工程量计算表   表 5-3

定额子目	定额名称	单位	工程量	计算式
C1-0016	液压挖掘机挖土方（斗容量 1.25m³），装车，一、二类土	1000m³	0.2	同清单工程量200m³
C1-0124	自卸汽车运土方（运距 1km 内），12t	1000m³	0.23	土方体积换算，200×1.15＝230m³
B-	购买硬土费用（含挖）	m³	230	土方体积换算，200×1.15＝230m³
C1-0093	填土碾压，振动压路机，15t 内	1000m³	0.2	同清单工程量200m³
C1-0124	自卸汽车运土方（运距 1km 内），12t	1000m³	0.2	同清单工程量200m³
C1-0127 换	自卸汽车运土方（增加 4km 运距），12t	1000m³	0.2	同清单工程量200m³

【例 5-2】某道路采用沥青路面，现施工 K0＋600～K0＋800 段，道路横断面及大样图如图 5-11、图 5-12 所示。沥青采用机械摊铺，12t 自卸汽车运输，运距 1km。要求：给工程量清单表 5-4 中的清单项目套定额子目并判断换算，计算定额工程量。

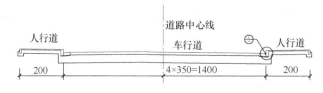

图 5-11 道路横断面图（单位：cm）

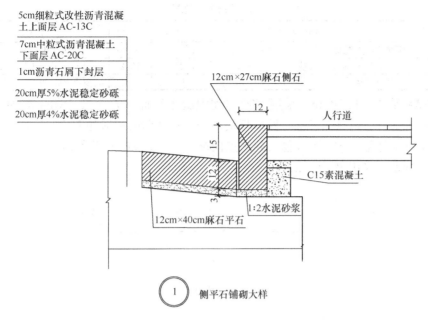

①　侧平石铺砌大样

图 5-12　大样图（单位：cm）

分部分项工程和单价措施项目清单与计价表　　　　　表 5-4

工程名称：××道路工程

序号	项目编码	项目名称及项目特征描述	计量单位	工程量	金额（元）		
					综合单价	合价	其中：暂估价
1	040203006001	5cm 细粒式改性沥青混凝土上面层 AC-13C	m²	2640.00			

【解】

1. 确定定额子目并判断是否需要换算（表 5-5）

分部分项工程和单价措施项目清单与计价表　　　　　表 5-5

工程名称：××道路工程

序号	项目编码	项目名称及项目特征描述	计量单位	工程量	金额（元）		
					综合单价	合价	其中：暂估价
1	040203006001	5cm 细粒式改性沥青混凝土上面层 AC-13C	m²	2640.00			
	C2-0105	细粒式沥青混凝土路面 机械摊铺 厚5cm	100m²	26.40			
	C2-0112	沥青混凝土 细粒式改性	10m³	13.2			
	C2-0116	自卸汽车运输沥青混合料 12t 以内 1km 内	100m³	1.32			

2. 计算定额工程量（表 5-6）

定额工程量计算表　　　　　　　　　　　　　　　　表 5-6

定额子目	定额名称	单位	工程量	计算式
C2-0105	细粒式沥青混凝土路面 机械摊铺 厚 5cm	100m²	26.40	同清单工程量 2640.00m²
C2-0112	沥青混凝土 细粒式改性	10m³	13.2	2640.00×0.05＝132m³
C2-0116	自卸汽车运输沥青混合料 12t 以内 1km 内	100m³	1.32	2640.00×0.05＝132m³

【例 5-3】 某道路长 500m，采用 C30 水泥混凝土路面（f_{cm}＝4.5MPa），厚度 20cm，路面采用刻纹防滑。道路横断面、路面板块划分及各种缝的构造如图 5-13～图 5-18 所示，道路每隔 100m 设置一条胀缝（包括起终点两端），胀缝邻近的三条缩缝设置传力杆，其余缩缝为假缝型，采用玛琋脂填缝。

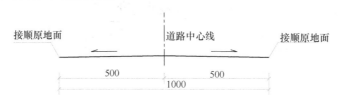

图 5-13　道路横断面图（单位：cm）

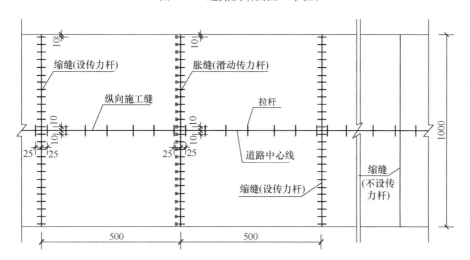

图 5-14　道路路面板块划分设计图

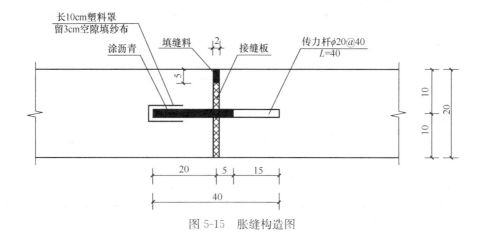

图 5-15　胀缝构造图

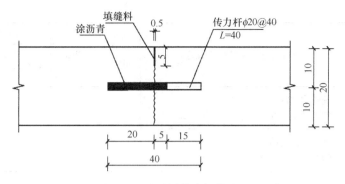

图 5-16 缩缝设传力杆构造图

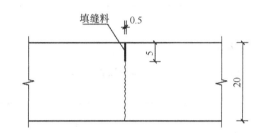

图 5-17 缩缝不设传力杆构造图

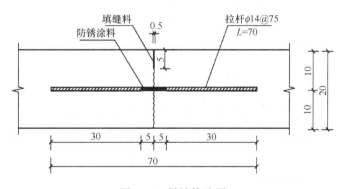

图 5-18 纵缝构造图

要求：给工程量清单表 5-7 中的清单项目套定额子目并判断换算，计算定额工程量。

分部分项工程和单价措施项目清单与计价表　　　　表 5-7

工程名称：××道路工程

序号	项目编码	项目名称及项目特征描述	计量单位	工程量	金额（元）		
					综合单价	合价	其中：暂估价
1	040203007001	C30 水泥混凝土路面（$f_{cm}=4.5$MPa） 1. 混凝土强度等级：C30 2. 厚度：20cm 3. 嵌缝材料：沥青玛瑞脂	m²	5000.00			

序号	项目编码	项目名称及项目特征描述	计量单位	工程量	金额（元）		
					综合单价	合价	其中：暂估价
2	040901001001	现浇构件钢筋 钢筋种类、规格：胀缝传力杆 $\phi20$	t	0.154			
3	040901001002	现浇构件钢筋 钢筋种类、规格：缩缝传力杆 $\phi20$	t	0.385			
4	040901001003	现浇构件钢筋 钢筋种类、规格：纵缝拉杆 $\phi14$	t	0.593			

【解】

1. 确定定额子目并判断是否需要换算（表 5-8）

分部分项工程和单价措施项目清单与计价表　　　　　　表 5-8

工程名称：××道路工程

序号	项目编码	项目名称及项目特征描述	计量单位	工程量	金额（元）		
					综合单价	合价	其中：暂估价
1	040203007001	C30 水泥混凝土路面（$f_{cm}=4.5\text{MPa}$） 1. 混凝土强度等级：C30 2. 厚度：20cm 3. 嵌缝材料：沥青玛蹄脂	m²	5000.00			
	C2-0122	水泥混凝土路面 厚度 20cm［碎石 GD31.5 商品混凝土 δ4.5］	100m²	50.00			
	C2-0127	水泥混凝土路面 模板	100m²接触面积	3.0			
	C2-0131	伸缝 沥青木板	10m²	0.3			
	C2-0132	伸缝 沥青玛蹄脂	10m²	0.9			
	C2-0135	缩缝 沥青玛蹄脂	10m²	4.75			
	C2-0137	锯缝机锯缝	100m	9.50			
	C2-0138	塑料膜养生	100m²	50.00	根据定额计算规则，若现场使用其他养生方式，不予换算		
	C2-0139	刻纹机刻水泥混凝土路面	100m²	50.00			
2	040901001001	现浇构件钢筋 钢筋种类、规格：胀缝传力杆 $\phi20$	t	0.154			
	C2-0130	传力杆（有套筒）	t	0.154			

序号	项目编码	项目名称及项目特征描述	计量单位	工程量	金额（元）		
					综合单价	合价	其中：暂估价
3	040901001002	现浇构件钢筋 钢筋种类、规格：缩缝传力杆 φ20	t	0.385			
	C2-0130 换	传力杆（不带套筒）	t	0.385	扣除定额中半硬质塑料管 φ32 消耗量，其他不变		
4	040901001003	现浇构件钢筋 钢筋种类、规格：纵缝拉杆 φ14	t	0.593			
	C2-0128	构造筋	t	0.593			

2. 计算定额工程量（表 5-9）

定额工程量计算表 表 5-9

定额子目	定额名称	单位	工程量	计算式
C2-0122	水泥混凝土路面 厚度 20cm［碎石 GD31.5 商品混凝土 δ4.5］	100m²	50.00	同清单量 5000m²
C2-0127	水泥混凝土路面 模板	100m² 接触面积	3.0	500×0.2×3 条＝300m²
C2-0131	伸缝 沥青木板	10m²	0.3	10 长×0.05 深×6 条＝3.0
C2-0132	伸缝 沥青玛蹄脂	10m²	0.9	10 长×0.15 深×6 条＝9.0
C2-0135	缩缝 沥青玛蹄脂	10m²	4.75	缩缝数量：500/5＋1－6＝95 条 10 长×0.05 深×95 条＝47.5
C2-0137	锯缝机锯缝	100m	9.50	10 长×95 条＝950
C2-0138	塑料膜养生	100m²	50.00	同清单量 5000m²
C2-0139	刻纹机刻水泥混凝土路面	100m²	50.00	同清单量 5000m²
C2-0130	传力杆（有套筒）	t	0.154	同清单量 0.154
C2-0130 换	传力杆（不带套筒）	t	0.385	同清单量 0.385
C2-0128	构造筋	t	0.593	同清单量 0.593

2. 综合实例（施工图详见附图）

某道路工程招标控制价

内容包括：封面（封-2）、扉页（扉-2）、总说明、单位工程招标控制价汇总表、分部分项工程和单价措施项目清单与计价表、工程量清单综合单价分析表、总价措施项目清单与计价表、其他项目清单与计价汇总表、暂列金额明细表、计日工表、规费、税金项目清单与计价表、承包人提供主要材料和工程设备一览表。

某道路工程　　　　　工程

招 标 控 制 价

招　标　人：_____
　　　　　　　　　（单位盖章）

造价咨询人：_____
　　　　　　　　　（单位盖章）

2016 年 09 月 12 日

某道路工程　　　　　工程

招 标 控 制 价

招标控制价(小写)：5411260.75 元

　　　　　　(大写)：伍佰肆拾壹万壹仟贰佰陆拾元柒角伍分

招　标　人：＿＿＿＿＿＿＿＿＿　　　　造价咨询人：＿＿＿＿＿＿＿＿＿
　　　　　　　(单位盖章)　　　　　　　　　　　　(单位资质专用章)

法定代表人　＿＿＿＿＿＿＿＿＿　　　　法定代表人　＿＿＿＿＿＿＿＿＿
或其授权人：　(签字或盖章)　　　　　　或其授权人：　(签字或盖章)

编　制　人：＿＿＿＿＿＿＿＿＿　　　　复　核　人：＿＿＿＿＿＿＿＿＿
　　　　　　　(造价人员签字)　　　　　　　　　　(造价工程师签字盖专用章)

编 制 时 间：2016 年 09 月 12 日　　　　复 核 时 间：＿＿＿＿＿＿＿＿＿

总　说　明

工程名称：某道路工程

一、工程概况

该工程位于××市，主要内容包括：土方、道路工程。道路总长度 0.52km。

二、编制依据

1. 设计图纸。

2.《建设工程工程量清单计价规范》GB 50500—2013 及广西壮族自治区实施细则（修订本）。

3.《建设工程工程量清单计算规范》（GB 50854～50862—2013）广西壮族自治区实施细则修订本。

4. 2014 年《广西壮族自治区市政工程消耗量定额》及桂建标〔2016〕16 号文。

5. 现行配套文件：《关于调整建设工程定额人工费及有关费率的通知（桂建标字〔2005〕5 号》、《关于建设工程工伤保险费计算规定的通知（桂建管〔2008〕37 号》和《关于调整建设工程检验试验费检验试验配合费计取方式的通知（桂建标〔2009〕7 号》等。

三、其他说明

1. 材料价格按《南宁市建设工程造价信息》2016 年第×期调整，信息价缺项部分的材料价按市场询价。

2. 拆迁电力管线、征地、赔偿工程暂不计入本预算。

3. 场外运距按 5km 计。

4. 工程造价已包含建安劳保费。

单位工程招标控制价汇总表

工程名称：某道路工程　　　　　　　　　　　　　　　　　第1页　共1页

序号	汇总内容	金额（元）	备注
1	分部分项工程和单价措施项目清单计价合计	5053134.31	
1.1	其中：暂估价		
2	总价措施项目清单计价合计	293144.92	
2.1	其中：安全文明施工费	222192.64	
3	其他项目清单计价合计	60000.00	
4	税前项目清单计价合计		
5	规费	4981.52	
6	增值税		
7	工程总造价＝1＋2＋3＋4＋5＋6	5411260.75	

分部分项工程和单价措施项目清单与计价表

工程名称：某道路工程　　　　　　　　　　　　　　　　　　　第 1 页　共 3 页

序号	项目编码	项目名称及项目特征描述	计量单位	工程量	金额（元）		
					综合单价	合价	其中：暂估价
		分部分项工程				5050273.03	
		土石方工程				670422.36	
1	040101001001	挖一般土方 1. 土壤类别：三类土，装车 2. 挖土深度：综合 3. 部位：路基	m³	6223	2.99	18606.77	
2	040103002001	余方弃置 1. 废弃料品种：松土 2. 运距 1km	m³	3111.5	5.03	15650.85	
3	040103001001	利用方回填 1. 密实度：95% 2. 填方材料品种：场内三类土 3. 填方来源：场内平衡 4. 借方运距：1km 5. 部位：路基	m³	2707.01	7.59	20546.21	
4	040103001002	借方回填 1. 密实度：95% 2. 填方材料品种：硬土 3. 填方来源：外购土 4. 借方运距：1km 5. 部位：路基	m³	21381	7.79	166557.99	
5	桂 040103003001	土石方运输每增 1km 1. 土或石类别：松土 2. 弃方	m³·km	3111.5	5.86	18233.39	
6	桂 040103003002	土石方运输每增 1km 1. 土或石类别：硬土 2. 借方	m³·km	21381	20.15	430827.15	
		软土路基处理				1105222.05	
7	040101001002	挖一般土方 1. 土壤类别：杂填土，黏性土 2. 挖土深度：综合 3. 部位：路基	m³	36406	2.99	108853.94	
8	040103002002	余方弃置 1. 废弃料品种：杂填土，黏性土 2. 运距：1km	m³	36406	5.03	183122.18	

分部分项工程和单价措施项目清单与计价表

工程名称：某道路工程 第2页 共3页

序号	项目编码	项目名称及项目特征描述	计量单位	工程量	金额（元）		
					综合单价	合价	其中：暂估价
9	040103001003	软土路基换填土 1. 密实度：按设计要求 2. 填方材料品种：硬土 3. 填方来源：外购 4. 借方运距：1km 5. 部位：路基	m³	21233.22	7.79	165406.78	
10	桂040103003003	土石方运输每增1km 1. 土或石类别：硬土 2. 借方	m³·km	21381	20.15	430827.15	
11	040103001004	软土路基换填片石 1. 密实度：按设计要求 2. 填方材料品种：片石 3. 填方来源：外借 4. 借方运距：1km 5. 部位：软土路基	m³	2000	77.17	154340.00	
12	040103001005	软土路基换填砂砾 1. 密实度：按设计要求 2. 填方材料品种：砂砾 3. 填方来源：外借 4. 借方运距：1km 5. 部位：软土路基	m³	800	78.34	62672.00	
		道路工程				3274628.62	
13	040202001001	路床（槽）整形	m²	12485.01	1.89	23596.67	
14	040202011001	15cm厚级配碎石	m²	12485.01	22.89	285781.88	
15	040202015001	20cm厚5%水泥稳定碎石下基层	m²	12381.13	43.32	536350.55	
16	040202015002	20cm厚6%水泥稳定碎石上基层	m²	12277.25	44.33	544250.49	
17	040203004001	改性沥青封层	m²	11637.61	8.27	96243.03	
18	040203006001	7.0cm厚粗粒式沥青混凝土AC-25	m²	11637.61	55.59	646934.74	
19	040203006002	5.0cm厚中粒式沥青混凝土AC-20	m²	11637.61	41.47	482611.69	
20	040203006003	4.0cm厚细粒式沥青混凝土AC-13	m²	11637.61	35.82	416859.19	
21	040204001001	人行道整形碾压	m²	3413.14	2.66	9078.95	
22	040204002001	人行道块料铺设 块料品种、规格：6cm厚彩色生态砖，30cm×60cm及50cm×50cm芝麻白花岗岩 基础、垫层：15cm厚C15混凝土基础，3cm厚1:2水泥砂浆垫层 形状：矩形	m²	1812.34	93.06	168656.36	
23	040204004001	安砌麻石平石 材料品种、规格：预制混凝土平石，规格15cm×40cm×60cm 基础、垫层：2cm厚1:2水泥砂浆垫层	m	1045.6	16.42	17168.75	

分部分项工程和单价措施项目清单与计价表

工程名称：某道路工程　　　　　　　　　　　　　　　　　　　　　第3页　共3页

序号	项目编码	项目名称及项目特征描述	计量单位	工程量	金额（元）		
					综合单价	合价	其中：暂估价
24	040204004002	安砌麻石侧石 材料品种、规格：预制混凝土，规格12cm×30cm×60cm 基础、垫层：2cm厚1：2水泥砂浆垫层	m	1045.6	15.94	16666.86	
25	040204004003	安砌麻石锁边石 材料品种、规格：预制混凝土，规格12cm×25cm×60cm 基础、垫层：3cm厚1：2水泥砂浆垫层	m	1909	15.94	30429.46	
		小计				5050273.03	
		Σ人工费				221212.92	
		Σ材料费				2834356.74	
		Σ机械费				1644181.55	
		Σ管理费				235089.36	
		Σ利润				115432.45	
		单价措施项目				2861.28	
	1.1	大型机械设备进出场及安拆费				2861.28	
26	041106001001	大型机械设备进出场及安拆 机械设备名称：挖掘机 机械设备规格型号：1m³以外	台·次	1	1089.00	1089.00	
27	041106001002	大型机械设备进出场及安拆 机械设备名称：推土机 机械设备规格型号：90kW以内	台·次	1	928.91	928.91	
28	041106001003	大型机械设备进出场及安拆 机械设备名称：压路机	台·次	1	843.37	843.37	
		小计				2861.28	
		Σ人工费				188.10	
		Σ材料费				396.65	
		Σ机械费				1582.46	
		Σ管理费				483.37	
		Σ利润				210.70	
		合计				5053134.31	
		Σ人工费				221401.02	
		Σ材料费				2834753.39	
		Σ机械费				1645764.01	
		Σ管理费				235572.73	
		Σ利润				115643.15	

工程量清单综合单价分析表

工程名称：某道路工程

序号	项目编码	项目名称及项目特征描述	单位	工程量	综合单价（元）	综合单价					其中：暂估价
						人工费	材料费	机械费	管理费	利润	
		分部分项工程									
		土石方工程									
		挖一般土方									
1	04010100 1001	挖一般土方 1.土壤类别：三类土 2.挖土深度：综合 3.部位：路基	m³	6223	2.99	0.32		2.36	0.20	0.11	
	C1-0017	挖掘机挖土方（斗容量1.25m³）装车 三类土	1000m³	6.223	2996.20	316.80		2361.96	203.59	113.85	
		余方弃置									
2	04010300 2001	余方弃置 1.废弃料品种：松土 2.运距：1km	m³	3111.5	5.03			4.50	0.34	0.19	
	C1-0124	自卸汽车运土方（运距1km内）12t	1000m³	3.1115	5036.92			4503.28	342.25	191.39	
		利用方回填									
3	04010300 1001	利用方回填 1.密实度：95% 2.填方材料品种：场内三类土 3.填方来源：场内平衡 4.借方运距：1km 5.部位：路基	m³	2707.01	7.59	0.32	0.05	6.42	0.51	0.29	
	C1-0121	自卸汽车运土方（运距0.5km内）12t	1000m³	3.1115	4203.86	316.80		3758.48	285.64	159.74	
	C1-0093	填土碾压	1000m³	2.707	2750.06	316.80	49.50	2097.65	183.50	102.61	

工程量清单综合单价分析表

工程名称：某道路工程

序号	项目编码	项目名称及项目特征描述	单位	工程量	综合单价（元）	综合单价					
						人工费	材料费	机械费	管理费	利润	其中：暂估价
4	04010300 1002	借方回填 1. 密实度：95% 2. 填方材料品种：硬土 3. 填方来源：外购土 4. 借方运距：1km 5. 部位：路基	m³	21381	7.79	0.32	0.05	6.60	0.53	0.29	
	C1-0124	自卸汽车运土方（运距1km内）12t	1000m³	21.381	5036.92			4503.28	342.25	191.39	
	C1-0093	填土碾压	1000m³	21.381	2750.06	316.80	49.50	2097.65	183.50	102.61	
5	桂 04010300 3001	土石方运输每增1km 1. 土或石类别：松土 2. 弃方	m³·km	3111.5	5.86			5.24	0.40	0.22	
	C1-0127	自卸汽车运土方（每增加1km运距）12t	1000m³	3.1115	5862.27			5241.19	398.33	222.75	
6	桂 04010300 3002	土石方运输每增1km 1. 土或石类别：硬土 2. 借方	m³·km	21381	20.15			18.01	1.37	0.77	
	C1-0124	自卸汽车运土方（运距1km内）12t	1000m³	21.381	20147.70			18013.14	1369.00	765.56	
7	04010100 1002	软土路基处理 挖一般土方 1. 土壤类别：杂填土、黏性土 2. 挖土深度：综合 3. 部位：路基	m³	36406	2.99	0.32		2.36	0.20	0.11	
	C1-0017	挖掘机挖土方（斗容量1.25m³）装车 三类土	1000m³	36.406	2996.20	316.80		2361.96	203.59	113.85	

工程量清单综合单价分析表

工程名称：某道路工程

序号	项目编码	项目名称及项目特征描述	单位	工程量	综合单价（元）	综合单价					其中：暂估价
						人工费	材料费	机械费	管理费	利润	
8	040103002002	余方弃置 1.废弃料品种：杂填土、黏性土 2.运距：1km	m³	36406	5.03			4.50	0.34	0.19	
	C1-0124	自卸汽车运土方（运距1km内）12t	1000m³	36.406	5036.92			4503.28	342.25	191.39	
9	040103001003	软土路基换填土 1.密实度：按设计要求 2.填方材料品种：硬土 3.填方来源：外购 4.借方运距：1km 5.部位：路基	m³	21233.22	7.79	0.32	0.05	6.60	0.53	0.29	
	C1-0124	自卸汽车运土方（运距1km内）12t	1000m³	21.23322	5036.92			4503.28	342.25	191.39	
	C1-0093	填土碾压	1000m³	21.23322	2750.06	316.80	49.50	2097.65	183.50	102.61	
10	桂040103003003	土石方运输每增1km 1.土或石类别：硬土 2.借方	m³·km	21381	20.15	0.41		18.01	1.37	0.77	
	C1-0124	自卸汽车运土方（运距1km内）12t	1000m³	21.381	20147.70			18013.14	1369.00	765.56	
11	040103001004	软土路基换填片石 1.密实度：按设计要求 2.填方材料品种：片石 3.填方来源：外借 4.借方运距：1km 5.部位：软土路基	m³	2000	77.17	0.41	69.49	5.10	1.51	0.66	
	C1-0277	机械换填 片石	10m³	200	771.73	4.14	694.92	51.04	15.06	6.57	

工程量清单综合单价分析表

工程名称：某道路工程

序号	项目编码	项目名称及项目特征描述	单位	工程量	综合单价（元）	综合单价					其中：
						人工费	材料费	机械费	管理费	利润	暂估价
12	04010300 1005	软土路基换填砂砾 1. 密实度：按设计要求 2. 填方材料品种：砂砾 3. 填方来源：外借 4. 借方运距：1km 5. 部位：软土路基	m³	800	78.34	0.41	73.67	2.94	0.92	0.40	
	C1-0275	机械换填 天然砂砾石	10m³	80	783.44	4.14	736.73	29.42	9.16	3.99	
		道路工程									
13	04020200 1001	路床（槽）整形	m²	12485.01	1.89	0.23		1.13	0.37	0.16	
	C2-0001	路床槽整形 路床 碾压检验	100m²	124.8501	188.01	22.57		112.50	36.87	16.07	
14	04020201 1001	15cm 厚级配碎石	m²	12485.01	22.89	1.65	15.91	3.36	1.37	0.60	
	C2-0021	级配碎石摊铺 厚 15cm	100m²	124.8501	2288.67	164.90	1590.83	336.42	136.86	59.66	
15	04020201 5001	20cm 厚 5%水泥稳定碎石下基层	m²	12381.13	43.32	2.29	35.27	3.49	1.58	0.69	
	C2-0031	路拌摊铺 水泥稳定碎石基层 水泥含量 5% 厚 15cm	100m²	123.8113	3386.18	182.46	2646.07	349.23	145.15	63.27	
	C2-0032	路拌摊铺 水泥稳定碎石基层 水泥含量 5% 厚 5cm	100m²	123.8113	946.15	47.03	880.68		12.84	5.60	
16	04020201 5002	20cm 厚 6%水泥稳定碎石上基层	m²	12277.25	44.33	2.29	36.28	3.49	1.58	0.69	
	C2-0035	路拌摊铺 水泥稳定碎石基层 水泥含量 6% 厚 15cm	100m²	122.7725	3462.57	182.46	2722.46	349.23	145.15	63.27	
	C2-0036	路拌摊铺 水泥稳定碎石基层 水泥含量 6% 增 5cm	100m²	122.7725	970.96	47.03	905.49		12.84	5.60	

工程量清单综合单价分析表

工程名称：某道路工程

序号	项目编码	项目名称及项目特征描述	单位	工程量	综合单价（元）	综合单价					其中：暂估价
						人工费	材料费	机械费	管理费	利润	
17	04020300040001	改性沥青封层	m²	11637.61	8.27	0.42	7.16	0.38	0.22	0.09	
	C2-0080	喷洒改性沥青下封层	100m²	116.3761	826.48	41.70	715.80	37.81	21.71	9.46	
18	04020300060001	7.0cm厚粗粒式沥青混凝土 AC-25	m²	11637.61	55.59	1.14	48.24	4.14	1.44	0.63	
	C2-0088	粗粒式沥青混凝土路面 机械摊铺 厚 7cm	100m²	116.3761	412.42	35.11	47.59	226.98	71.55	31.19	
	C2-0109	沥青混合料制作 沥青混凝土 粗粒式	10m³	81.463	7176.00	112.86	6823.14	140.63	69.20	151.40	
	C2-0114	自卸汽车运输沥青混合料 装载质量 5t以内 1km内	100m³	8.1463	1771.05			1272.31	347.34	151.40	
19	04020300060002	5.0cm厚中粒式沥青混凝土 AC-20	m²	11637.61	41.47	0.85	35.89	3.16	1.09	0.48	
	C2-0096	中粒式沥青混凝土路面 机械摊铺 厚 5cm	100m²	116.3761	324.14	28.09	32.13	181.69	57.27	24.96	
	C2-0110	沥青混合料制作 沥青混凝土 中粒式	10m³	58.188	7467.44	112.86	7114.58	140.63	69.20	30.17	
	C2-0114	自卸汽车运输沥青混合料 装载质量 5t以内 1km内	100m³	5.8188	1771.05			1272.31	347.34	151.40	
20	04020300060003	4.0cm厚细粒式沥青混凝土 AC-13	m²	11637.61	35.82	0.69	31.17	2.65	0.91	0.40	
	C2-0104	细粒式沥青混凝土路面 机械摊铺 厚 4cm	100m²	116.3761	286.03	24.08	32.67	157.93	49.69	21.66	
	C2-0111	沥青混合料制作 沥青混凝土 细粒式	10m³	46.55	8063.83	112.86	7710.97	140.63	69.20	30.17	

工程名称：某道路工程

工程量清单综合单价分析表

序号	项目编码	项目名称及项目特征描述	单位	工程量	综合单价（元）	综合单价					其中：暂估价
						人工费	材料费	机械费	管理费	利润	
	C2-0114	自卸汽车运输沥青混合料 装载质量5t以内 1km内	100m³	4.655	1771.05			1272.31	347.34	151.40	
21	0402040001001	人行道整形碾压	m²	3413.14	2.66	1.60		0.31	0.52	0.23	
	C2-0143	人行道整形碾压	100m²	34.1314	265.19	159.89		30.62	52.01	22.67	
22	040204002001	人行道块料铺设 块料品种、规格：6cm厚彩色生态砖，30cm×60cm及50cm×50cm芝麻白花岗岩，基础、垫层：15cm厚C15混凝土基础，3cm厚1：2水泥砂浆垫层 形状：矩形	m²	1812.34	93.06	20.51	61.08	2.47	6.27	2.73	
	C2-0147	混凝土基础 厚度10cm [碎石 GD40 商品普通混凝土 C15]	100m²	18.1234	3840.33	284.03	3439.92	3.62	78.53	34.23	
	C2-0148	混凝土基础 增 5cm [碎石 GD40 商品普通混凝土 C15]	100m²	18.1234	2100.08	297.83	1683.01	1.79	81.80	35.65	
	C2-0150换	石质块料水泥砂浆垫层 厚度 6cm 内 [换：水泥砂浆 1：2]	100m²	18.1234	3366.11	1469.06	985.17	241.39	466.95	203.54	
23	040204004001	安砌麻石平石 材料品种、规格：预制混凝土平石，规格15cm×40cm×60cm，垫层：2cm厚1：2水泥砂浆垫层	m	1045.6	16.42	8.82	3.86	0.21	2.46	1.07	
	C2-0170换	石质平石 [换：水泥砂浆 1：2]	100m	10.456	1641.64	881.56	385.94	20.52	246.27	107.35	
24	040204004002	安砌麻石侧石 材料品种、规格：预制混凝土，规格12cm×30cm×60cm，基础、垫层：2cm厚1：2水泥砂浆垫层	m	1045.6	15.94	8.14	4.59	0.01	2.23	0.97	

工程量清单综合单价分析表

工程名称：某道路工程

序号	项目编码	项目名称及项目特征描述	单位	工程量	综合单价（元）	综合单价					其中：暂估价
						人工费	材料费	机械费	管理费	利润	
25	C2-0168	石质路缘石 断面面积 360cm² 以内 ［碎石 GD20 商品普通混凝土 C15］	100m	10.456	1593.92	814.47	459.20	0.70	222.54	97.01	
	040204004003	安砌缘石镇边石 材料品种、规格：预制混凝土，规格 12cm×25cm×60cm 基础、垫层：3cm 厚 1：2 水泥砂浆垫层	m	1909	15.94	8.14	4.59	0.01	2.23	0.97	
	C2-0168	石质路缘石 断面面积 360cm² 以内 ［碎石 GD20 商品普通混凝土 C15］	100m	19.09	1593.92	814.47	459.20	0.70	222.54	97.01	
		单价措施项目									
1.1		大型机械设备进出场及安拆费									
26	041106001001	大型机械设备进出场及安拆 机械设备名称：挖掘机 机械设备规格型号：1m³ 以外	台·次	1	1089.00	62.70	146.89	614.10	184.77	80.54	
	C1-0442	大型机械场外运输费 履带式挖掘机 1 以外	台·次	1	1089.00	62.70	146.89	614.10	184.77	80.54	
27	041106001002	大型机械设备进出场及安拆 机械设备名称：推土机 机械设备规格型号：90kW 以内	台·次	1	928.91	62.70	143.54	501.50	154.03	67.14	
	C1-0448	大型机械设备进出场及安拆 履带式推土机 90kW 以内	台·次	1	928.91	62.70	143.54	501.50	154.03	67.14	
28	041106001003	大型机械设备进出场及安拆 机械设备名称：压路机	台·次	1	843.37	62.70	106.22	466.86	144.57	63.02	
	C1-0450	大型机械场外运输费 压路机	台·次	1	843.37	62.70	106.22	466.86	144.57	63.02	

总价措施项目清单与计价表

工程名称：某道路工程 第1页 共1页

序号	项目编码	项目名称	计算基础	费率（%）或标准	金额（元）	备注
一		市政综合工程			293144.92	
1	桂041201001001	安全文明施工费	Σ分部分项、单价措施（人工费＋机械费）	11.90	222192.64	
2	桂041201002001	检验试验配合费		0.50	9335.83	
3	桂041201003001	雨季施工增加费		3.00	56014.95	
4	桂041201004001	工程定位复测费		0.30	5601.50	
		合 计			293144.92	

注：以项计算的总价措施，无"计算基础"和"费率"的数值，可只填"金额"数值，但应在备注栏说明施工方案出处或计算方式。

其他项目清单与计价汇总表

工程名称：某道路工程   第1页　共1页

序号	项目名称	金额（元）	备注
一	市政综合工程	60000.00	
1	暂列金额	60000.00	
2	材料暂估价		
3	专业工程暂估价		
4	计日工		
5	总承包服务费		
	合　计	60000.00	

注：材料暂估单价计入清单项目综合单价，此处不汇总。

暂列金额明细表

工程名称：某道路工程   第 1 页 共 1 页

序号	项 目 名 称	计量单位	暂定金额（元）	备注
1	暂列金额		60000.00	
1.1	工程量偏差	元	15000.00	
1.2	设计变更及政策调整	元	20000.00	
1.3	材料价格波动	元	25000.00	
	合　计		60000.00	

注：此表由招标人填写，如不能详列，也可只列暂定金额总额，投标人应将上述暂列金额计入总价中。

规费、增值税计价表

工程名称：某道路工程　　　　　　　　　　　　　　　　　　第1页　共1页

序号	项目名称	计算基础	计算费率（%）	金额（元）
一	市政综合工程			4981.52
1	规费	1.1＋1.2＋1.3		4981.52
1.1	社会保险费	Σ（分部分项人工费＋单价措施人工费）		
1.1.1	养老保险费			
1.1.2	失业保险费			
1.1.3	医疗保险费			
1.1.4	生育保险费	Σ（分部分项人工费＋单价措施人工费）	0.64	1416.97
1.1.5	工伤保险费		0.90	1992.61
1.2	住房公积金		1.85	4095.92
1.3	工程排污费		0.40	885.60
2	增值税	Σ（分部分项工程费及单价措施项目费＋总价措施项目费＋其他项目费＋税前项目费＋规费）		
	合　计			4981.52

承包人提供主要材料和工程设备一览表

（适用于造价信息差额调整法）

工程名称：某道路工程 编号：

序号	名称、规格、型号	单位	数量	风险系数（%）	基准单价（元）	投标单价（元）	确认单价（元）	价差（元）	合计差价（元）
1	普通硅酸盐水泥 32.5MPa	t	671.380	5.00					
2	砂（综合）	m³	79.071	5.00					
3	碎石 5～10mm	m³	189.052	5.00					
4	碎石 5～20mm	m³	1705.326	5.00					
5	碎石 5～40mm	m³	8562.095	5.00					
6	砂砾 5～80mm	m³	979.200	5.00					
7	片石	m³	2386.000	5.00					
8	石油沥青 60 号～100 号	kg	194855.624	5.00					
9	改性沥青	kg	14803.622	5.00					
10	轻柴油 0 号	kg	46666.635	5.00					
11	水	m³	2194.792	5.00					
12	碎石 GD40 商品普通混凝土 C15	m³	275.929	5.00					
13	汽油 93 号	kg	1952.490	5.00					
14	轻柴油 0 号	kg	115971.210	5.00					
15	电	kW·h	531.644	5.00					
16	合　　计								

注：1. 此表由招标人填写除"投标单价"栏的内容，投标人在投标时自主确定投标单价。

　　2. 招标人应优先采用工程造价管理机构发布的单位作为基础单价，未发布的，通过市场调查确定其基准单价。

5.2 桥梁工程招标控制价编制实例

5.2.1 桥梁工程定额使用注意事项

1. 灌注桩基础工程

（1）人工挖孔桩桩长为护壁顶至设计桩底长度。

（2）灌注桩成孔桩长为护筒顶至设计桩底长度。

（3）成孔定额中同一孔内的不同土质，无论其所在深度如何，应采用总深度子目。

（4）灌注桩混凝土工程量＝（设计桩长＋设计超灌长度）×设计截面面积。无设计超灌长度则取 50cm。

（5）钻机安拆及场外运输可另按第一册通用项目第七章相关项目定额计算。

（6）截除余桩的废渣需外弃可另按第一册通用项目第六章拆除工程的相关说明规定计算；废泥浆另行处理后的外运费用可按相关定额另行计算。

（7）定额未包括在钻孔中遇到障碍必须清除的工作，发生时另行计算；遇到的障碍清除一般是指钻孔过程中遇到溶洞、斜岩等特殊地质情况需采用其他施工方法另行处理。

2. 现浇混凝土工程

（1）定额毛石混凝土中毛石含量均按 20％计算，设计毛石含量与定额不同时可以换算相应材料，但人工及机械不变。

（2）有底模承台主要用于高桩承台，即承台的底面高于河床面（或地面）。

（3）现浇梁、板（包括支撑梁、横梁、墩台盖梁、拱桥构件、箱梁、实心板、空心板、索塔横梁）的模板定额不包括搭设模板支架费用，模板支架需按搭设方式套用相关支架定额子目。

（4）满堂式钢管支架、钢拱架、移动模架、提升模架定额仅考虑安装、拆除费用，周转材料（设备）的使用费需另行计算。定额列出的材料（设备）质量仅作为参考，实际搭设所需的材料（设备）与参考质量不同时，须按工程实际搭设用量计算材料（设备）用量。

（5）设备摊销（使用）费参考公式列出的使用（租赁）费 150 元/（t·月）及施工工期 4 个月均为参考计算值，实际使用（租赁）费及工期应按实际发生的费用计算。

3. 预制混凝土工程

（1）除小型构件包含 150m 场内运输外，其余预制构件均未包括构件运输费用，发生时按运输方式套用相应定额计算。

（2）预制混凝土构件定额均不包含预制场场地处理、构件预制台座的费用，发生时按相应定额另行计算。

（3）构件场内轨道平车运输定额不包含临时轨道、龙门架架设使用费，使用时另行计算。

（4）预制构件吊装的金属结构定额仅考虑安装、拆除费用，周转材料（设备）的使用费需另行计算。定额列出的材料（设备）质量仅作为参考，实际搭设所需的材料（设备）与参考质量不同时，应按工程实际搭设用量计算材料（设备）用量。

4. 其他工程

（1）金属栏杆定额包括钢管、不锈钢栏杆及防撞护栏钢管扶手，采用其他型钢时，可以换算。定额不包括油漆防护，发生时另套相应定额计算。

（2）一般情况，支座预埋件均按设计或厂家给出的工程量含在相应的支座的出厂价格中，预埋件的制作费用不能另外计算，预埋件的安装费用均已综合考虑在相应支座安装定额中，不需另套定额（包括四氟板式橡胶支座安装定额）。

（3）各种类型的支座、伸缩缝均按成品安装考虑。

（4）桥面泄水管塑料管安装定额已包含管件安装费用，管件可按实际数量另计材料费用。

（5）聚氨酯桥面防水层需要添加剂时，有设计则按设计规定计算，没有规定时可参考定额附注的规定计算。

（6）桥面防水层若采用二毡三油或其他结构时，可根据数量分别套用一涂沥青及一层油毡定额子目。

（7）钢结构涂装和混凝土表面涂装定额主材（油漆）和稀释剂的消耗可根据设计要求进行调换，其他消耗量不作调整。

5. 临时工程

组装、拆卸万能杆件定额中只含搭拆万能杆件摊销，使用费根据施工组织设计另行计算。组装、拆卸万能杆件定额的参考工程量为 125kg/m³ 空间体积。

6. 钢筋工程

因束道长度不等，故定额中未列锚具数量，已包括锚具安装的人工费。锚具按成品价格另行计算，价格应包括工作锚板、工作夹片、锚垫板和螺旋筋费用。锚具工程量按设计用量乘以下列系数计算：锥形锚 1.05；OVM 锚 1.05；镦头锚 1.00。

5.2.2 招标控制价编制实例

1. 案例

【例 5-4】某桥梁扩大基础示意图如图 5-19 所示，现浇商品混凝土强度等级为 C25，全桥共 8 个扩大基础，要求：给工程量清单表 5-10 的清单项目套定额子目并判断换算，计算定额工程量。

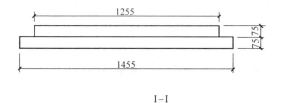
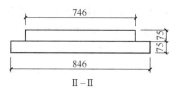

I—I　　　　Ⅱ—Ⅱ

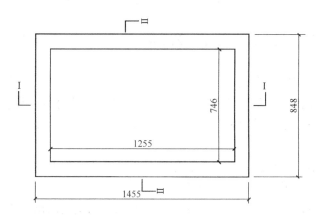

图 5-19　扩大基础示意图

分部分项工程和单价措施项目清单与计价表　　　　表 5-10

工程名称：××桥梁工程

序号	项目编码	项目名称及项目特征描述	计量单位	工程量	金额（元）		
					综合单价	合价	其中：暂估价
1	040303002001	扩大基础现浇混凝土 混凝土种类、强度等级：现浇混凝土 C25	m³	1387.60			

【解】

1. 确定定额子目并判断是否需要换算（表 5-11）

分部分项工程和单价措施项目清单与计价表　　　　表 5-11

工程名称：××桥梁工程

序号	项目编码	项目名称及项目特征描述	计量单位	工程量	金额（元）		
					综合单价	合价	其中：暂估价
1	040303002001	扩大基础现浇混凝土 混凝土种类、强度等级：现浇混凝土 C25	m³	1387.60			
	C3-0108 换	混凝土基础 混凝土［换：碎石 GD40 商品普通混凝土 C25］	10m³	138.760	换为 C25 商品混凝土		
	C3-0109	模板	10m²	52.824			

2. 计算定额工程量（表 5-12）

定额工程量计算表　　　　表 5-12

编号	项目名称	单位	工程量	计算式
C3-0108 换	混凝土基础 混凝土	10m³	138.760	12.55×7.46×0.75+14.55×9.46×0.75）×8
C3-0109	模板	10m²	52.824	（12.55+7.46+14.55+9.46）×2×0.75×8

【例 5-5】某桥梁桥墩示意图如图 5-20 所示，现浇商品混凝土强度等级为 C40，全桥共 24 个桥墩，要求：给工程量清单表 5-13 的清单项目套定额子目并判断换算，计算定额工程量。

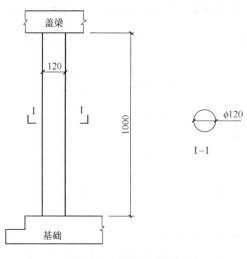

图 5-20　桥墩示意图

分部分项工程和单价措施项目清单与计价表　　　表 5-13

工程名称：××桥梁工程

序号	项目编码	项目名称及项目特征描述	计量单位	工程量	金　额（元）		
					综合单价	合价	其中：暂估价
1	040303005001	桥墩现浇混凝土 1. 部位：墩身 2. 截面：φ120 3. 结构形式：等截面 4. 混凝土种类、强度等级：现浇混凝土 C40	m³	271.3			

【解】

1. 确定定额子目并判断是否需要换算（表 5-14）

分部分项工程和单价措施项目清单与计价表　　　表 5-14

工程名称：××桥梁工程

序号	项目编码	项目名称及项目特征描述	计量单位	工程量	金　额（元）		
					综合单价	合价	其中：暂估价
1	040303005001	桥墩现浇混凝土 1. 部位：墩身 2. 截面：φ120 3. 结构形式：等截面 4. 混凝土种类、强度等级：现浇混凝土 C40	m³	271.3			
	C3-0125	柱式墩台身混凝土［碎石 GD40 商品普通混凝土 C40］	10m³	27.13	换为 C40 商品混凝土		
	C3-0126	柱式墩台身模板	10m²	90.43			

2. 计算定额工程量（表5-15）

定额工程量计算表   表5-15

编号	项目名称	单位	工程量	计算式
C3-0108 换	混凝土基础 混凝土	10m³	27.13	3.14×0.6×0.6×10×24
C3-0109	模板	10m²	90.43	3.14×1.2×10×24

注：桥台、盖梁、耳背墙等现浇混凝土构件可参考【例5-4】、【例5-5】。

【例5-6】 项目概况：城市某桥台桩基施工，采取围堰施工方式，抽水以形成陆上施工状态。冲击钻机钻孔，桩径2000mm，1号台桩基为4根，每根设计桩长22.53m，4号台桩基为4根，每根设计桩长20m。钻入素填土、黏土层54.23 m，砾石层65.12m，中风化的坚硬岩石层50.77m。采用C30商品混凝土。每桩 ϕ50×2.5mm 检测钢管3根（每根钢管长按桩长加0.5m计）。钻孔泥浆运1km废弃，每桩埋设钢护筒按2m计。

要求：给工程量清单表5-16的清单项目，计算清单工程量、套定额子目并判断换算，计算定额工程量。

分部分项工程和单价措施项目清单与计价表   表5-16

序号	项目编码	项目名称及项目特征描述	计量单位	工程量	金 额（元）		
					综合单价	合价	其中：暂估价
1	桂 040301013001	ϕ2000 泥浆护壁机械成孔灌注桩（桥台）	m				
	描述	1. 水中或陆上：陆上 2. 地层情况：填土、黏土层、砾石层、中风化坚硬岩石层 3. 桩径：2000mm 4. 成孔方法：冲击钻机钻孔					
2	040301011001	截桩头	m³				
	描述	1. 桩类型：泥浆护壁成孔灌注桩 2. 桩头截面、高度：2000mm 3. 混凝土强度等级：C30 4. 有无钢筋：有筋					
3	040301012001	声测管	m				
	描述	1. 材质：钢管 2. 规格、型号：ϕ50×2.5mm					

【解】

1. 确定定额子目并判断是否需要换算（表5-17）

分部分项工程和单价措施项目清单与计价表 表 5-17

序号	项目编码	项目名称及 项目特征描述	计量单位	工程量	综合单价	合价	其中： 暂估价
						金 额（元）	
1	桂 040301013001	ϕ 2000 泥浆护壁机械成孔灌注桩（桥台）	m				
	描述	1. 水中或陆上：陆上 2. 地层情况：填土、黏土层、砾石层、中风化坚硬岩石层 3. 桩径：2000mm 4. 成孔方法：冲击钻机钻孔					
	C3-0058	冲击式钻机钻孔 砂（黏）土层 200cm 以内	10m³				
	C3-0062	冲击式钻机钻孔 砾石层 200cm 以内	10m³				
	C3-0066	冲击式钻机钻孔 岩石层 200cm 以内	10m³				
	C3-0068 换	冲击式钻机钻孔桩身水下混凝土 [换商品混凝土 C30]	10m³	换为 C30 水下混凝土			
	C3-0025	埋设、拆除钢护筒 陆上 $\phi \leqslant 2000$	10m				
	C3-0100	泥浆运输/运距 1km 内	10m³				
2	040301011001	截桩头	m³				
	描述	1. 桩类型：泥浆护壁成孔灌注桩 2. 桩头截面、高度：ϕ 2000mm，0.5m 3. 混凝土强度等级：C30 4. 有无钢筋：有筋					
	C3-0099	凿除桩顶钢筋混凝土 钻孔灌注桩	10m³				
3	040301012001	声测管	m				
	描述	1. 材质：钢管 2. 规格、型号：ϕ 50×2.5mm					
	C3-0098	检测管埋设	10m				

2. 计算定额工程量（表 5-18）。

定额工程量计算表

表 5-18

编号	项目名称	单位	工程量	计算式
桂 040301013001	ϕ2000 泥浆护壁机械成孔灌注桩（桥台）	m	170.120	$4 \times 22.53 + 4 \times 20$
C3-0058	冲击式钻机钻孔 砂（黏）土层 200cm 以内	$10m^3$	17.028	$54.23 \times 3.14 \times 1 \times 1$
C3-0062	冲击式钻机钻孔 砾石层 200cm 以内	$10m^3$	20.448	$65.12 \times 3.14 \times 1 \times 1$
C3-0066	冲击式钻机钻孔 岩石层 200cm 以内	$10m^3$	15.942	$50.77 \times 3.14 \times 1 \times 1$
C3-0068 换	冲击式钻机钻孔桩身水下混凝土［换商品混凝土 C30］	$10m^3$	54.674	$(170.120 + 0.5 \times 8) \times 3.14 \times 1 \times 1$
C3-0025	埋设、拆除钢护筒 陆上／ϕ ≤2000	10m	1.600	2×8
C3-0100	泥浆运输 运距 1km 内	$10m^3$	53.418	$3.14 \times 1 \times 1 \times 170.12$
040301011001	截桩头	m^3	12.56	$0.5 \times 3.14 \times 1 \times 1 \times 8$
C3-0099	凿除桩顶钢筋混凝土 钻孔灌注桩	$10m^3$	1.256	同清单工程量
040301012001	声测管	m	522.36	$4 \times 3 \times (22.53 + 0.5) + 4 \times 3 \times (20 + 0.5)$
C3-0098	检测管埋设	10m	52.236	同清单工程量

2. 综合实例（施工图详见附图）

某桥梁工程招标控制价

内容包括：封面（封-2）（略）、扉页（扉-2）（略）、总说明（略）、单位工程招标控制价汇总表（略）、分部分项工程和单价措施项目清单与计价表、工程量清单综合单价分析表、总价措施项目清单与计价表（略）、其他项目清单与计价汇总表（略）、规费、税金项目清单与计价表（略）、承包人提供主要材料和工程设备一览表（略）。

注：略去表格形式参考第 5.1.3 节道路工程综合实例，此处不再赘述。

分部分项工程和单价措施项目清单与计价表

工程名称：某桥梁工程　　　　　　　　　　　　　　　　　　第 1 页　共 4 页

序号	项目编码	项目名称及项目特征描述	计量单位	工程量	金额（元）		
					综合单价	合价	其中：暂估价
		分部分项工程				8302817.14	
		桥涵工程				5343534.28	
1	040303001001	混凝土垫层 混凝土种类、强度等级：C15 商品混凝土	m³	65.74	284.57	18707.63	
2	040303002001	扩大基础混凝土 混凝土种类、强度等级：C25 泵送商品混凝土	m³	1410.89	409.36	577561.93	
3	040303005001	桥墩混凝土 1. 部位：墩身 2. 截面：D1200 3. 结构形式：柱式 4. 混凝土种类、强度等级：C40 泵送商品混凝土	m³	314.28	616.59	193781.91	
4	040303005002	桥台肋板混凝土 1. 部位：肋板 2. 截面：矩形变截面 3. 混凝土种类、强度等级：C30 泵送商品混凝土	m³	396.24	516.36	204602.49	
5	040303007001	桥墩盖梁 1. 部位：桥墩盖梁 2. 混凝土种类、强度等级：C30 泵送商品混凝土	m³	192.76	562.23	108375.45	
6	040303007002	混凝土桥台盖梁 1. 部位：桥台盖梁 2. 混凝土种类、强度等级：C30 泵送商品混凝土	m³	87.78	627.27	55061.76	
7	040303006001	混凝土系梁 混凝土种类、强度等级：C25 泵送商品混凝土	m³	51.2	691.65	35412.48	

分部分项工程和单价措施项目清单与计价表

工程名称：某桥梁工程 第2页 共4页

序号	项目编码	项目名称及项目特征描述	计量单位	工程量	金额（元）		
					综合单价	合价	其中：暂估价
8	040303004001	桥台耳背墙 1. 部位：桥台耳背墙 2. 混凝土种类、强度等级：C30 泵送商品混凝土	m³	17.14	886.65	15197.18	
9	040304001001	预制混凝土空心板梁 1. 部位：板梁 2. 图集、图纸名称：空心板梁上部构造横断面图；空心板梁一般构造图 3. 混凝土种类、强度等级：预制C30 混凝土	m³	1033.46	1581.69	1634613.35	
10	040303024001	铰缝混凝土 1. 名称、部位：铰缝 2. 混凝土种类、强度等级：C40 商品混凝土	m³	290.29	514.94	149481.93	
11	040303019001	现浇整体化防水混凝土桥面铺装 1. 部位：桥面 2. 图集、图纸名称：空心板梁上部构造横断面图 3. 混凝土种类、强度等级：C40 现浇整体化防水混凝土	m²	2400	48.34	116016.00	
12	040203006001	沥青混凝土铺装 1. 沥青品种：细粒式 2. 沥青混合料种类：商品沥青混凝土 3. 厚度：8cm	m²	2400	3.25	7800.00	
13	040304003001	预制混凝土板（人行道板） 1. 部位：人行道 2. 图集、图纸名称：人行道板构造图 3. 混凝土种类、强度等级：C25 商品混凝土	m³	115.07	1660.48	191071.43	
14	040309001001	金属栏杆 1. 栏杆材质、规格：Q235A 钢管、钢板，详见栏杆设计图	m	160	3500.00	560000.00	

分部分项工程和单价措施项目清单与计价表

工程名称：某桥梁工程

序号	项目编码	项目名称及项目特征描述	计量单位	工程量	金额（元）		
					综合单价	合价	其中：暂估价
15	040309004001	板式橡胶支座 1. 材质：橡胶支座 2. 规格、型号：GYZ200×56 3. 形式：板式	个	600	339.58	203748.00	
16	040309007001	桥梁伸缩装置 1. 材料品种：橡胶带 2. 规格、型号：D-40 型 3. 混凝土种类：防水混凝土 4. 混凝土强度等级：C50	m	60	596.35	35781.00	
17	040309009001	桥面泄水管 1. 材料品种：PVC 2. 管径：φ150	m	293.2	53.32	15633.42	
18	040303020001	混凝土桥头搭板 混凝土种类、强度等级：C30 泵送商品混凝土	m³	168	387.00	65016.00	
19	040305003001	河床铺砌 1. 部位：河床 2. 材料品种、规格：15 号浆砌片石30cm 厚	m³	2321	497.92	1155672.32	
		钢筋工程				2959282.86	
20	040901001001	非预应力钢筋 1. 钢筋种类：R235 2. 钢筋规格：10mm 以内	t	167.242	5087.01	850761.73	
21	040901001002	非预应力钢筋 1. 钢筋种类：HRB335 2. 钢筋规格：10mm 以上	t	394.744	5341.49	2108521.13	

分部分项工程和单价措施项目清单与计价表

工程名称：某桥梁工程

序号	项目编码	项目名称及项目特征描述	计量单位	工程量	综合单价	合价	其中：暂估价
						金额（元）	
		小计				8302817.14	
		Σ人工费				1446740.96	
		Σ材料费				5250994.00	
		Σ机械费				745663.69	
		Σ管理费				598515.44	
		Σ利润				260903.04	
		单价措施项目				68469.25	
22	041106001001	大型机械场外运输费　履带式挖掘机 1.0 以内 1. 机械设备名称：履带式挖掘机 2. 机械设备规格型号：1.0 以内	台·次	1	911.61	911.61	
23	041102040001	桥涵盖梁支架 1. 基础类型：扩大基础 2. 部位：盖梁 3. 材质：钢管 4. 支架类型：满堂式	m³	2667.1	25.33	67557.64	
		小计				68469.25	
		Σ人工费				29134.09	
		Σ材料费				3720.13	
		Σ机械费				17389.06	
		Σ管理费				12690.71	
		Σ利润				5535.27	
		合计				8371286.39	
		Σ人工费				1475875.05	
		Σ材料费				5254714.13	
		Σ机械费				763052.75	
		Σ管理费				611206.15	
		Σ利润				266438.31	

工程量清单综合单价分析表

工程名称：某桥梁工程

序号	项目编码	项目名称及项目特征描述	单位	工程量	综合单价（元）	综合单价					其中：暂估价
						人工费	材料费	机械费	管理费	利润	
		分部分项工程									
		桥涵工程									
1	040303001001	混凝土垫层 混凝土种类、强度等级：C15 商品混凝土	m³	65.74	284.57	25.21	248.74	0.53	7.03	3.06	
	C3-0106 换	混凝土垫层 [换：碎石 GD20 普通商品混凝土 C15]	10m³	6.574	2845.62	252.05	2187.44	5.26	70.25	30.62	
2	040303002001	扩大基础混凝土 混凝土种类、强度等级：C25 泵送商品混凝土	m³	1410.89	409.36	37.82	355.76	0.69	10.51	4.58	
	C3-0108 换	混凝土基础混凝土 [换：碎石 GD40 普通商品混凝土 C25]	10m³	141.09	3863.23	264.59	3487.28	5.49	73.73	32.14	
	C3-0109	模板	10m²	70.068	464.07	228.86	141.56	2.83	63.25	27.57	
3	040303005001	桥墩混凝土 1.部位：墩身 2.截面：D1200 3.结构形式：柱式 4.混凝土种类、强度等级：C40 泵送商品混凝土	m³	314.28	616.59	175.15	349.80	16.51	52.32	22.81	

工程量清单综合单价分析表

工程名称：某桥梁工程

序号	项目编码	项目名称及项目特征描述	单位	工程量	综合单价（元）	综合单价					其中：暂估价
						人工费	材料费	机械费	管理费	利润	
	C3-0125换	柱式墩台身混凝土 [换：碎石 GD20 普通商品混凝土 C40]	10m³	31.428	3736.35	529.07	2991.13	6.29	146.15	63.71	
	C3-0126	柱式墩台身模板	10m²	94.559	807.53	406.30	168.48	52.79	125.33	54.63	
4	040303005002	桥台肋板混凝土 1. 部位：肋板 2. 截面：矩形变截面 3. 混凝土种类、强度等级：C30 泵送商品混凝土	m³	396.24	516.36	121.90	327.25	13.95	37.09	16.17	
	C3-0117换	轻型桥台混凝土 [换：碎石 GD20 普通商品混凝土 C30]	10m³	39.624	3510.42	512.14	2789.08	6.06	141.47	61.67	
	C3-0118	轻型桥台模板	10m²	103.408	633.46	270.86	185.22	51.15	87.91	38.32	
5	040303007001	桥墩盖梁 1. 部位：桥墩盖梁 2. 混凝土种类、强度等级：C30 泵送商品混凝土	m³	192.76	562.23	110.24	385.18	16.95	34.72	15.14	
	C3-0131	墩盖梁混凝土 [碎石 GD10 普通商品混凝土 C30]	10m³	19.276	4336.38	531.70	3588.61	5.49	146.65	63.93	
	C3-0132	墩盖梁模板	10m²	33.421	741.71	329.18	151.80	94.61	115.69	50.43	

工程量清单综合单价分析表

工程名称：某桥梁工程

序号	项目编码	项目名称及项目特征描述	单位	工程量	综合单价（元）	综合单价					其中：暂估价
						人工费	材料费	机械费	管理费	利润	
6	040303007002	混凝土桥台盖梁 1. 部位：桥台盖梁 2. 混凝土种类、强度等级：C30 泵送商品混凝土	m³	87.78	627.27	142.85	401.97	19.00	44.19	19.26	
	C3-0133	台盖梁混凝土［换：碎石 GD40 普通商品混凝土 C30］	10m³	8.779	4312.24	514.14	3588.91	5.49	141.86	61.84	
	C3-0134	台盖梁模板	10m²	22.94	749.98	349.87	164.67	70.61	114.79	50.04	
7	040303006001	混凝土系梁 混凝土种类、强度等级：C25 泵送商品混凝土	m³	51.2	691.65	178.41	415.52	19.96	54.15	23.61	
	C3-0129 换	横梁混凝土［换：碎石 GD40 普通商品混凝土 C25］	10m³	5.12	4291.84	566.12	3496.16	5.49	156.05	68.02	
	C3-0130	横梁模板	10m²	17.92	749.92	347.99	188.31	55.47	110.14	48.01	
8	040303004001	桥台耳背墙 1. 部位：桥台耳背墙 2. 混凝土种类、强度等级：C30 泵送商品混凝土	m³	17.14	886.65	236.76	504.38	37.86	74.97	32.68	
	C3-0115	台帽混凝土［换：碎石 GD40 普通商品混凝土 C30］	10m³	1.714	4153.81	398.77	3591.08	5.49	110.36	48.11	

工程量清单综合单价分析表

工程名称：某桥梁工程

序号	项目编码	项目名称及项目特征描述	单位	工程量	综合单价（元）	综合单价					其中：暂估价
						人工费	材料费	机械费	管理费	利润	
9	C3-0116	台帽模板	10m²	13.289	607.84	253.94	187.37	48.12	82.46	35.95	
	04030400 1001	预制混凝土空心板梁 1. 部位：板梁 2. 图纸、图集名称：空心板梁上部构造横断面图；空心板梁一般构造图 3. 混凝土种类、强度等级：预制 C30 混凝土	m³	1033.46	1581.69	412.04	483.85	376.64	215.31	93.85	
	C3-0214 换	预制混凝土梁 空心板梁（非预应力）混凝土[换：碎石 GD40 普通商品混凝土 C30]	10m³	103.346	4103.20	266.48	3596.83	97.29	99.31	43.29	
	C3-0215	预制混凝土梁 空心板梁（非预应力）模板	10m²	1247.274	568.07	268.36	85.17	78.55	94.71	41.28	
	C3-0235	起重机安装 板梁 L≤20m	10m³	103.346	1094.78	94.68		691.80	214.71	93.59	
	C3-0326	平板车运输 1km 以内 龙门架装车 构件 质量（t）15 以内	10m³	103.346	3762.92	520.41	213.78	2029.26	696.06	303.41	
10	04030302 4001	铰缝混凝土 1. 名称、部位：铰缝 2. 混凝土种类、强度等级：C40 商品混凝土	m³	290.29	514.94	80.25	402.46	0.55	22.06	9.62	

工程量清单综合单价分析表

工程名称：某桥梁工程

序号	项目编码	项目名称及项目特征描述	单位	工程量	综合单价（元）	人工费	材料费	机械费	管理费	利润	其中：暂估价
	C3-0293 换	板梁间灌缝 [换：碎石 GD40 普通商品混凝土 C40]	10m³	29.029	5149.26	802.49	4024.55	5.49	220.58	96.15	
11	040303019001	现浇整体化防水混凝土桥面铺装 1. 部位：桥面 2. 图集、图纸名称：空心板梁上部构造横断面图 3. 混凝土种类、强度等级：C40 现浇整体化防水混凝土	m²	2400	48.34	4.38	42.17	0.05	1.21	0.53	
	C3-0164 换	桥面混凝土铺装车行道 [换：碎石 GD40 商品防水混凝土 C40]	10m³	24	4833.70	437.65	4217.08	5.33	120.93	52.71	
12	040203006001	沥青混凝土铺装 1. 沥青品种：细粒式 2. 沥青混合料种类：商品沥青混凝土 3. 厚度：8cm	m²	2400	3.25	0.24	0.33	1.86	0.57	0.25	
	C2-0104	细粒式沥青混凝土路面 机械摊铺 厚 4cm	100m²	24	324.70	24.08	32.67	185.71	57.27	24.97	
13	040304003001	预制混凝土板（人行道板） 1. 部位：人行道 2. 图集、图纸名称：人行道板构造图 3. 混凝土种类、强度等级：C25 商品混凝土	m³	115.07	1660.48	446.12	490.71	394.23	229.42	100.00	

工程量清单综合单价分析表

工程名称：某桥梁工程

序号	项目编码	项目名称及项目特征描述	单位	工程量	综合单价（元）	综合单价					其中：暂估价
						人工费	材料费	机械费	管理费	利润	
	C3-0276	缘石、人行道，锚锭板混凝土[碎石GD40普通商品混凝土 C25]	10m³	11.507	4846.34	933.60	3539.13	5.49	256.37	111.75	
	C3-0281	人行道板	10m³	11.507	3041.94	1627.69	776.19		444.36	193.70	
	C3-0317	载重汽车运输 1km 以内起重机车构件质量（t）4 以内	10m³	11.507	6210.20	570.57	190.28	3754.09	1180.63	514.63	
	C3-0277	缘石、人行道，锚锭板模板	10m²	76	379.47	201.27	60.79	27.67	62.50	27.24	
14	040309001001	金属栏杆 栏杆材质、规格：Q235A 钢管、钢板，详见栏杆设计计图	m	160	3500.00		3500.00				
	B-	金属栏杆	m	160	3500.00		3500.00				
15	040309004001	板式橡胶支座 1. 材质：橡胶支座 2. 型号：GYZ200×56 3. 形式：板式	个	600	339.58	49.61	270.54		13.53	5.90	
	C3-0459	板式橡胶支座安装	d	2373.84	85.83	12.54	68.38		3.42	1.49	
16	040309007001	桥梁伸缩装置 1. 材料品种：橡胶带 2. 规格、型号：D-40 型 3. 混凝土种类：防水混凝土 4. 混凝土强度等级：C50	m	60	596.35	56.68	431.26	61.92	32.38	14.11	

工程量清单综合单价分析表

工程名称：某桥梁工程

序号	项目编码	项目名称及项目特征描述	单位	工程量	综合单价（元）	综合单价					其中：暂估价
						人工费	材料费	机械费	管理费	利润	
17	C3-0476 换	伸缩缝 梳型钢板	10m	6	5963.50	566.81	4312.59	619.19	323.78	141.13	
	040309009001	桥面泄水管 1. 材料品种：PVC 2. 管径：φ150	m	293.2	53.32	19.56	26.09		5.34	2.33	
	C3-0486	泄水孔 铸铁管安装 泄水管	10m	29.32	533.21	195.62	260.91		53.40	23.28	
18	040303020001	混凝土上桥头搭板 混凝土种类、强度等级：C30 泵送商品混凝土	m³	168	387.00	69.53	288.86	0.97	19.25	8.39	
	C3-0165 换	现浇桥头搭板混凝土 [换：砾石 GD40 普通商品混凝土 C30]	10m³	16.8	3301.72	430.12	2695.35	5.49	118.92	51.84	
	C3-0166	现浇桥头搭板模板	10m²	16.8	568.31	265.22	193.22	4.24	73.56	32.07	
19	040305003001	河床铺砌 1. 部位：河床 2. 材料品种、规格：15 号浆砌片石 30cm 厚	m³	2321	497.92	125.09	185.62	99.26	61.25	26.70	
	C3-0355	浆砌块石 [水泥砂浆中砂 M10]	10m³	232.1	4979.02	1250.87	1856.18	992.55	612.45	266.97	
		钢筋工程									

工程量清单综合单价分析表

工程名称：某桥梁工程

序号	项目编码	项目名称及项目特征描述	单位	工程量	综合单价（元）	综合单价					其中：暂估价
						人工费	材料费	机械费	管理费	利润	
20	040901001001	非预应力钢筋 1.钢筋种类：R235 2.钢筋规格：10mm以内	t	167.242	5087.01	879.68	3819.44	30.93	248.60	108.36	
	C3-0552换	钢筋制作、安装 φ10以内	t	167.242	5087.01	879.68	3819.44	30.93	248.60	108.36	
21	040901001002	非预应力钢筋 1.钢筋种类：HRB335 2.钢筋规格：10mm以上	t	394.744	5341.49	612.58	4317.58	122.99	200.81	87.53	
	C3-0553换	钢筋制作、安装 φ10以上	t	394.744	5341.49	612.58	4317.58	122.99	200.81	87.53	
		单价措施项目									
22	041106001001	大型机械场外运输费 履带式挖掘机 1.0以内 1.机械设备名称：履带式挖掘机 2.机械设备规格型号：1.0以内	台·次	1	911.61	62.70	119.54	506.32	155.34	67.71	
	C1-0441	大型机械场外运输费 履带式挖掘机 1.0以内	台·次	1	911.61	62.70	119.54	506.32	155.34	67.71	
23	041102040001	桥涵盖梁支架 1.基础类型：扩大基础 2.部位：盖梁 3.材质：钢管 4.支架类型：满堂式	m³	2667.1	25.33	10.90	1.35	6.33	4.70	2.05	
	C3-0183	桥梁支架满堂式 钢管支架	100m³空间	26.671	2533.51	1090.35	135.18	632.59	470.36	205.03	

5.3 排水工程招标控制价编制

5.3.1 排水工程定额使用注意事项

1. 定型混凝土管道基础

（1）定型混凝土管道基础定额已含模板制作、安装、拆除，不再重复计算模板用量。

（2）平接（企口）式全包混凝土管道基础，截面尺寸按定额说明表 5-19 计算。如实际施工截面尺寸不同，则执行本册非定型管道基础相应定额子目，模板套用本册第八章相关定额子目。

平接（企口）式全包混凝土管道基础截面尺寸表 表 5-19

序号	项目名称	截面形式	截面尺寸（宽 mm×高 mm）
1	DN300 全包混凝土管道基础	正方形	$B \times H = 540 \times 540$
2	DN400 全包混凝土管道基础	正方形	$B \times H = 694 \times 694$
3	DN500 全包混凝土管道基础	正方形	$B \times H = 830 \times 830$
4	DN600 全包混凝土管道基础	正方形	$B \times H = 990 \times 990$
5	DN800 全包混凝土管道基础	正方形	$B \times H = 1280 \times 1280$
6	DN1000 全包混凝土管道基础	正方形	$B \times H = 1600 \times 1600$

2. 管道闭水试验

管道闭水试验长度计算，如施工图无具体规定的，按《给水排水管道工程施工及验收规范》GB 50268—2008 规定计算：闭水试验管段应按井距分隔，抽样选取，带井试验；管道内径大于 700mm 时，可按管道井段数量抽样选取 1/3 进行试验；不开槽施工的内径大于或等于 1500mm 的钢筋混凝土管道，设计无要求且地下水位高于管道顶部时，可采用内渗法测量渗水量，符合规定的，可不必再进行闭水试验。

3. 排水定型井

（1）各类排水定型井安装定额均已包含井圈安装，井圈混凝土不另行计算。在铺装路面设置的井不需设置井圈的，应扣除定型井中 C30 混凝土的材料费。一般新建道路车行道范围内的检查井，井圈与道路面层整体浇筑时，应扣除定型井中 C30 混凝土的材料费。

（2）各类排水定型井的井深按井底基础以上至井盖顶计算。"井深"应区别于"井室深"，"井深"是指井底板面层至井盖顶之间的距离；"井室深"是指井底板面层至井盖板顶之间的距离，如图 5-21 所示，井深为 H_1，井室深为 $H_2 + h$。

4. 非定型井、管、渠道基础及砌筑

（1）非定型管道基础的混凝土工程量计算应扣除管径在 200mm 以上（含 200mm）的管道所占的体积。

如单根管径<200mm 但属多管共敷的情况下，管道截面尺寸之和≥ϕ200mm 时，非定型管道基础的混凝土工程量计算应扣除实际管径所占的体积，如图 5-22 所示。

混凝土工程量 $V = [0.7 \times 0.5 - 3.14 \times (0.1/2)2 \times 6] \times L$

式中　V——混凝土体积；

　　　L——管道长度。

（2）现浇非定型渠道混凝土底板，套用非定型管道基础的平基定额。

（3）渠道抹灰、勾缝执行第一册通用项目相应定额子目。

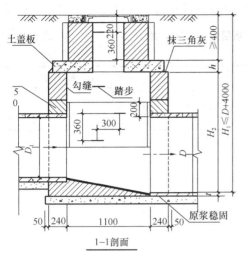

图 5-21 排水定型井剖面图

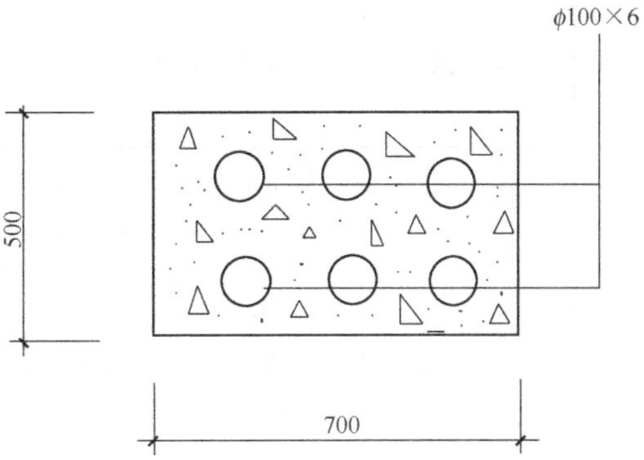

图 5-22 非定型管道基础截面图（单位：mm）

（4）检查井筒的砌筑适用于混凝土管道井深不同的调整和渠道井筒的砌筑，高度与定额不同时采用每增减子目计算。

5. 管道支墩（架）、模板、井字架

（1）模板分别按钢模钢撑、复合木模木撑、木模木撑区分不同材质分别列项，其中钢模模数差部分采用木模。

（2）预制构件模板中不包括地、胎模费用，需要时可另行套用相应定额子目计算。

（3）小型构件是指单件体积在 $0.04m^3$ 以内的构件；地沟盖板项目适用于单块体积在 $0.3m^3$ 以内的矩形板。

5.3.2 招标控制价编制实例

1. 案例

【例 5-7】某街道排水工程，其中雨水口连接管全长 200m，采用 D300 Ⅱ 级钢筋混凝土平口圆管，坡度 0.01，基础采用 C15 混凝土全包基础，接口采用水泥砂浆抹带接口，雨水口起点埋深 1m，如图 5-23、图 5-24 所示。

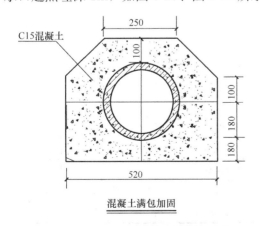

混凝土满包加固

图 5-23 混凝土满包管基础横断面图

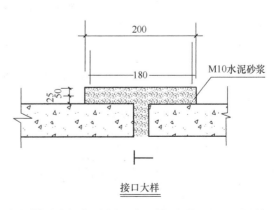

接口大样

图 5-24 水泥砂浆抹带接口

要求：给工程量清单表5-20中的清单项目套定额子目并判断换算，计算定额工程量。

分部分项工程和单价措施项目清单与计价表　　　　表 5-20

工程名称：××排水工程

序号	项目编码	项目名称及项目特征描述	计量单位	工程量	金　额（元）		
					综合单价	合价	其中：暂估价
1	040501001001	D300Ⅱ级钢筋混凝土平口圆管 1. 垫层、基础材质及厚度：C15混凝土全包基础 2. 规格：D300 3. 接口方式：水泥砂浆抹带接口 4. 铺设深度：1m 5. 混凝土强度等级：Ⅱ级钢筋混凝土 6. 管道检验及试验要求：闭水试验	m				

【解】

1. 确定定额子目并判断是否需要换算

根据题意可知，本工程排水管参照大样图设计，按照非定型管道套取定额（表5-21）。

分部分项工程和单价措施项目清单与计价表　　　　表 5-21

工程名称：××排水工程

序号	项目编码	项目名称及项目特征描述	计量单位	工程量	金　额（元）		
					综合单价	合价	其中：暂估价
1	040501001001	D300Ⅱ级钢筋混凝土平口圆管 1. 垫层、基础材质及厚度：C15混凝土全包基础 2. 规格：D300 3. 接口方式：水泥砂浆抹带接口 4. 铺设深度：1m 5. 混凝土强度等级：Ⅱ级钢筋混凝土 6. 管道检验及试验要求：闭水试验	m	200			
	C5-0727	混凝土基础	10m³	3.2			
	C5-2228	管道基础 复合木模	10m²	35.24			
	C5-0055	人工下管 D300	100m	2			
	C5-0168 换	水泥砂浆接口（180°管基）D300	10 个口	9	扣钢丝网材料费		
	C5-0255	闭水试验 D400 以内	100m	2			

2. 计算定额工程量（表5-22）

定额工程量计算表 表 5-22

定额子目	定额名称	单位	工程量	计算式
C5-0727	混凝土基础	10m³	3.2	0.16×200
C5-2228	管道基础 复合木模	10m²	35.24	(0.52＋(0.1×2+0.18+0.241)×2)×200
C5-0055	人工下管-D300	100m	2	同清单工程量200m
C5-0168 换	水泥砂浆接口（180°管基）-D300	10个口	9	200/2－1
C5-0255	闭水试验-D400以内	100m	2	同清单工程量200m

【例5-8】 某市政雨水工程，起点K2＋300，终点K2＋400。纵断面如图5-25所示。主管为DN1200Ⅱ级钢筋混凝土管，120°混凝土基础（图集06MS201-1），如图5-26所示，钢丝抹带接口。

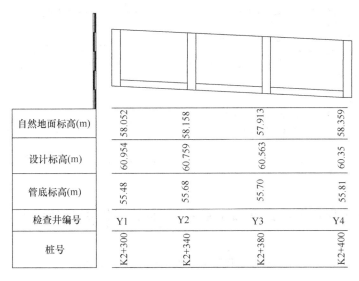

自然地面标高(m)	58.052	58.158	57.913	58.359
设计标高(m)	60.954	60.759	60.563	60.35
管底标高(m)	55.48	55.68	55.70	55.81
检查井编号	Y1	Y2	Y3	Y4
桩号	K2+300	K2+340	K2+380	K2+400

图 5-25 纵断面图

要求：给表5-23中的清单项目套定额子目并判断换算，计算定额工程量。

分部分项工程和单价措施项目清单与计价表 表 5-23

工程名称：××排水工程

序号	项目编码	项目名称及项目特征描述	计量单位	工程量	金　额（元）综合单价	合价	其中：暂估价
1	040501001001	DN1200Ⅱ级钢筋混凝土管道铺设 1. 垫层、基础材质及厚度：120° C15混凝土基础 2. 规格：D300 3. 接口方式：钢丝网水泥砂浆抹带接口 4. 铺设深度：4m以内 5. 混凝土强度等级：Ⅱ级钢筋混凝土 6. 管道检验及试验要求：闭水试验 7. 详见图集06MS201-1-17	m	100			

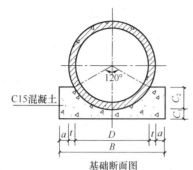

管内径	管壁厚	管基尺寸				基础混凝土量
D	t	a	B	C_1	C_1	(m³/m)
600	60	100	920	100	180	0.178
700	70	105	1050	105	210	0.222
800	80	120	1200	120	240	0.290
900	90	135	1350	135	270	0.368
1000	100	150	1500	150	300	0.454
1100	110	165	1650	165	330	0.549
1200	120	180	1800	180	360	0.654
1350	135	203	2026	203	405	0.827
1500	150	225	2250	225	450	1.021
1650	165	248	2476	248	495	1.237
1800	180	270	2700	270	540	1.471
2000	200	300	3000	300	600	1.816
2200	220	330	3300	330	660	2.197
2400	230	345	3550	345	715	2.507
2600	235	353	3776	353	768	2.783
2800	255	383	4076	383	828	3.251
3000	275	413	4376	413	888	3.775

管级	Ⅱ	Ⅲ
计算覆土高度 H(m)	$3.5 < H \leq 5.0$	$5.0 < H \leq 6.5$

C15 混凝土

基础断面图

说明:
1. 本图适用于开槽法施工的钢筋混凝土排水管道,设计计算基础支承角 $2\alpha=120°$。
2. 按本图使用的钢筋混凝土排水管规格应符合 GB/T 11836—2009 标准。
3. C_1、C_2 分开浇筑时,C_1 部分表面要求做成毛面并冲洗干净。
4. 本图可采用刚性接口的平口、企口管材。
5. 管道应敷设在承载能力达到管道地基支承强度要求的原状土地基或经处理后回填密实的地基上。
6. 遇有地下水时,应采用可靠的降水措施,将地下水降至槽底以下不小于0.5m,做到干槽施工。
7. 沟槽回填土密实度要求见本图集总说明。
8. 地面堆积荷载不得大于10kN/m²。
9. 当所用管材壁厚与本表不符时,C_1 值可按1.5t采用并不得小于100,其他管基尺寸及基础混凝土量应做相应修正。

$D=600\sim3000$钢筋混凝土管(Ⅱ级管、Ⅲ级管) 120°混凝土基础		图集号	06MS201-1
审核	校对	设计	页

图 5-26　混凝土基础断面图(图集 06MS201-1)

【解】1. 编制 $DN1200$ 钢筋混凝土管道敷设的分部分项工程量清单,并套定额(表 5-24)。

分部分项工程和单价措施项目清单与计价表　　　　表 5-24

工程名称:××排水工程

序号	项目编码	项目名称及项目特征描述	计量单位	工程量	金额(元)		
					综合单价	合价	其中:暂估价
1	040501001001	$DN1200$ Ⅱ级钢筋混凝土管道铺设 1. 垫层、基础材质及厚度:120° C15 混凝土基础 2. 规格:D300 3. 接口方式:钢丝网水泥砂浆抹带接口 4. 铺设深度:4m 以内 5. 混凝土强度等级:Ⅱ级钢筋混凝土 6. 管道检验及试验要求:闭水试验 7. 详见图集 06MS201-1-17	m	100			

序号	项目编码	项目名称及项目特征描述	计量单位	工程量	金额（元）		
					综合单价	合价	其中：暂估价
	C5-0007	平接（企口）式管道基础（120°）φ1200mm 以内［碎石 GD40 C15］	100m	0.97			
	C5-0066	平接（企口）式混凝土管道铺设人机配合下管 φ1200mm 以内	100m	0.97			
	C5-0158	钢丝网水泥砂浆接口（120°管基）φ1200mm 以内	10 个口	4.9			
	C5-0259	管道闭水试验 φ1200mm 以内［水泥砂浆 1：2］	100m	1			

2. 计算定额工程量（表 5-25）

定额工程量计算表　　　　　　　　　　　　　　　　　表 5-25

定额子目	定额名称	单位	工程量	计算式
C5-0007	平接（企口）式管道基础（120°）φ1200mm 以内［碎石 GD40 C15］	100m	0.97	$100-3×1.0=97m$
C5-0066	平接（企口）式混凝土管道铺设 人机配合下管 φ1200mm 以内	100m	0.97	$100-3×1.0=97m$
C5-0158	钢丝网水泥砂浆接口（120°管基）φ1200mm 以内	10 个口	4.9	$100/2-1=49$
C5-0259	管道闭水试验 φ1200mm 以内［水泥砂浆 1：2］	100m	1	同清单工程量

【例 5-9】某街道排水工程，其中排水检查井矩形直线砖砌雨水检查井 1500×1100 按图集 06MS201 设计，如图 5-27 所示，井深 3.0m。

要求：给工程量清单表 5-26 中的清单项目套定额子目并判断换算，计算定额工程量。

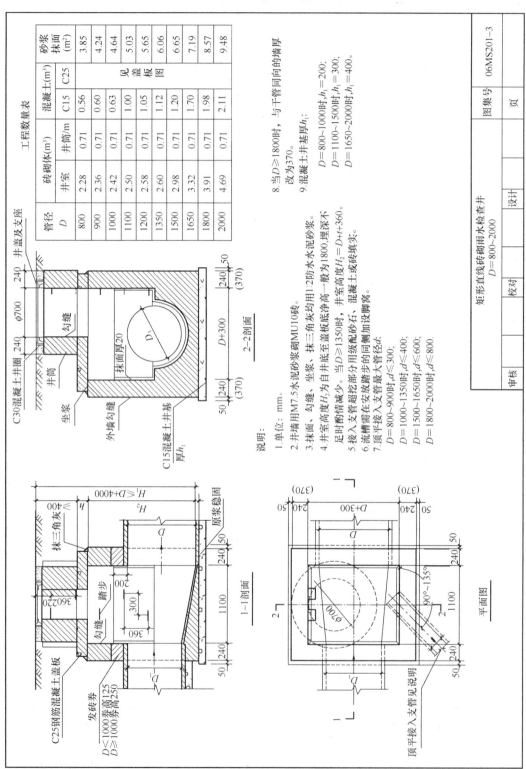

图 5-27 雨水检查井

分部分项工程和单价措施项目清单与计价表　　　　表 5-26

工程名称：××排水工程

序号	项目编码	项目名称及项目特征描述	计量单位	工程量	金　额（元）		
					综合单价	合价	其中：暂估价
1	040504001001	矩形直线砖砌雨水检查井 1500×1100 　1. 垫层、基础材质及厚度：C15 混凝土基础厚 300 　2. 砌筑材料品种、规格、强度等级：M7.5 水泥砂浆砌 MU10 砖 　3. 勾缝抹面要求：厚 20 　4. 砂浆强度等级、配合比：1：2 防水水泥砂浆 　5. 混凝土强度等级：C15、C25、C30 　6. 盖板材质、规格：C25 钢筋混凝土盖板 　7. 井盖、井圈材质、规格：C30 混凝土井圈 　8. 踏步材质、规格：踏步搭砖砌脚窝 　9. 防渗、防水要求：1：2 防水水泥砂浆 　10. 平均井深：3.0m	座	1			

【解】

1. 确定定额子目并判断是否需要换算

根据题意可知，本工程检查井参照图集 06MS201 编制，井深为 2.5m，按照定型井套取定额。

分部分项工程和单价措施项目清单与计价表　　　　表 5-27

序号	项目编码	项目名称及项目特征描述	计量单位	工程量	金　额（元）		
					综合单价	合价	其中：暂估价
1	040504001001	矩形直线砖砌雨水检查井 1500×1100 　1. 垫层、基础材质及厚度：C15 混凝土基础厚 300 　2. 砌筑材料品种、规格、强度等级：M7.5 水泥砂浆砌 MU10 砖 　3. 勾缝抹面要求：厚 20 　4. 砂浆强度等级、配合比：1：2 防水水泥砂浆 　5. 混凝土强度等级：C15、C25、C30 　6. 盖板材质、规格：C25 钢筋混凝土盖板 　7. 井盖、井圈材质、规格：C30 混凝土井圈 　8. 踏步材质、规格：踏步搭砖砌脚窝 　9. 防渗、防水要求：1：2 防水水泥砂浆 　10. 平均井深：3.0m	座	1			
	C5-0387	砖砌矩形直线雨水检查井 1100×500	座	1			
	C5-0713	检查井井筒砌筑每增 0.5m 内	座	1			

2. 计算定额工程量（表 5-28）

定额工程量计算表 表 5-28

定额子目	定额名称	单位	工程量	计算式
C5-0387	砖砌矩形直线雨水检查井 1100×500	座	1	井深 2.45m
C5-0713	检查井井筒砌筑每增 0.5m 内	座	1	

【例 5-10】某街道新建排水工程中，其雨水进水井采用了双算雨水进水井，雨水算子采用复合材料，具体尺寸如图 5-28～图 5-31 所示。

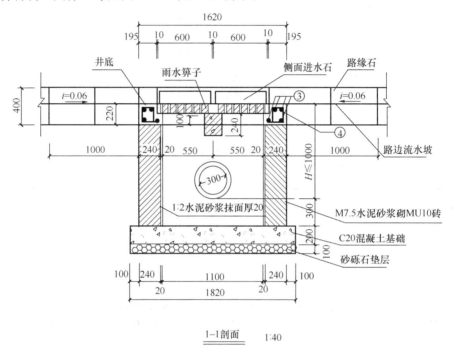

图 5-28 1—1 剖面图

要求：给工程量清单表 5-29 中的清单项目套定额子目并判断换算，计算定额工程量。

分部分项工程和单价措施项目清单与计价表 表 5-29

工程名称：××排水工程

序号	项目编码	项目名称及项目特征描述	计量单位	工程量	综合单价	合价	其中：暂估价
					金　额（元）		
1	040504009001	双算雨水口 1. 雨水算子及圈口材质、型号、规格：$B×L×H=400×600×100$ 2. 垫层、基础材质及厚度：砂砾石垫层 100mm，混凝土基础 200mm 3. 混凝土强度等级：C20 混凝土 4. 砌筑材料品种、规格：M7.5 水泥砂浆砌 MU10 砖 5. 砂浆强度等级及配合比：1：2 水泥砂浆	座	1			

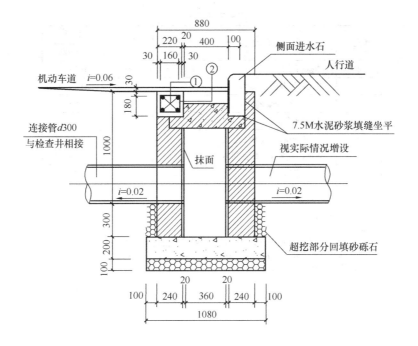

2—2剖面 1:40

图 5-29 2—2 剖面图

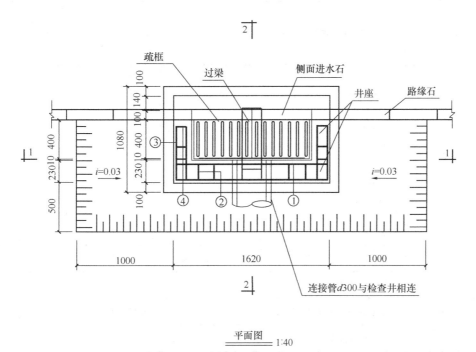

平面图 1:40

图 5-30 平面图

工程数量表

编号	工程项目	单位	数量
			H=1000
1	砂砾石垫层	m³	0.19
2	现浇C20混凝土基础	m³	0.39
3	M7.5水泥砂浆砌MU10砖	m³	1.55
4	现浇钢筋混凝土(≥4.5抗折)井座	m³	0.12
5	预制C30钢筋混凝土过梁	m³	0.019
6	预制C30混凝土侧面进水石	m³	0.06
7	1:2水泥砂浆抹面	m²	3.96

说明：

1. 本图尺寸单位以mm计。
2. 侧面进水石、过梁构造见另图。
3. 雨水口边框周围采用井座加固。井座用混凝土抗折强度不小于4.5MPa。
4. 雨水箅子尺寸：$B \times L \times H = 400 \times 600 \times 100$，采用生产厂家生产的成套产品，设计荷载等级为城-A级。

图 5-31　工程数量表

【解】

1. 确定定额子目并判断是否需要换算（表 5-30）

根据题意查定额可知，本工程雨水井应按照非定型井套取定额。

分部分项工程和单价措施项目清单与计价表　　　　　　表 5-30

工程名称：××排水工程

序号	项目编码	项目名称及项目特征描述	计量单位	工程量	综合单价	合价	其中：暂估价
					金额（元）		
1	040504009001	双算雨水口　1. 雨水箅子及圈口材质、型号、规格：$B \times L \times H = 400 \times 600 \times 100$　2. 垫层、基础材质及厚度：砂砾石垫层100mm，混凝土基础200mm　3. 混凝土强度等级：C20混凝土　4. 砌筑材料品种、规格：M7.5水泥砂浆砌MU10砖　5. 砂浆强度等级及配合比：1：2水泥砂浆	座	1			
	C5-0670	非定型井垫层　砂砾石	10m³	0.019			
	C5-0671	非定型井基础　混凝土	10m³	0.039			
	C5-0673	非定型井砌筑　砖砌　矩形	10m³	0.155			
	C5-0678	非定型井抹灰　井内侧	100m²	0.040			
	C5-0700	非定型井井算制作　井圈	10m³	0.012			

序号	项目编码	项目名称及项目特征描述	计量单位	工程量	金额（元）		
					综合单价	合价	其中：暂估价
	C5-0705	非定型井井箅安装 复合材料	10套	2			
	C5-2226	混凝土基础模板	10m²	0.116			

2. 计算定额工程量（表5-31）

定额工程量计算表　　　　　　　　　　　　　　　　　　表5-31

定额子目	定额名称	单位	工程量	计算式
C5-0670	非定型井垫层 砂砾石	10m³	0.019	
C5-0671	非定型井基础 混凝土	10m³	0.039	
C5-0673	非定型井砌筑 砖砌 矩形	10m³	0.155	暂按《工程量数量表》计
C5-0678	非定型井抹灰 井内侧	100m²	0.0396	
C5-0700	非定型井井箅制作 井圈	10m³	0.012	
C5-0705	非定型井井箅安装 复合材料	10套	2	
C5-2226	混凝土基础模板	10m²	0.116	$(1.82+1.08)×2×0.2$

2. 综合实例（施工图详见附图）

某排水工程招标控制价

内容包括：封面（封-2）（略）、扉页（扉-2）（略）、总说明（略）、单位工程招标控制价汇总表（略）、分部分项工程和单价措施项目清单与计价表、工程量清单综合单价分析表、总价措施项目清单与计价表（略）、其他项目清单与计价汇总表（略）、规费、税金项目清单与计价表（略）、承包人提供主要材料和工程设备一览表（略）。

注：略去表格形式参考第5.1.3节道路工程综合实例，此处不再赘述。

分部分项工程和单价措施项目清单与计价表

工程名称：某排水工程　　　　　　　　　　　　　　　　　第1页　共6页

序号	项目编码	项目名称及项目特征描述	计量单位	工程量	金额（元）		
					综合单价	合价	其中：暂估价
		分部分项工程				745923.08	
		土石方工程				359372.01	
1	040101002001	挖沟槽土方 1. 土壤类别：三类土 2. 挖土深度：4m以内 3. 部位：沟槽及检查井	m³	5179.13	4.75	24600.87	

序号	项目编码	项目名称及 项目特征描述	计量单位	工程量	金额（元）		
					综合单价	合　价	其中： 暂估价
2	040103001001	钢筋混凝土管回填砂砾 1. 密实度：同路基要求 2. 填方材料品种：小于 40mm 天然级配砂砾 3. 填方来源：借方回填 4. 借方运距：5km 5. 部位：钢筋混凝土管顶 50cm 以内	m³	1001.24	125.63	125785.78	
3	040103001002	波纹管回填中粗砂 1. 密实度：同路基要求 2. 填方材料品种：中粗砂 3. 填方来源：外借 4. 借方运距：5km 5. 部位：双壁波纹管顶 50cm 以内	m³	777.06	168.29	130771.43	
		土石方工程				3593773.08	
4	040103001003	人工回填土 1. 密实度：同路基要求 2. 填方材料品种：三类土 3. 填方来源：利用方 4. 部位：管顶 50cm 以外	m³	2653.79	19.05	50554.70	
5	040103001004	井圈周边回填 C10 素混凝土 1. 密实度：同路基要求 2. 填方材料品种：C10 素混凝土 3. 填方来源：外借 4. 部位：井圈周边	m³	2.91	6.72	19.56	
6	040103001005	检查井周边回填 C20 素混凝土 1. 密实度：同路基要求 2. 填方材料品种：C20 素混凝土 3. 填方来源：外借 4. 部位：检查井周边	m³	20.49	6.77	138.72	
7	040103002001	余方弃置 1. 废弃料品种：三类土 2. 运距：5km	m³	2525.34	10.89	27500.95	

分部分项工程和单价措施项目清单与计价表

工程名称：某排水工程　　　　　　　　　　　　　　　　　　　　　第 2 页　共 6 页

序号	项目编码	项目名称及项目特征描述	计量单位	工程量	金额（元）		
					综合单价	合　价	其中：暂估价
	0405	管网工程				386551.07	
8	040501004001	D300 雨水口连接管 1. 垫层、基础材质及厚度：中粗砂基础层 200 厚 2. 材质及规格：PP-HM 双壁波纹管 D300 3. 连接形式：热收缩带连接 4. 铺设深度：埋深 1m 5. 管道检验及试验要求：闭水试验	m	371	58.79	21811.09	
9	040501004002	D600PP-HM 双壁波纹管 1. 垫层、基础材质及厚度：中粗砂基础层 200 厚 2. 材质及规格：PP-HM 双壁波纹管 D600 3. 连接形式：热收缩带连接 4. 铺设深度：6m 以内 5. 管道检验及试验要求：闭水试验	m	438.88	82.61	36255.88	
10	040501004003	D800PP-HM 双壁波纹管 1. 垫层、基础材质及厚度：中粗砂基础层 200 厚 2. 材质及规格：PP-HM 双壁波纹管 D800 3. 连接形式：热收缩带连接 4. 铺设深度：6m 以内 5. 管道检验及试验要求：闭水试验	m	47.73	94.13	4492.82	
	0405	管网工程				386551.07	
11	040501001001	D1200 混凝土承插管 1. 垫层、基础材质及厚度：180°混凝土基础厚 200 2. 规格：D1200 3. 接口方式：O 型橡胶圈接口 4. 铺设深度：6m 以内 5. 混凝土强度等级：I 级钢筋混凝土 6. 管道检验及试验要求：闭水试验 7. 详见图集 06MS201-1-18	m	196.54	517.63	101735.00	
12	040501001002	D1500 混凝土企口管 1. 垫层、基础材质及厚度：180°混凝土基础厚 200 2. 规格：D1500 3. 接口方式：Q 型橡胶圈接口 4. 铺设深度：6m 以内 5. 混凝土强度等级：I 级钢筋混凝土 6. 管道检验及试验要求：闭水试验 7. 详见图集 06MS201-1-18	m	49.77	728.60	36262.42	

分部分项工程和单价措施项目清单与计价表

工程名称：某排水工程　　　　　　　　　　　　　　　　　　第 3 页　共 6 页

序号	项目编码	项目名称及项目特征描述	计量单位	工程量	金额（元）		
					综合单价	合　价	其中：暂估价
13	040504002001	φ1250 型混凝土井 1. 垫层、基础材质及厚度：C10 混凝土垫层厚 100 2. 混凝土强度等级：C25 3. 盖板材质、规格：重型球墨铸铁防盗型井盖 4. 井盖、井圈材质及规格：C30 混凝土井圈 5. 踏步材质、规格：塑钢爬梯 6. 防渗、防水要求：内外壁均抹 20mm 厚砂浆 7. 平均井深：4m 以内 8. 详见图集 06MS201-3-25	座	7	3766.00	26362.00	
14	040504002002	3300×2400 四通矩形混凝土井 1. 垫层、基础材质及厚度：C10 混凝土垫层厚 100，基础厚 400 2. 混凝土强度等级：C25 3. 盖板材质、规格：重型球墨铸铁防盗型井盖 4. 井盖、井圈材质及规格：C30 混凝土井圈 5. 踏步材质、规格：塑钢爬梯 6. 防渗、防水要求：内外壁均抹 20mm 厚砂浆 7. 平均井深：8m 以内 8. 详见图集 06MS201-3-51	座	1	17904.84	17904.84	
15	040504002003	1500×1100 直线矩形混凝土井 1. 垫层、基础材质及厚度：C10 混凝土垫层厚 100，基础厚 250 2. 混凝土强度等级：C25 3. 盖板材质、规格：重型球墨铸铁防盗型井盖 4. 井盖、井圈材质及规格：C30 混凝土井圈 5. 踏步材质、规格：塑钢爬梯 6. 防渗、防水要求：内外壁均抹 20mm 厚砂浆 7. 平均井深：6m 以内 8. 详见图集 06MS201-3-38	座	4	5556.42	22225.68	

分部分项工程和单价措施项目清单与计价表

工程名称：某排水工程　　　　　　　　　　　　　　　　第 4 页　共 6 页

序号	项目编码	项目名称及项目特征描述	计量单位	工程量	金额（元）		
					综合单价	合　价	其中：暂估价
16	040504002004	2700×2050 四通矩形混凝土井（管径 1200） 1. 垫层、基础材质及厚度：C10 混凝土垫层厚 100，基础厚 350 2. 混凝土强度等级：C25 3. 盖板材质、规格：重型球墨铸铁防盗型井盖 4. 井盖、井圈材质及规格：C30 混凝土井圈 5. 踏步材质、规格：塑钢爬梯 6. 防渗、防水要求：内外壁均抹 20mm 厚砂浆 7. 平均井深：6m 以内 8. 详见图集 06MS201-3-51	座	1	12858.02	12858.02	
17	040504002005	2200×2200 三通矩形混凝土井（管径 1200） 1. 垫层、基础材质及厚度：C10 混凝土垫层厚 100，基础厚 300 2. 混凝土强度等级：C25 3. 盖板材质、规格：重型球墨铸铁防盗型井盖 4. 井盖、井圈材质及规格：C30 混凝土井圈 5. 踏步材质、规格：塑钢爬梯 6. 防渗、防水要求：内外壁均抹 20mm 厚砂浆 7. 平均井深：6m 以内 8. 详见图集 06MS201-3-45	座	1	10117.50	10117.50	
18	040504002006	1800×1100 直线矩形混凝土井（管径 1500） 1. 垫层、基础材质及厚度：C10 混凝土垫层厚 100，基础厚 250 2. 混凝土强度等级：C25 3. 盖板材质、规格：重型球墨铸铁防盗型井盖 4. 井盖、井圈材质及规格：C30 混凝土井圈 5. 踏步材质、规格：塑钢爬梯 6. 防渗、防水要求：内外壁均抹 20mm 厚砂浆 7. 平均井深：6m 以内 8. 详见图集 06MS201-3-38	座	2	3353.07	6706.14	

分部分项工程和单价措施项目清单与计价表

工程名称：某排水工程 　　　　　　　　　　　　　　　　　　　第 5 页　共 6 页

序号	项目编码	项目名称及项目特征描述	计量单位	工程量	金额（元）		
					综合单价	合价	其中：暂估价
19	040504002007	跌水井 1. 垫层、基础材质及厚度：C10 混凝土垫层厚 100，基础厚 400 2. 混凝土强度等级：C25 3. 盖板材质、规格：重型球墨铸铁防盗型井盖 4. 井盖、井圈材质及规格：C30 混凝土井圈 5. 踏步材质、规格：塑钢爬梯 6. 防渗、防水要求：内外壁均抹 20mm 厚砂浆 7. 平均井深：8m 以内 8. 详见图集 06MS201-3-111	座	1	21708.40	21708.40	
20	040504002008	φ1000 型预留井 1. 垫层、基础材质及厚度：C10 混凝土垫层厚 100，基础厚 220 2. 混凝土强度等级：C25 3. 盖板材质、规格：重型球墨铸铁防盗型井盖 4. 井盖、井圈材质及规格：C30 混凝土井圈 5. 踏步材质、规格：塑钢爬梯 6. 防渗、防水要求：内外壁均抹 20mm 厚砂浆 7. 平均井深：6m 以内 8. 详见图集 06MS201-3-12	座	12	3154.34	37852.08	
21	040504009001	雨水口 1. 雨水箅子及圈口材质、型号、规格：球墨铸铁井圈 2. 垫层、基础材质及厚度：C15 混凝土基础厚 100 3. 混凝土强度等级：C30 过梁 4. 砌筑材料品种、规格：M10 水泥砂浆砌 MU10 砖 5. 砂浆品种、强度等级及配合比：1：2 水泥砂浆 6. 详见图集 06MS201-8-10	座	30	1008.64	30259.20	
		小计				745923.08	
		Σ人工费				169721.91	
		Σ材料费				465605.90	
		Σ机械费				54856.48	

分部分项工程和单价措施项目清单与计价表

工程名称：某排水工程

序号	项目编码	项目名称及项目特征描述	计量单位	工程量	金额（元）		
					综合单价	合　价	其中：暂估价
		∑管理费				38056.66	
		∑利润				17682.11	
		单价措施项目				2017.91	
	041106	大型机械设备进出场及安拆				2017.91	
22	041106001001	履带式挖掘机进出场及安拆 机械设备名称：履带式挖掘机 机械设备规格型号：1.25m³	台·次	1	1089.00	1089.00	
23	041106001002	履带式推土机进出场及安拆 机械设备名称：履带式推土机 机械设备规格型号：75kW	台·次	1	928.91	928.91	
		小计				2017.91	
		∑人工费				125.40	
		∑材料费				290.43	
		∑机械费				1115.60	
		∑管理费				338.80	
		∑利润				147.68	
		合计				747940.99	
		∑人工费				169847.3	
		∑材料费				465896.33	
		∑机械费				55972.08	
		∑管理费				38395.46	
		∑利润				17829.79	

市政工程计量与计价

工程量清单综合单价分析表

工程名称：某排水工程

序号	项目编码	项目名称及项目特征描述	单位	工程量	综合单价（元）	人工费	材料费	机械费	管理费	利润	其中：暂估价
		分部分项工程									
		土石方工程									
		挖沟槽土方									
1	040101002001	1. 土壤类别：三类土 2. 挖土深度：4m 以内 3. 部位：沟槽及检查井	m³	5179.13	4.75	1.29		2.96	0.32	0.18	
	C1-0033	挖掘机挖沟槽、基坑土方(斗容量1.25m³) 装车 三类土	1000m³	4.86838	3871.62	316.80		3144.64	263.07	147.11	
	C1-0002	人工挖一般土方 三类土	100m³	3.1075	1844.93	1649.47			125.36	70.10	
2	040103001001	钢筋混凝土管回填砂砾砾 1. 密实度：同路基要求 2. 填方材料品种：小于 40mm 天然级配砂砾砾 3. 填方来源：借方回填 4. 借方运距：5km 5. 部位：钢筋混凝土管顶 50cm 以内	m³	1001.24	125.63	13.52	109.33	1.05	1.11	0.62	
	C1-0096	沟槽人工回填 砂砾石	100m³	10.0124	12561.73	1351.68	10932.77	104.70	110.68	61.90	
3	040103001002	波纹管回填中粗砂 1. 密实度：同路基要求 2. 填方材料品种：中粗砂 3. 填方来源：外借 4. 借方运距：5km 5. 部位：双壁波纹管顶 50cm 以内	m³	777.06	168.29	14.02	151.37	1.11	1.15	0.64	
	C1-0095 换	沟槽人工回填砂	100m³	7.7706	16829.20	1401.84	15137.03	111.05	114.98	64.30	
4	040103001003	人工回填土 1. 密实度：同路基要求 2. 填方材料品种：三类土	m³	2653.79	19.05	15.42	0.07	1.55	1.29	0.72	

工程量清单综合单价分析表

工程名称：某排水工程

序号	项目编码	项目名称及项目特征描述	单位	工程量	综合单价(元)	综合单价					其中:暂估价
						人工费	材料费	机械费	管理费	利润	
		3. 填方来源: 利用方 4. 部位: 管顶50cm以外									
	C1-0097	沟槽人工回填土	100m³	26.5379	1905.84	1541.76	7.49	155.47	128.99	72.13	
5	040103001004	井圈周边回填C10素混凝土 1. 密实度: 同路基要求 2. 填方材料品种: C10素混凝土 3. 填方来源: 外借 4. 部位: 井圈周边	m³	2.91	6.72	0.23	6.36	0.03	0.07	0.03	
	C1-0282	回填混凝土 无砂大孔混凝土 [无砂大孔商品混凝土 碎石 GD40 C10]	10m³	0.01	1953.49	66.97	1850.02	7.36	20.29	8.85	
6	040103001005	检查井周边回填 C20 素混凝土 1. 密实度: 同路基要求 2. 填方材料品种: C20素混凝土 3. 填方来源: 外借 4. 部位: 检查井周边	m³	20.49	6.77	0.23	6.41	0.03	0.07	0.03	
	C1-0282换	回填混凝土 无砂大孔混凝土 [换: 无砂大孔商品混凝土 碎石 GD40 C20]	10m³	0.071	1953.49	66.97	1850.02	7.36	20.29	8.85	
7	040103002001	余方弃置 1. 废弃料品种: 三类土 2. 运距: 5km	m³	2525.34	10.89			9.74	0.74	0.41	
	C1-0124换 0405	自卸汽车运土方 (运距1km内) 12t [实际5]	1000m³	2.52534	10899.19			9744.47	740.58	414.14	
		管网工程									
8	040501004001	D300雨水口连接管 1. 垫层、基础材质及厚度: 中粗砂基础层 200 厚 2. 材质及规格: PP-HM 双壁波纹管 D300 3. 连接形式: 热收缩带连接 4. 铺设深度: 埋深1m	m	371	58.79	15.88	36.01	0.48	4.47	1.95	

工程量清单综合单价分析表

工程名称：某排水工程

序号	项目编码	项目名称及项目特征描述	单位	工程量	综合单价(元)	综合单价					其中：暂估价
						人工费	材料费	机械费	管理费	利润	
9	C5-0723换	5. 管道检验及试验要求：闭水试验 非定型管道垫层砂	10m³	8.162	2014.68	327.11	1529.91	21.15	95.07	41.44	
	C5-0120换	双壁波纹管敷设（承插式胶圈接口）公称直径（315mm以内）	100m	3.71	942.60	677.16			184.86	80.58	
	C5-0256	管道闭水试验 管径（600mm以内）[水泥砂浆中砂 M7.5]	100m	3.71	504.02	191.55	235.42	1.41	52.68	22.96	
	040501004002	D600PP-HM双壁波纹管 1. 垫层，基础材质及厚度：中粗砂基础层200厚 2. 材质及规格：PP-HM双壁波纹管 D600 3. 连接形式：热收缩带连接 4. 铺设深度：6m以内 5. 管道检验及试验要求：闭水试验	m	438.88	82.61	24.21	45.19	2.67	7.34	3.20	
10	C5-0723换	非定型管道垫层砂	10m³	12.289	2014.68	327.11	1529.91	21.15	95.07	41.44	
	C5-0123换	双壁波纹管敷设（承插式胶圈接口）公称直径（630mm以内）	100m	4.2558	2181.02	1354.32		212.51	427.74	186.45	
	C5-0256	管道闭水试验 管径（600mm以内）[水泥砂浆中砂 M7.5]	100m	4.3888	504.02	191.55	235.42	1.41	52.68	22.96	
	040501004003	D800PP-HM双壁波纹管 1. 垫层，基础材质及厚度：中粗砂基础层200厚 2. 材质及规格：PP-HM双壁波纹管 D800 3. 连接形式：热收缩带连接 4. 铺设深度：6m以内 5. 管道检验及试验要求：闭水试验	m	47.73	94.13	27.02	51.30	3.75	8.40	3.66	
	C5-0723换	非定型管道垫层砂	10m³	1.527	2014.68	327.11	1529.91	21.15	95.07	41.44	
	C5-0124换	双壁波纹管敷设（承插式胶圈接口）公称直径（800mm以内）	100m	0.4581	2566.32	1524.86		318.76	503.31	219.39	
	C5-0256	管道闭水试验 管径（600mm以内）[水泥砂浆中砂 M7.5]	100m	0.4773	504.02	191.55	235.42	1.41	52.68	22.96	

工程名称：某排水工程

工程量清单综合单价分析表

序号	项目编码	项目名称及项目特征描述	单位	工程量	综合单价（元）	综合单价					其中：暂估价
						人工费	材料费	机械费	管理费	利润	
11	040501001001	D1200混凝土承插管 1. 垫层、基础材质及厚度：180°混凝土基础厚200 2. 规格：D1200 3. 接口方式：O 型橡胶圈接口 4. 铺设深度：6m 以内 5. 混凝土强度等级：I 级钢筋混凝土 6. 管道检验及试验要求：闭水试验 7. 详见图集06MS201-1-18	m	196.54	517.63	95.62	352.80	22.79	32.33	14.09	
	C5-0023	平接（企口）式钢筋混凝土管道基础（180°）管径（1200mm以内）［碎石 GD40 商品普通混凝土 C15］	100m	1.9054	44522.07	6257.71	35450.95	258.90	1779.03	775.48	
	C5-0110 换	承插式（胶圈接口）混凝土管敷设 人机配合下管（1200mm以内）	100m	1.9054	7258.36	3083.03	63.00	2086.05	1411.16	615.12	
	C5-0259	管道闭水试验 管径（1200mm以内） ［水泥砂浆中砂 M7.5］	100m	1.9654	1562.27	506.11	849.92	5.63	139.71	60.90	
12	040501001002	D1500混凝土企口管 1. 垫层、基础材质及厚度：180°混凝土基础厚200 2. 规格：D1500 3. 接口方式：Q 型橡胶圈接口 4. 铺设深度：6m 以内 5. 混凝土强度等级：I 级钢筋混凝土 6. 管道检验及试验要求：闭水试验 7. 详见图集06MS201-1-18	m	49.77	728.60	109.44	533.26	30.89	38.31	16.70	
	C5-0025	平接（企口）式钢筋混凝土管道基础（180°）管径（1500mm以内）［碎石 GD40 商品普通混凝土 C15］	100m	0.4727	67128.26	8555.48	54756.01	332.63	2426.45	1057.69	
	C5-0068 换	平接（企口）式混凝土管铺设 人机配合下管 管径（1500mm以内）	100m	0.4727	7097.47	2188.48		2910.28	1391.96	606.75	

工程量清单综合单价分析表

工程名称：某排水工程

序号	项目编码	项目名称及项目特征描述	单位	工程量	综合单价（元）	综合单价					
						人工费	材料费	机械费	管理费	利润	其中：暂估价
	C5-0261	管道闭水试验 管径（1500mm以内）[水泥砂浆中砂 M7.5]	100m	0.4977	2361.92	739.79	1319.95	8.75	204.35	89.08	
13	040504002001	φ1250型混凝土井 1. 垫层：基础材质及厚度：C10混凝土垫层厚100 2. 混凝土强度等级：C25 3. 盖板材质、规格：重型球墨铸铁防盗型井盖 4. 井盖、井圈材质及规格：C30混凝土井圈 5. 踏步材质、规格：塑钢爬梯 6. 防渗、防水要求：内外壁均抹20mm厚砂浆 7. 平均井深：4m以内 8. 详见图集06MS201-3-25	座	7	3766.00	1327.43	1880.37	27.19	369.81	161.20	
	C5-0547	混凝土圆形污水检查井 井径1250mm 适用管径600~800mm 井深3.1m以内[碎石 GD20 普通商品混凝土 C10]	座	7	3766.00	1327.43	1880.37	27.19	369.81	161.20	
14	040504002002	3300×2400四通矩形混凝土井 1. 垫层：基础材质及厚度：C10混凝土垫层厚100。基础厚400 2. 混凝土强度等级：C25 3. 盖板材质、规格：重型球墨铸铁防盗型井盖 4. 井盖、井圈材质及规格：C30混凝土井圈 5. 踏步材质、规格：塑钢爬梯 6. 防渗、防水要求：内外壁均抹20mm厚砂浆 7. 平均井深：8m以内 8. 详见图集06MS201-3-51	座	1	17904.84	4641.80	11244.95	142.61	1306.14	569.34	
	C5-0581	混凝土矩形90°四通雨水检查井 规格3300×2400 管径1500~1650mm 井深4.05m以内[碎石 GD20 普通商品混凝土 C10]	座	1	17904.84	4641.80	11244.95	142.61	1306.14	569.34	
15	040504002003	1500×1100 直线矩形混凝土井	座	4	5556.42	1574.72	3295.72	49.35	443.37	193.26	

工程量清单综合单价分析表

工程名称：某排水工程

序号	项目编码	项目名称及项目特征描述	单位	工程量	综合单价(元)	综合单价					
						人工费	材料费	机械费	管理费	利润	其中：暂估价
		1. 垫层、基础材质及厚度：C10混凝土垫层厚100，基础厚250 2. 混凝土强度等级：C25 3. 盖板材质、规格：重型球墨铸铁防盗型盖 4. 井盖、井圈材质及规格：C30混凝土井圈 5. 踏步材质、规格：塑钢爬梯 6. 防渗、防水要求：内外壁均抹20mm厚砂浆 7. 平均井深：6m以内 8. 详见图集06MS201-3-38									
	C5-0563	混凝土矩形直线污水检查井 规格 1500×1100 管径 1200mm 井深 3.65m 以内 [碎石 GD20 普通商品混凝土 C10]	座	4	5556.42	1574.72	3295.72	49.35	443.37	193.26	
16	040504002004	2700×2050 四通矩形混凝土井（管径1200） 1. 垫层、基础材质及厚度：C10混凝土垫层厚100，基础厚350 2. 混凝土强度等级：C25 3. 盖板材质、规格：重型球墨铸铁防盗型盖 4. 井盖、井圈材质及规格：C30混凝土井圈 5. 踏步材质、规格：塑钢爬梯 6. 防渗、防水要求：内外壁均抹20mm厚砂浆 7. 平均井深：6m以内 8. 详见图集06MS201-3-51	座	1	12858.02	3535.47	7782.56	110.70	995.40	433.89	
	C5-0580	混凝土矩形 90°四通雨水检查井 规格 2700×2050 管径 1200~1350mm 井深 3.85m 以内 [碎石 GD20 普通商品混凝土 C10]	座	1	12858.02	3535.47	7782.56	110.70	995.40	433.89	
17	040504002005	2200×2200 三通矩形混凝土井（管径1200） 1. 垫层、基础材质及厚度：C10混凝土垫层厚100，基础厚300	座	1	10117.50	2812.60	6079.10	88.55	792.01	345.24	

工程量清单综合单价分析表

工程名称：某排水工程

序号	项目编码	项目名称及项目特征描述	单位	工程量	综合单价（元）	综合单价					其中：暂估价
						人工费	材料费	机械费	管理费	利润	
18	04050402006	2. 混凝土强度等级：C25 3. 盖板材质、规格：重型球墨铸铁防盗型井盖 4. 井盖、井圈材质及规格：C30 混凝土井圈 5. 踏步材质、规格：塑钢爬梯 6. 防渗、防水要求：内外壁均抹 20mm 厚砂浆 7. 平均井深：6m 以内 8. 详见图集 06MS201-3-45									
	C5-0571	混凝土矩形 90°三通污水检查井 规格 2200×220 管径 1100~1350mm 井深 3.8m 以内 [碎石 GD20 普通商品混凝土 C10]	座	1	10117.50	2812.60	6079.10	88.55	792.01	345.24	
		1800×1100 直线矩形混凝土井（管径 1500） 1. 垫层、基础材质及规格：C10 混凝土垫层厚 100。基础厚 250 2. 混凝土强度等级：C25 3. 盖板材质、规格：重型球墨铸铁防盗型井盖 4. 井盖、井圈材质及规格：C30 混凝土井圈 5. 踏步材质、规格：塑钢爬梯 6. 防渗、防水要求：内外壁均抹 20mm 厚砂浆 7. 平均井深：6m 以内 8. 详见图集 06MS201-3-38	座	2	3353.07	952.07	1985.79	30.17	268.15	116.89	
19	04050402007	混凝土矩形直线污水检查井 规格 1800×1100 管径 1500mm 井深 3.95m 以内 [碎石 GD20 普通商品混凝土 C10]									
	C5-0565		座	1	6706.10	1904.13	3971.57	60.33	536.30	233.77	
		跌水井 1. 垫层、基础材质及厚度：C10 混凝土垫层厚 100。基础厚 400 2. 混凝土强度等级：C25 3. 盖板材质、规格：重型球墨铸铁防盗型井盖	座	1	21708.40	5114.95	14374.97	153.32	1438.24	626.92	

工程名称：某排水工程

工程清单综合单价分析表

序号	项目编码	项目名称及项目特征描述	单位	工程量	综合单价(元)	人工费	材料费	机械费	管理费	利润	其中:暂估价
		4. 井盖、井圈材质及规格：C30混凝土井圈 5. 踏步材质、规格：塑钢爬梯 6. 防潮，防水要求：内外壁均抹20mm厚砂浆 7. 平均井深：8m以内 8. 详见图集06MS201-3-111									
	C5-0653	混凝土阶梯式跌水井 D=700～1650 跌差高度（m以内）4.95 [内] 2.0 管径（mm）1500～1650 井深（m以内）[碎石 GD20 普通商品混凝土 C10]	座	1	21708.40	5114.95	14374.97	153.32	1438.24	626.92	
		φ1000型预留井 1. 混凝土强度等级：C25 2. 垫层、基础材质及厚度：C10混凝土垫层厚100，基础厚220 3. 盖板材质、规格：重型球墨铸铁防盗型井盖 4. 井盖、井圈材质及规格：C30混凝土井圈 5. 踏步材质、规格：塑钢爬梯 6. 防潮，防水要求：内外壁均抹20mm厚砂浆 7. 平均井深：6m以内 8. 详见图集06MS201-3-12									
20	040504002008	混凝土圆形污水检查井 井径1000mm 适用管径200～600mm 井深2.75m以内 [碎石 GD20 普通商品混凝土 C10]	座	12	3154.34	1096.06	1598.10	21.93	305.21	133.04	
	C5-0546	φ1000型预留井	座	12	3154.34	1096.06	1598.10	21.93	305.21	133.04	
21	040504009001	雨水口 1. 雨水箅子及圈口材质，型号、规格：球墨铸铁井圈 2. 垫层，基础材质及厚度：C15混凝土基础厚100 3. 混凝土强度等级：C30过浆 4. 砌筑材料品种，规格：M10水泥砂浆砌 MU10砖 5. 砂浆品种，强度等级及配合比：1：2水泥砂浆	座	30	1008.64	296.13	589.48	4.99	82.21	35.83	

工程量清单综合单价分析表

工程名称：某排水工程

序号	项目编码	项目名称及项目特征描述	单位	工程量	综合单价（元）	人工费	材料费	机械费	管理费	利润	其中：暂估价
								综合单价			
		6. 详见图集 06MS201-8-10									
	C5-0527	砖砌雨水口 双平箅（1450×380）井 深 1.0m [碎石 GD20 普通商品混凝土 C30]	座	30	1008.64	296.13	589.48	4.99	82.21	35.83	
		单价措施项目									
	041106	大型机械设备进出场及安拆									
22	041106001001	履带式挖掘机进出场及安拆 机械设备名称：履带式挖掘机 机械设备规格型号：1.25m³	台·次	1	1089.00	62.70	146.89	614.10	184.77	80.54	
	C1-0442	大型机械场外运输费 履带式挖掘机 1 以外	台·次	1	1089.00	62.70	146.89	614.10	184.77	80.54	
23	041106001002	履带式推土机进出场及安拆 机械设备名称：履带式推土机 机械设备规格型号：75kW	台·次	1	928.91	62.70	143.54	501.50	154.03	67.14	
	C1-0448	大型机械场外运输费 履带式推土机 90kW 以内	台·次	1	928.91	62.70	143.54	501.50	154.03	67.14	

附 图

附图 1 某道路工程部分施工图

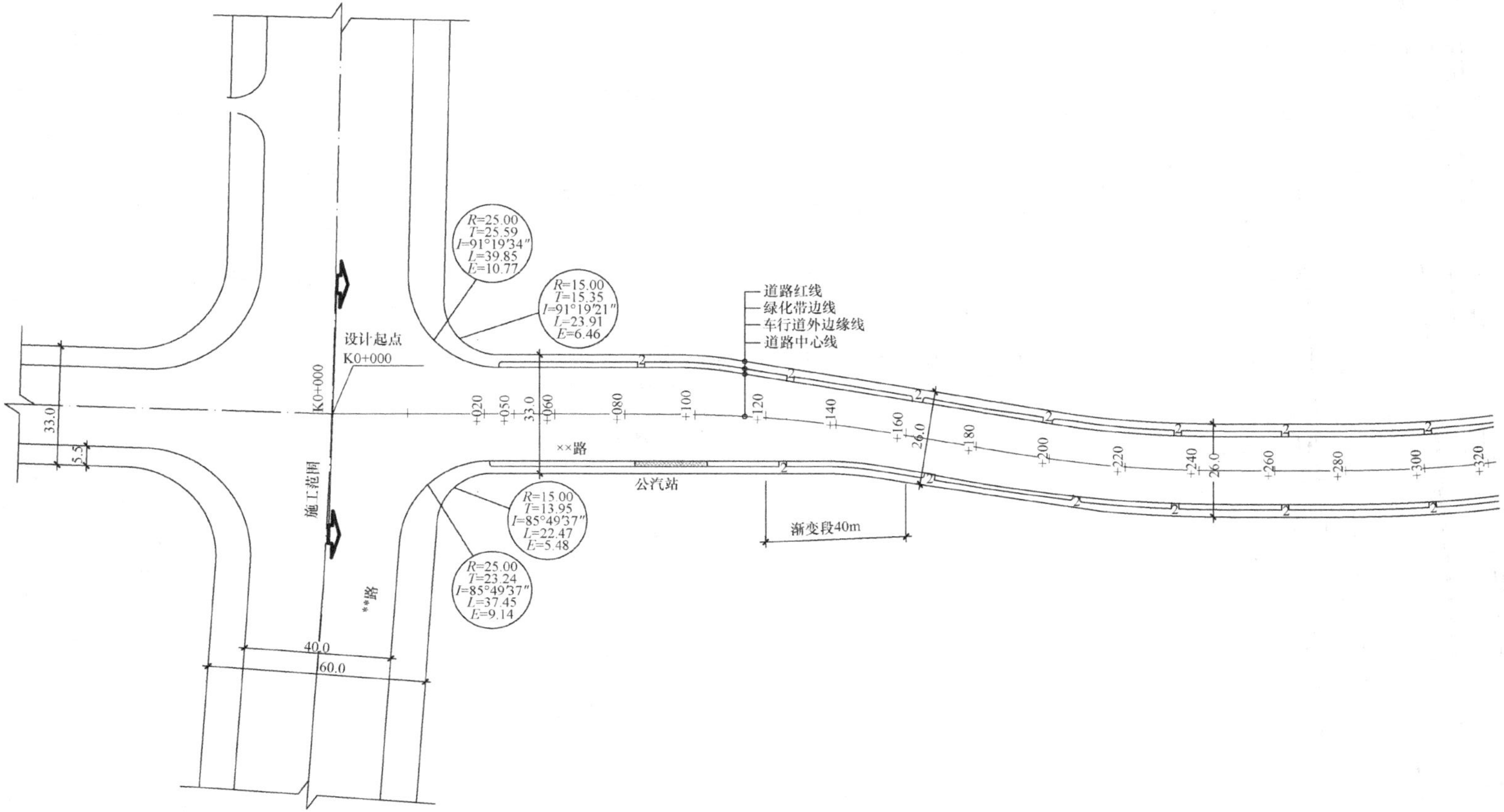

附图 1-1 道路平面设计图（一）

217

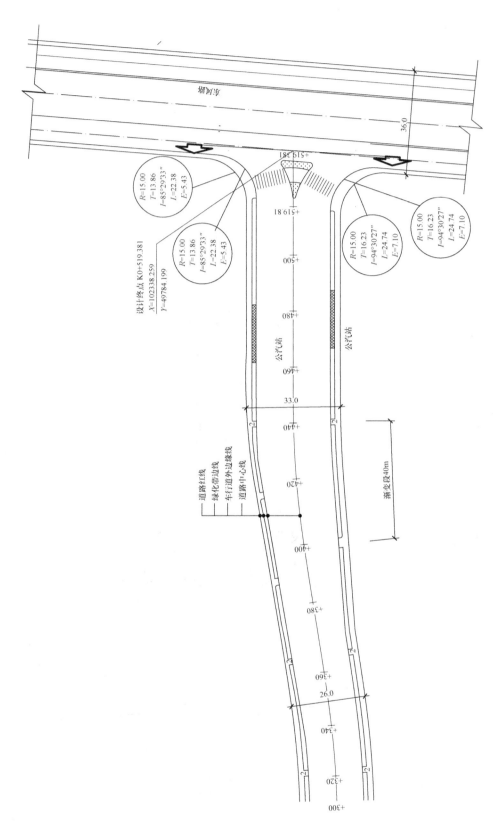

道路红线
绿化带边线
车行道外边缘线
道路中心线

设计终点 K0+519.381
X=102338.259
Y=49784.199

R=15.00
T=13.86
I=85°29′33″
L=22.38
E=5.43

R=15.00
T=13.86
I=85°29′33″
L=22.38
E=5.43

R=15.00
T=16.23
I=94°30′27″
L=24.74
E=7.10

R=15.00
T=16.23
I=94°30′27″
L=24.74
E=7.10

沿河路

公汽站

公汽站

渐变段40m

36.0

33.0

26.0

附图 1-2 道路平面设计图（二）

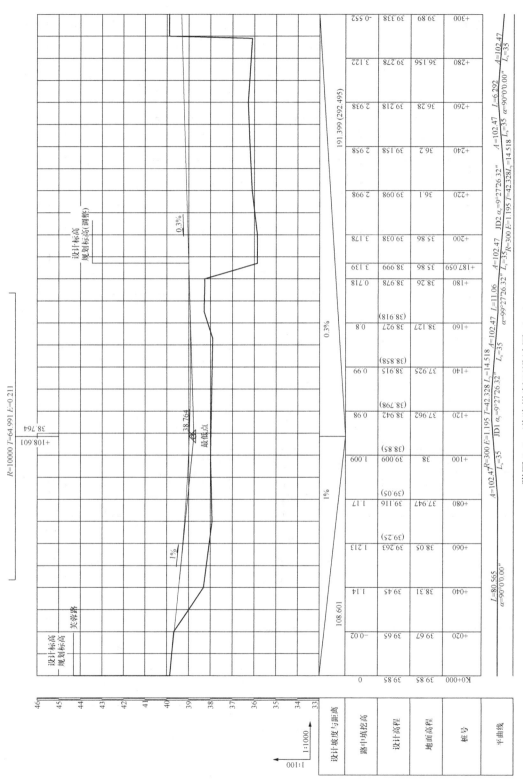

附图 1-3　道路纵断面设计图（一）

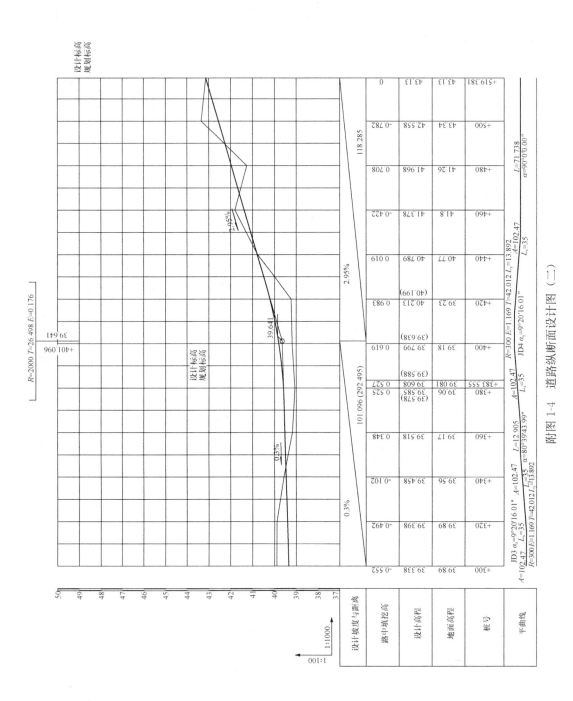

附图 1-4　道路纵断面设计图（二）

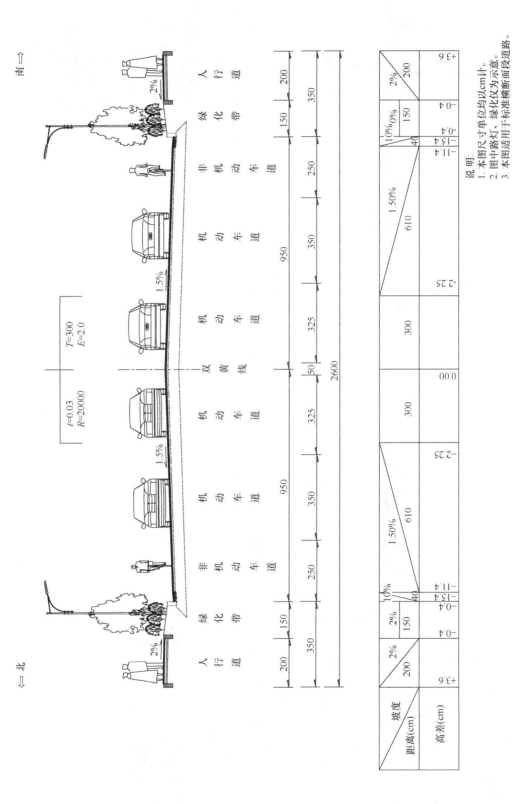

附图 1-5　道路标准横断面图（一）

说明：
1. 本图尺寸单位均以cm计。
2. 图中路灯、绿化仅为示意。
3. 本图适用于标准横断面段道路。

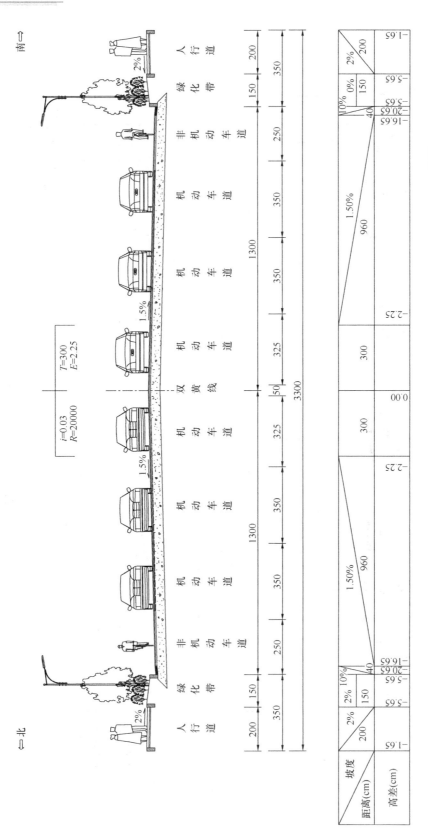

附图 1-6　道路标准横断面图（二）

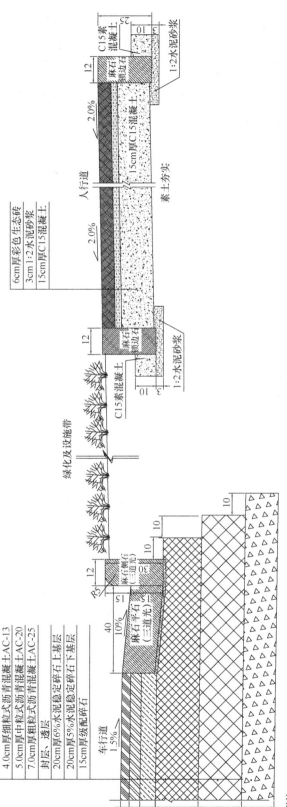

附图 1-7　路面结构设计图

附注：

1. 本图尺寸均以cm计。

2. 沥青面层采用路面用沥青（A-70），各沥青面层之间必须洒涂粘结层油（粘层沥青用量0.4L/m²）。

3. 半刚性基层用路面用沥青混凝土层和下封层，透层设置透层沥青混凝土层间应设置透层沥青，先洒布下封层，沥青用量0.9L/m²；0.5~1cm，石料5~8m³/km²，封层用同步碎石封层车施工，沥青应采用符合行业技术标准的有关规定。乳化型孔化沥青(PC-2)，透层沥青应选用洒布型乳化沥青，透层沥青施工应符合行业技术标准的有关规定。

4. 封层要求采用同步碎石封层车施工，沥青用量0.9L/m²；0.5~1cm，石料5~8m³/km²，封层要求按规范使用在填方路段槽底面以下0~80cm，挖方路段槽底面以下0~30cm大于95%，填方路槽底面80cm以下达到93%，

5. 路基范围内须清除不符合路基施工要求的土，重型压实度应按规范要求进行施工及验收。

6. 土基基层要求E≥40MPa(按P=0.7MPa，δ=10.65cm换算弯沉值为2.23mm)，当E<40MPa时，应采取相应的地基加固处理措施；基层顶面设计容许弯沉值为35.8(0.01mm)，路表为25.8(0.01mm)。

7. 水稳上基层重型压实度不应小于98%，7d无侧限抗压强度3MPa；水稳下基层重型压实度不应小于96%，7d无侧限抗压强度2MPa。

8. 水稳基层需按强度要求进行试验室确定水泥含量，上基层水泥含量范围5%~6%，下基层4%~5%；上下基层，基层底基层间必须洒洒水泥浆联结，水泥用量为1.5kg/m²。

9. 石料要求强度达到30MPa，条石长度在90~110cm长度规格范围内选用，同一路段相邻石料长度容许差为±2cm，曲线段应采用与平面线形同半径圆弧形石料。

10. 人行道基层混凝土路面施工应每隔15~20m留横缝1cm宽，用泡沫板填充。

11. 沥青混凝土上路面施工应严格按照《公路沥青路面施工技术规范》JTG F40—2004的要求进行。

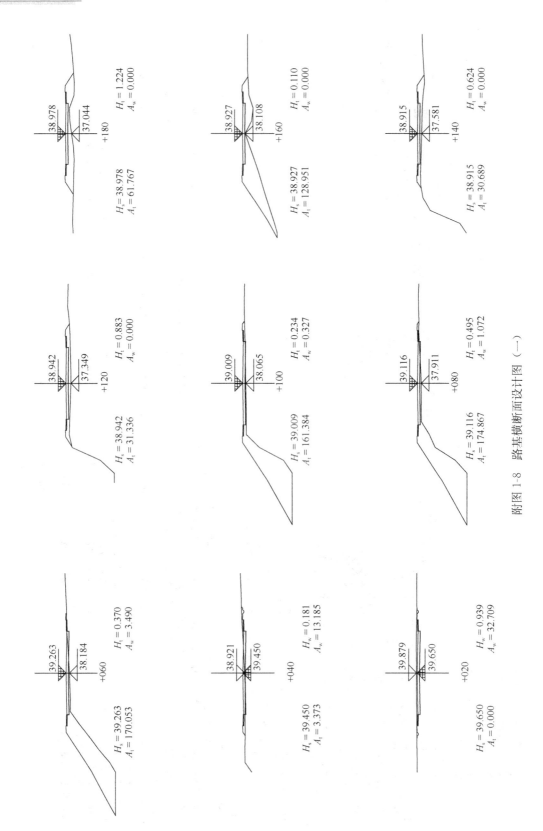

附图 1-8　路基横断面设计图（一）

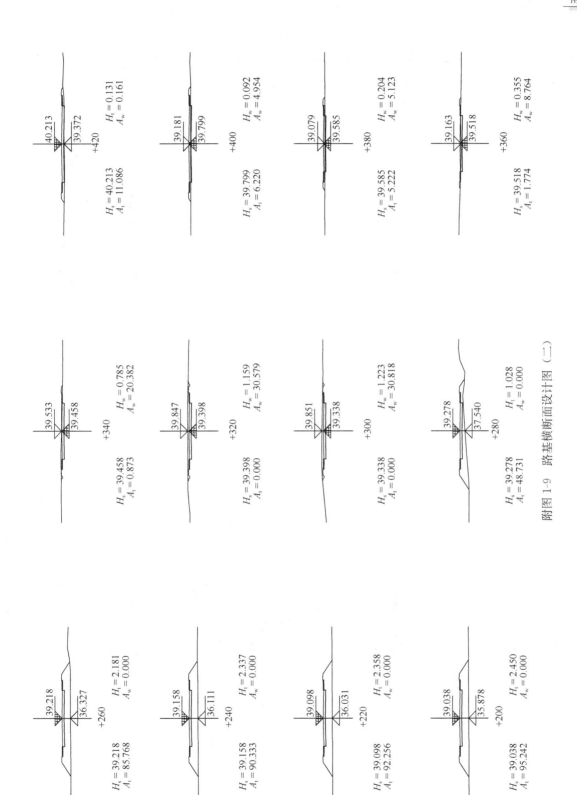

附图 1-9　路基横断面设计图（二）

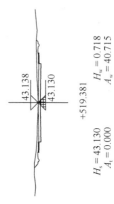

$H_s = 43.130$
$A_t = 0.000$

+519.381

$H_w = 0.718$
$A_w = 40.715$

43.138

43.130

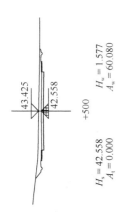

43.425

42.558

+500

$H_w = 1.577$
$A_w = 60.080$

$H_s = 42.558$
$A_t = 0.000$

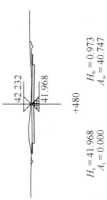

42.232

41.968

+480

$H_w = 0.973$
$A_w = 40.747$

$H_s = 41.968$
$A_t = 0.000$

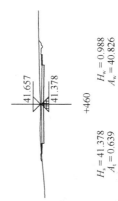

41.657

41.378

+460

$H_w = 0.988$
$A_w = 40.826$

$H_s = 41.378$
$A_t = 0.639$

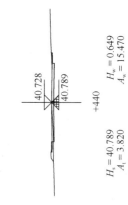

40.728

40.789

+440

$H_w = 0.649$
$A_w = 15.470$

$H_s = 40.789$
$A_t = 3.820$

附图 1-10　路基横断面设计图（三）

土方总量计算表

桩号	填方面积(m²)	挖方面积(m²)	填方量(m³)	挖方量(m³)
+020	0	32.709	33.729	458.942
+040	3.373	13.185	1734.257	166.751
+060	170.053	3.49	3449.197	45.617
+080	174.867	1.072	3362.509	13.982
+100	161.384	0.327	1927.202	3.266
+120	31.336	0	620.253	0
+140	30.689	0	1596.403	0
+160	128.951	0	1907.185	0
+180	61.767	0	1570.092	0
+200	95.242	0	1874.983	0
+220	92.256	0	1825.892	0
+240	90.333	0	1761.004	0
+260	85.768	0	1344.984	0
+280	48.731	0	487.307	308.185
+300	0	30.818	0	613.971
+320	0	30.579	8.728	509.604
+340	0.873	20.382	26.468	291.454
+360	1.774	8.764	69.956	138.869
+380	5.222	5.123	114.414	100.769
+400	6.22	4.954	173.062	51.145
+420	11.086	0.161	149.061	156.315
+440	3.82	15.47	44.583	562.968
+460	0.639	40.826		

桩号	填方面积(m²)	挖方面积(m²)	填方量(m³)	挖方量(m³)
+460	0.639	40.826	6.386	815.732
+480	0	40.747	0	1008.272
+500	0	60.08	0	976.758
+519.381	0	40.715		
合　计			24087.656	6222.599

附图 1-11　土方总量计算表

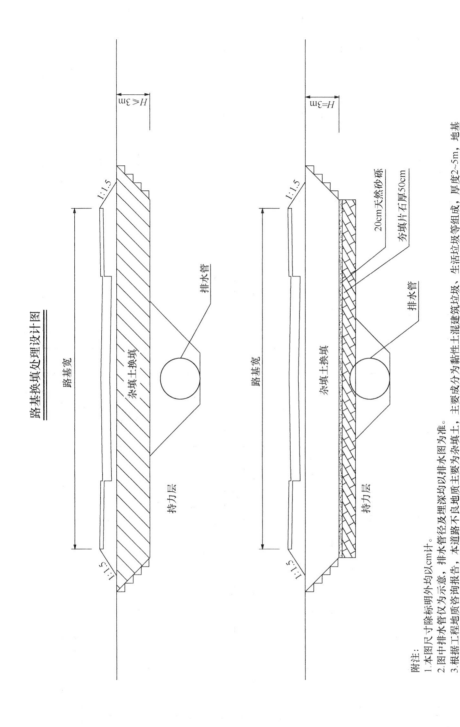

附图 1-12　软土路基处理设计图

附注：

1. 本图尺寸除标明外均以 cm 计。

2. 图中排水管径及埋深均以排水图为准。

3. 根据工程地质咨询报告，本道路主要地质为杂填土，主要成分为黏性土混建筑垃圾、生活垃圾等组成，厚度 2~5m，地基承载力特征值 50~70kPa，不能满足道路路基要求。设计根据填厚度采用不同的处理方式。当杂填土厚度小于 3m 时，全部换填好土压实。当厚度大于 3m 时，换填好土 3m，再回填 50cm 厚片石，下面夯填 3m，下面夯填 50cm 厚片石，再回填 20cm 天然砂砾。

4. 要求排水沟槽开挖与路基换填结合施工。减少沟槽开挖及回填工程量。沟槽回填高度及回填材料按照排排水专业设计要求执行。

附 图

路基软基工程数量表

序号	起讫桩号	长度(m)	清除面积(m²)	主要工程数量(m³)	平均厚度(m)	回填土方(m³)	备注
1	K0+020~K0+120	100	3300	7920	2.4	7920	清除填方路基范围内杂填土
2	K0+120~K0+180	60	1620	4536	2.8	4536	清除填方路基范围内杂填土
3	K0+180~K0+290	110	2960	8880	3.0	8880	清除填方路基范围内杂填土，抛填片石厚0.5m，共1480m³；回填砂砾592m³
4	K0+290~K0+450	160	4160	10400	2.5	10400	清除填方路基范围内杂填土
5	K0+450~K0+490	40	1040	3120	3.0	3120	清除填方路基范围内杂填土，抛填片石厚0.5m，共520m³；回填砂砾208m³
6	K0+490~K0+519.351	29.351	968	1550	1.6	1550	清除填方路基范围内杂填土
合计				36406		36406	抛填片石2000m³，回填砂砾800m³

附图 1-13 路基软基工程数量表

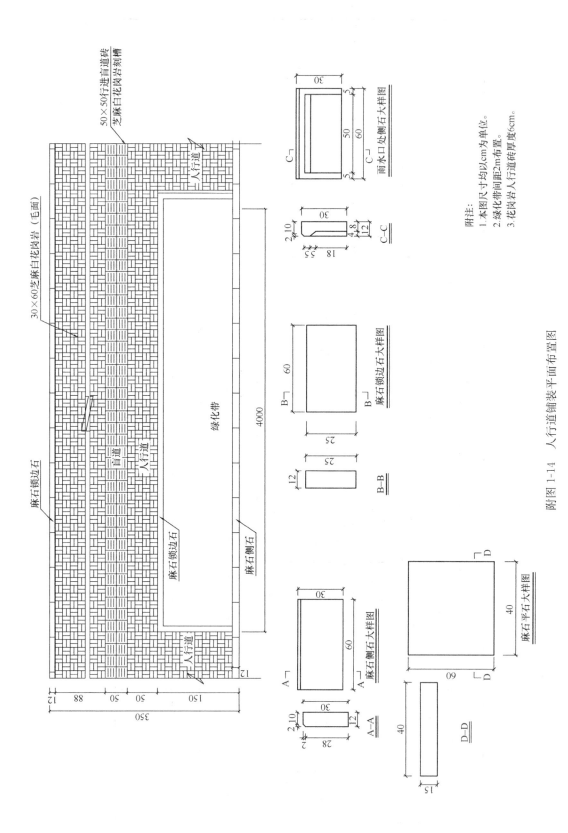

附图 1-14　人行道铺装平面布置图

附 图

附 图 2　某桥梁工程部分施工图

主要工程数量表

材料名称	单位	上部结构				下部结构										桥面铺装		合计
						桥墩				桥台								
		预制板梁	人行道及护栏	支座	铰缝及锚栓	盖梁	墩柱	挡块	基础	河床铺砌	盖梁	耳背墙	挡块	肋板	基础	沥青混凝土	C40防水混凝土	
混凝土　沥青混凝土	m³															192		192
C40	m³	43.5			290.7		314.31										240	888.51
C30	m³	1028.17				205.632		1.4			87.5	19.836	0.36	399.04				1740.938
C25	m³		115.064						717.12						693.8			1525.984
C15	m³									2321								2321
HRB335钢筋　Φ32	kg				1893													1893
Φ25		147090				21186.72	33381.81				7591.48			5497.08				214747.1
Φ22																		
Φ20								672.48	49594.72				422.68	3792.72	43389.6			97872.2
Φ16		7545	390.72			1215.84					652.16	784.56		9542.20				10326.76
Φ12		52275							4084.8			820.28			2878.52			62317.32
小计		206910	390.72		1893	22402.56	33381.81	672.48	53675.52		8243.64	1654.84	422.68	18828.8	46268.12			394744.2
HRB300钢筋　φ10	kg	88590			33261	8263.52									2943.0			137484.2
φ8		15090	5250.3		346.2		2649.21	64			3827.92	598.72	27	2755.44				26182.15
φ6			3575.93															3575.93
小计		103680	8826.3		33607.2	8263.52	2649.21	64			3827.92	598.72	27	2755.44	2943.0			167242.2
支座　圆板式橡胶支座	个			600														600

附图 2-1　主要工程数量表

231

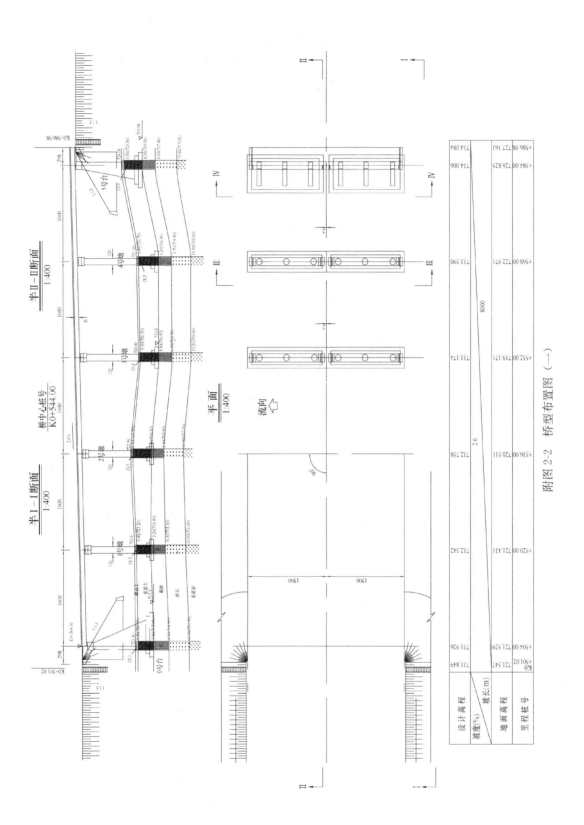

附图 2-2　桥型布置图（一）

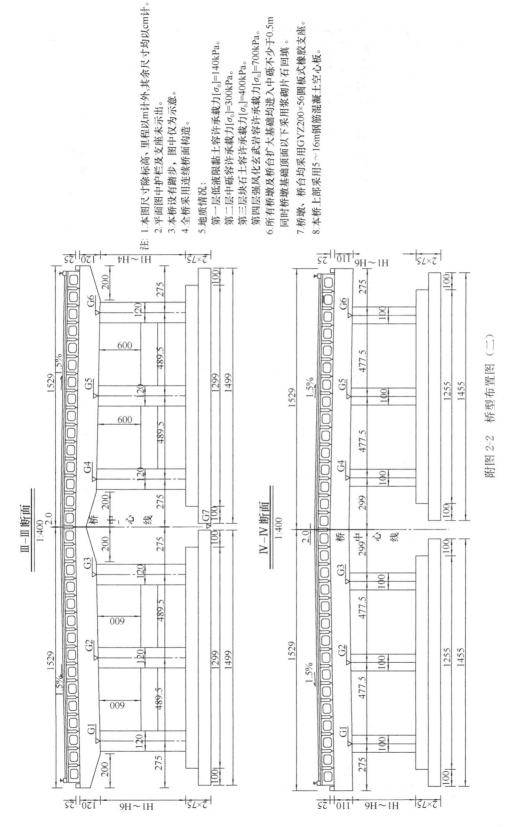

注：1.本图尺寸除标高、里程以m计外，其余尺寸均以cm计。
2.平面图中护栏步及支座未示出。
3.本桥设有踏步，图中仅为示意。
4.全桥采用连续桥面构造。
5.地质情况：
　　第一层低液限黏土容许承载力[σ₀]=140kPa。
　　第二层中砾容许承载力[σ₀]=300kPa。
　　第三层块石土容许承载力[σ₀]=400kPa。
　　第四层强风化玄武岩容许承载力[σ₀]=700kPa。
6.所有桥墩及桥台扩大基础均进入中砾不少于0.5m，同时桥墩基础顶面以下采用浆砌片石回填。
7.桥墩、桥台均采用GYZ200×56圆板式橡胶支座。
8.本桥上部采用5～16m钢筋混凝土空心板。

Ⅲ—Ⅲ断面
1:400

Ⅳ—Ⅳ断面
1:400

附图2-2　桥型布置图（二）

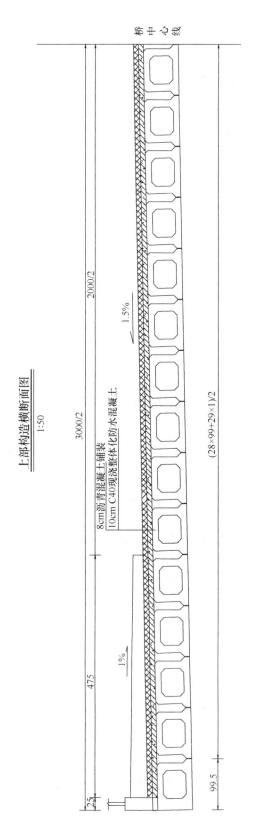

上部构造横断面图
1:50

注：
1. 本图尺寸均以cm计。
2. 图中护栏仅为示意。
3. 预制空心板铰缝凿毛成凹凸不小于6mm的粗糙面，以利于新旧混凝土良好结合。

工程数量表（单幅）

项 目		数 量 (m³)
预制C30混凝土	中板	6.758
	边板	8.205
	一孔桥	205.634
铰缝C40混凝土	每道缝	2.002
	一孔桥	58.058
封头C40混凝土	一块板	0.290
	一孔桥	8.7
现浇整体化C40防水混凝土		48.0
沥青混凝土铺装		38.4

附图2-3　空心板梁上部构造横断面图

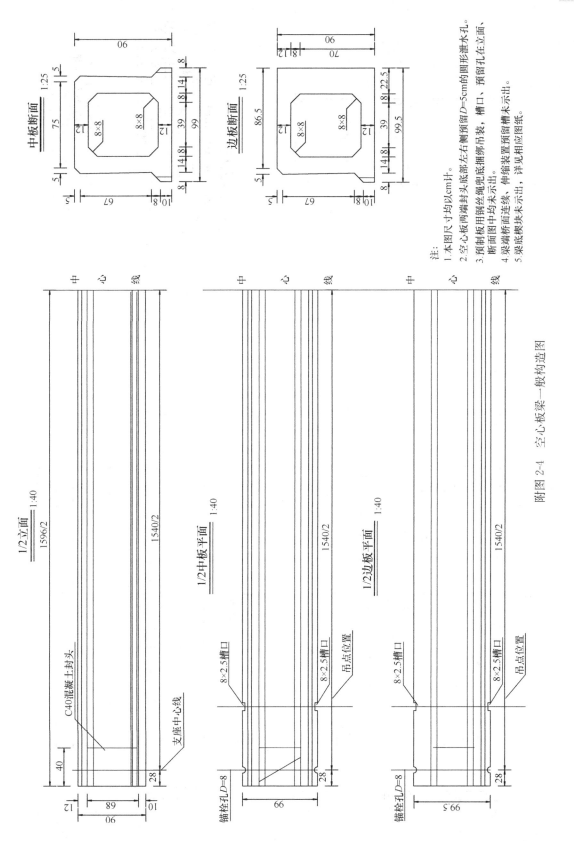

附图 2-4 空心板梁一般构造图

235

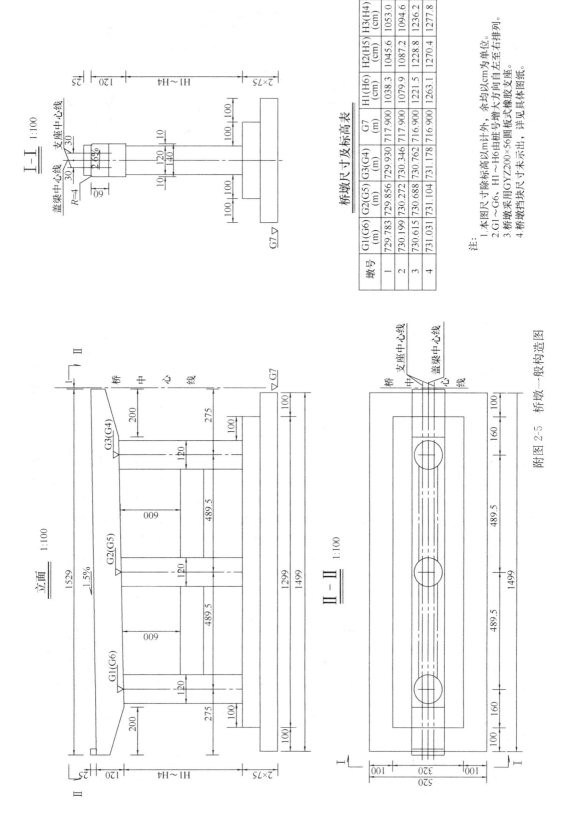

桥墩尺寸及标高表

墩号	G1(G6) (m)	G2(G5) (m)	G3(G4) (m)	G7 (m)	H1(H6) (cm)	H2(H5) (cm)	H3(H4) (cm)
1	729.783	729.856	729.930	717.900	1038.3	1045.6	1053.0
2	730.199	730.272	730.346	717.900	1079.9	1087.2	1094.6
3	730.615	730.688	730.762	716.900	1221.5	1228.8	1236.2
4	731.031	731.104	731.178	716.900	1263.1	1270.4	1277.8

注：
1. 本图尺寸除标高以m计外，余均以cm为单位。
2. G1～G6、H1～H6由桩号增大方向自左至右排列。
3. 桥墩采用GYZ200×56圆板式橡胶支座。
4. 桥墩挡块尺寸未示出，详见具体图纸。

附图 2-5 桥墩一般构造图

236

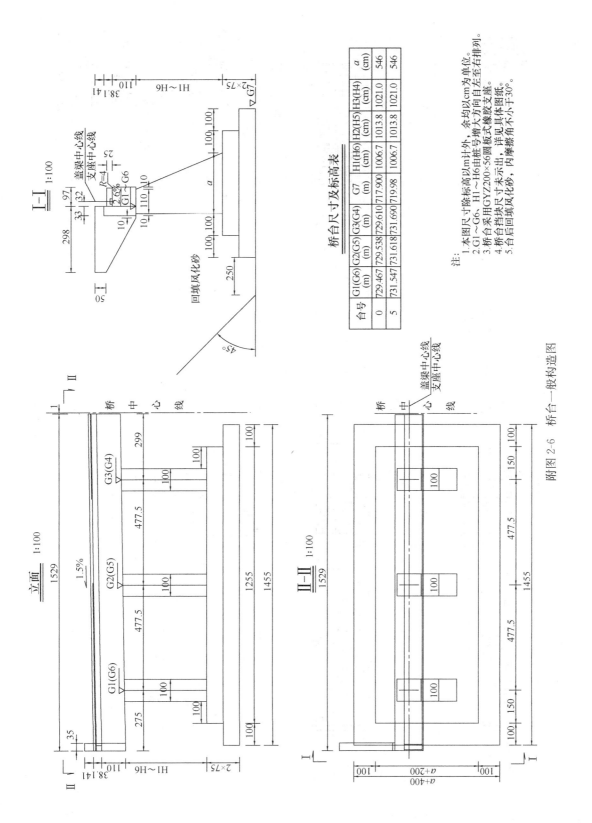

桥台尺寸及标高表

台号	G1(G6)(m)	G2(G5)(m)	G3(G4)(m)	G7(m)	H1(H6)(cm)	H2(H5)(cm)	H3(H4)(cm)	a(cm)
0	729.467	729.538	729.610	717.900	1006.7	1013.8	1021.0	546
5	731.547	731.618	731.690	719.98	1006.7	1013.8	1021.0	546

注:
1. 本图尺寸标高除标高以m计外,余均以cm为单位。
2. G1～G6,H1～H6由桩号增大方向自左至右排列。
3. 桥台采用GYZ200×56圆板式橡胶支座。
4. 桥台挡块尺寸未示出,详见具体图纸。
5. 台后回填风化砂,内摩擦角不小于30°。

附图2-6 桥台一般构造图

237

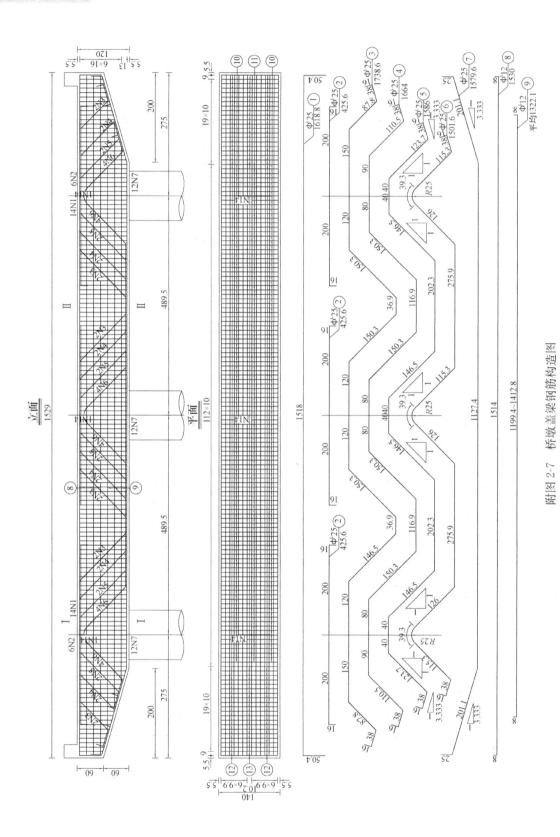

附图 2-7　桥墩盖梁钢筋构造图

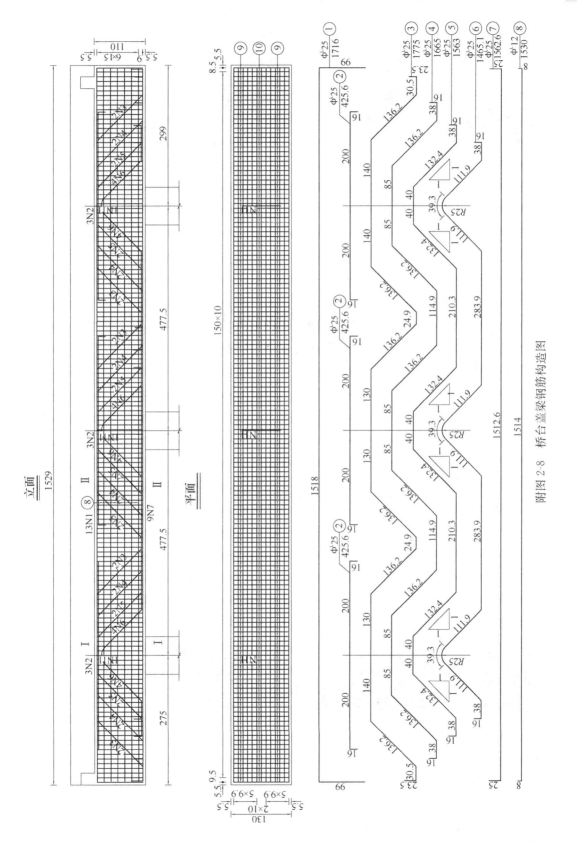

附图 2-8　桥台盖梁钢筋构造图

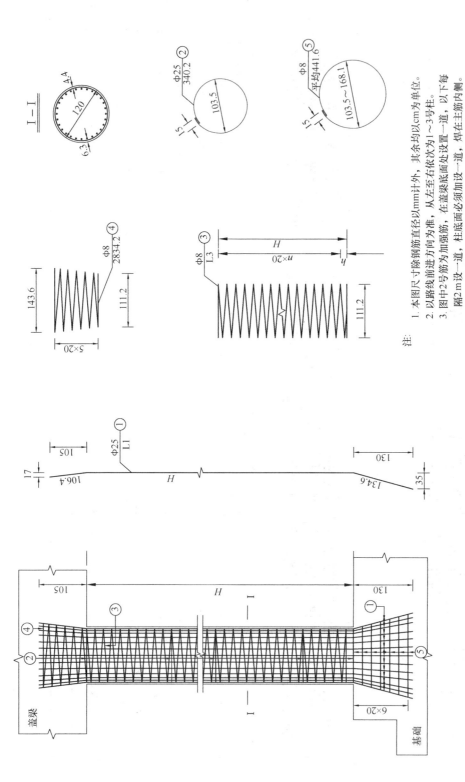

注:

1. 本图尺寸除钢筋直径以mm计外，其余均以cm为单位。
2. 以路线前进方向为准，从左至右依次为1～3号柱。
3. 图中2号筋为加强筋，在盖梁底面处设置一道，以下每隔2m设一道，柱底部、柱顶面必须加设一道，焊在主筋内侧。
4. 3号筋在上、下端部，4号筋在顶部环绕一周后闭合。
5. 2号筋、5号筋均采用双面搭焊。
6. Ⅰ—Ⅰ断面钢筋根数仅为示意。

附图 2-9　桥墩柱钢筋构造图

尺寸表

台号	肋板号	b_1(cm)	b_2(cm)	i	l'(cm)	n_1	n_2	n_3	c(cm)	d(cm)
0号台	1号肋板	110	546	2.309	1006.7	58	9	21	16.0	8
	2号肋板	110	546	2.325	1013.8	59	9	21	16.0	8
	3号肋板	110	546	2.342	1021.0	59	9	21	16.0	8
5号台	1号肋板	110	546	2.309	1006.7	58	9	21	16.0	8
	2号肋板	110	546	2.325	1013.9	59	9	21	16.0	8
	3号肋板	110	546	2.342	1021.0	59	9	21	16.0	8

肋板材料数量表

编号	规格(mm)	1号肋板 每根长(cm)	根数	2号肋板 每根长(cm)	根数	3号肋板 每根长(cm)	根数	共重(kg)	C30混凝土(m³)
0号台									
1	Φ20	1273.0	10	1279.6	10	1286.2	10	948.20	99.76
2	Φ25	1182.7	20	1189.8375	20	1197	20	2385.55	
3	Φ16	1185.7	20	1192.8375	20	1200	20	1829.59	
4	Φ16	平均626.7	42	平均630.3	42	平均633.8	42		
5	Φ10	平均342.3	98	平均345.0	100	平均343.5	100	735.73	
6	Φ10	561.7	10	561.7	10	561.7	100		
7	Φ8	407.4	55	407.4	55	407.4	56	688.86	
8	Φ8	112.4	297	112.4	299	112.4	301		
9	Φ8	461.4	4	461.4	4	461.4	4		
5号台									
1	Φ20	1273.0	10	1279.6	10	1286.2	10	948.20	99.76
2	Φ25	1182.675	20	1189.8375	20	1197	20	2385.55	
3	Φ16	1185.675	20	1192.8375	20	1200	20	1829.59	
4	Φ16	平均626.7	42	平均630.3	42	平均633.8	42		
5	Φ10	平均342.3	98	平均345.0	100	平均343.5	42	735.73	
6	Φ10	561.7	10	561.7	10	561.7	10		
7	Φ8	407.4	55	407.4	56	407.4	56	688.86	
8	Φ8	112.4	297	112.4	299	112.4	301		
9	Φ8	461.4	4	461.4	4	461.4	4		

全桥桥台肋板材料数量表

钢筋(kg)					C30混凝土
Φ25mm	Φ20mm	Φ16mm	Φ10mm	Φ8mm	(m³)
5497.08	3792.72	9542.20	2943.00	2755.44	399.04

注：
1. 本图尺寸除钢筋直径以mm计外，余均以cm为单位。
2. 每根5号钢筋与1号钢筋搭接处设置一根8号架立钢筋，8号钢筋在钢筋网中沿4号钢筋纵、横向间距40cm交错布置。
3. 以路线前进方向为准，从左至右依次为1～6号肋板。

附图 2-10　桥台肋板钢筋构造图

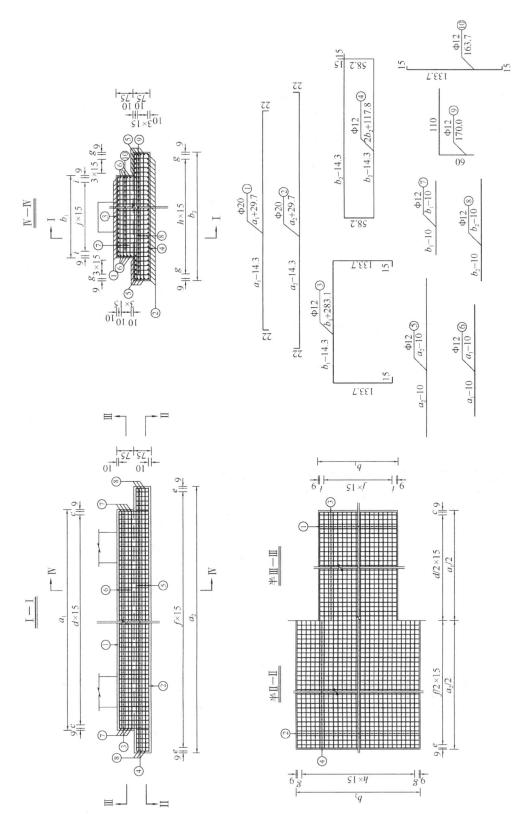

附图 2-11　扩大基础钢筋构造图（一）

尺寸表

编号	a_1(cm)	a_2(cm)	b_1(cm)	b_2(cm)	c(cm)	d(cm)	e(cm)	f(cm)	i(cm)	j(cm)	g(cm)	h(cm)
桥台	1255	1455	746	946	11	81	13.5	94	11.5	47	14	60
桥墩	1299	1499	320	520	10.5	84	13	97	8.5	19	11	32

一个墩台扩大基础工程数量表

台号	钢筋编号	规格(mm)	每根长(cm)	根数	共长(m)	单位重(kg/m)	供重(kg)	总重(kg)	C25混凝土(m³)
桥台	1	Φ20	1284.7	50	642.35	2.470	1586.60	10847.40	173.45
	2	Φ20	1484.7	63	935.36	2.470	2310.34		
	3	Φ20	1029.1	84	864.44	2.470	2135.18		
	4	Φ20	2009.8	97	1949.51	2.470	4815.28		
	5	Φ12	1445.0	16	231.20	0.888	205.31	719.63	
	6	Φ12	1245.0	8	99.60	0.888	88.44		
	7	Φ12	736.0	8	58.88	0.888	52.29		
	8	Φ12	936.0	6	56.16	0.888	49.87		
	9	Φ12	170.0	122	207.40	0.888	184.17		
	10	Φ12	163.7	96	157.15	0.888	139.55		

墩号	钢筋编号	规格(mm)	每根长(cm)	根数	共长(m)	单位重(kg/m)	供重(kg)	总重(kg)	C25混凝土(m³)
桥墩	1	Φ20	1328.7	22	292.31	2.470	722.02	6199.34	89.64
	2	Φ20	1528.7	35	535.05	2.470	1321.56		
	3	Φ20	603.1	87	524.70	2.470	1296.00		
	4	Φ20	1157.8	100	1157.80	2.470	2859.77		
	5	Φ12	1489.0	16	238.24	0.888	211.56	510.10	
	6	Φ12	1289.0	8	103.12	0.888	91.57		
	7	Φ12	310.0	8	24.80	0.888	22.02		
	8	Φ12	510.0	6	30.60	0.888	27.17		
	9	Φ12	170.0	66	112.20	0.888	99.63		
	10	Φ12	163.7	40	65.48	0.888	58.15		

全桥工程数量表

钢筋(kg)		C25混凝土(m³)
Φ20	Φ12	1410.92
92984.32	6959.32	

附图 2-12　扩大基础钢筋构造图（二）

注：
1. 本图尺寸除钢筋直径以mm计外，其余均以cm为单位。
2. 基础下设10cmC15混凝土垫层。

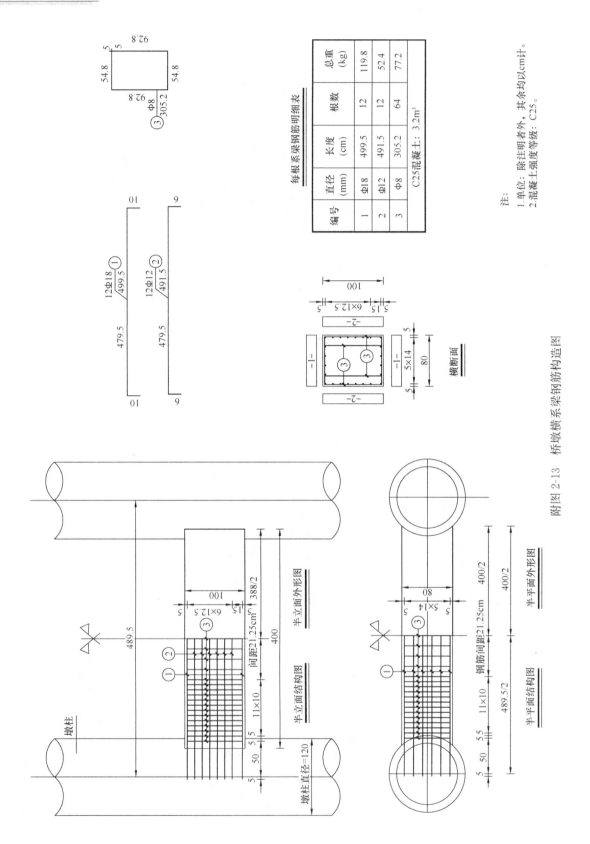

每根系梁钢筋明细表

编号	直径 (mm)	长度 (cm)	根数	总重 (kg)
1	Φ18	499.5	12	119.8
2	Φ12	491.5	12	52.4
3	Φ8	305.2	64	77.2
C25混凝土：3.2m³				

注：
1. 单位：除注明者外，其余均以cm计。
2. 混凝土强度等级：C25。

附图 2-13　桥墩横系梁钢筋构造图

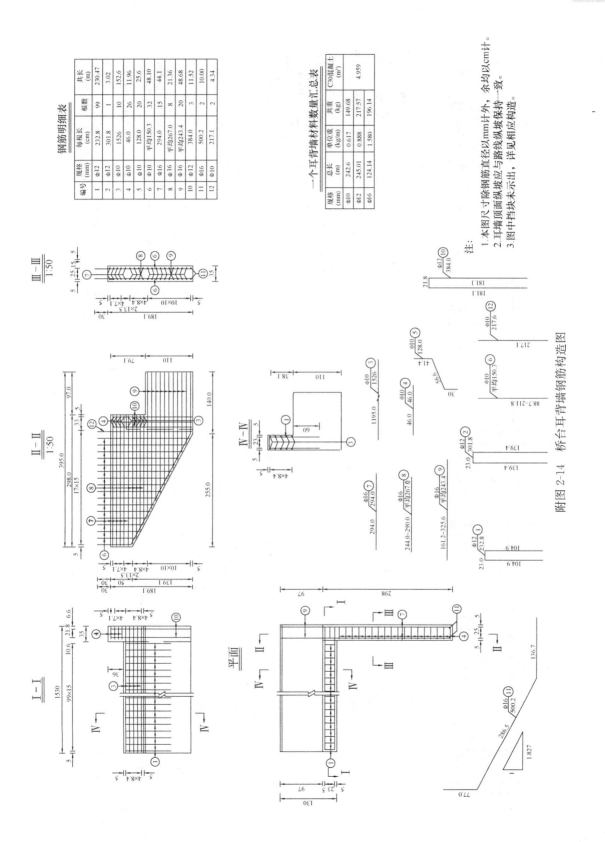

附图 2-14　桥台耳背墙钢筋构造图

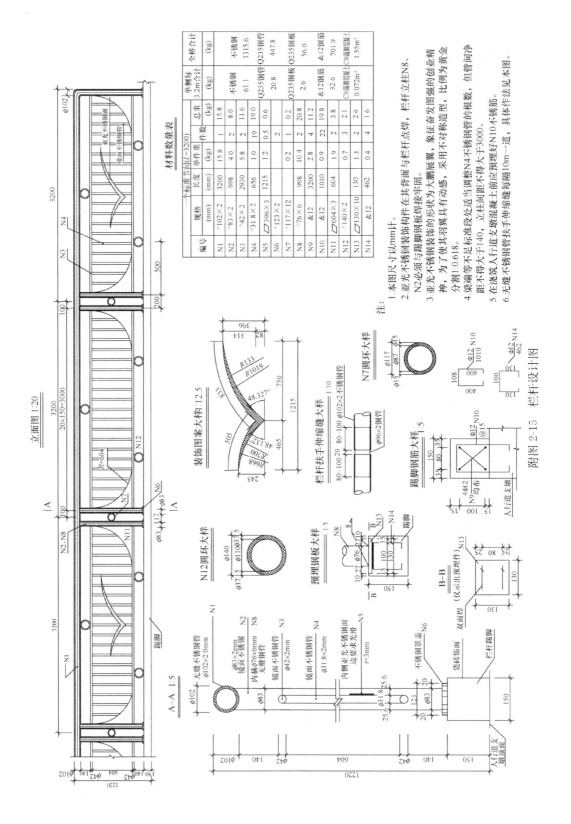

附图 2-15　栏杆设计图

材料数量表

编号	规格 (mm)	长度 (mm)	单件质 (kg)	件数	总重 (kg)	单侧每 3.2m合计 (kg)	全桥合计 (kg)
N1	⌀102×2	3200	15.8	1	15.8	不锈钢 611	不锈钢 1315.6
N2	⌀83×2	998	4.0	2	8.0		
N3	⌀42×2	2930	5.8	2	11.6		
N4	⌀31.8×2	656	1.0	19	19.0	Q235钢管 20.8	Q235钢管 447.8
N5	⌀396×3	1215	1.2	0.5	0.6		
N6	⌀123×2		0.2	2	0.2		
N7	⌀117×12	958	10.4	2	20.8	Q235钢板 2.6	Q235钢板 56.0
N8	⌀76×6	3200	2.8	4	11.2		
N9	&12	1010	0.9	22	19.8	&12钢筋 32.6	&12钢筋 701.9
N10	⌀604×3	604	1.9	2	3.8		
N11	⌀140×2		0.7	3	2.1	C30钢筋混凝土 0.072m³	C30钢筋混凝土 1.55m³
N12		130	1.3	2	2.6		
N13	⌀130×10						
N14	&12	462	0.4	4	1.6		

一个标准节间(L=3200)

注:
1. 本图尺寸以以mm计。
2. 亚光不锈钢装饰构件在其背面与栏杆点焊,N2必须与踢脚钢板焊接牢固。
3. 亚光不锈钢装饰的形状为大鹏展翼,象征奋发图强的业精神,为了使其羽翼具有动感,采用不对称造型,比例为黄金分割1:0.618。
4. 梁端等不足标准段处适当调整N4不锈钢管的根数,但管间净距不得大于140,立柱间距不得大于3000。
5. 在浇筑人行道支墩混凝土前应预埋好与N10不锈筋。
6. 无缝不锈钢管扶手伸缩缝每隔10m一道,具体作法见本图。

立面图 1:20

3200　3200　500　200　100　3200　3200

20×150=3000

A—A 1:5

装饰图案大样1:12.5

栏杆扶手伸缩缝大样 1:10

N7圆环大样

N12圆环大样 1:5

预埋钢板大样 1:5

踢脚钢筋大样 1:5

人行道支墩

B—B

无缝不锈钢管 ⌀102×2mm　N1
⌀83×2mm 镜面不锈钢　N2
内抽面76×6mm无缝钢管　N8
镜面不锈钢管 ⌀42×2mm　N3
镜面不锈钢管 ⌀31.8×2mm　N4
内侧亚光不锈钢面 边缝求光滑 t=3mm　N5
不锈钢凹盒　N6
瓷砖饰面
栏杆踢脚

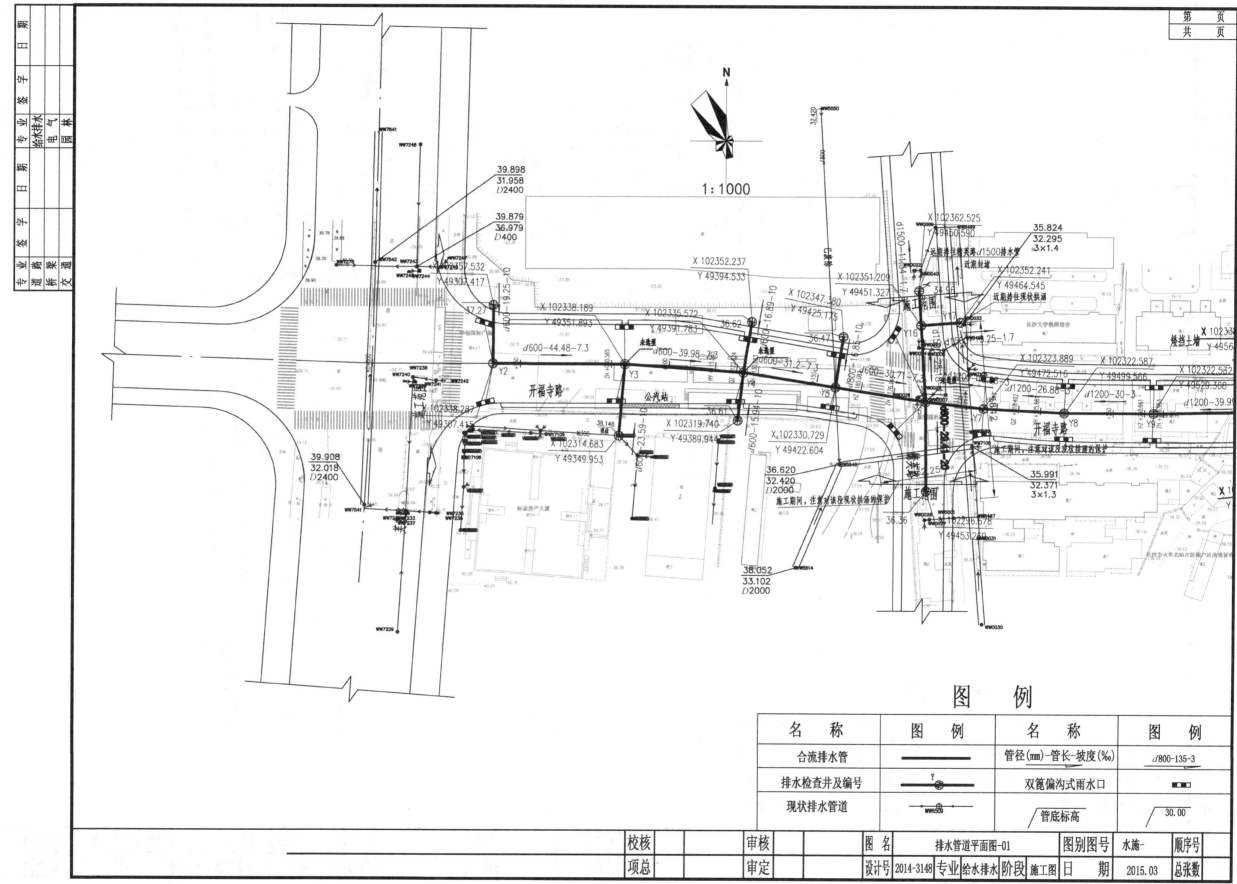

名　称	图　例	名　称	图　例
合流排水管		管径(mm)-管长-坡度(‰)	d800-135-3
排水检查井及编号	Y	双箅偏沟式雨水口	
现状排水管道	WW550	管底标高	30.00

校核		审核		图名	排水管道平面图-01	图别图号	水施-	顺序号	
项总		审定		设计号 2014-3148	专业 给水排水	阶段 施工图	日期	2015.03	总张数

附图 3-1

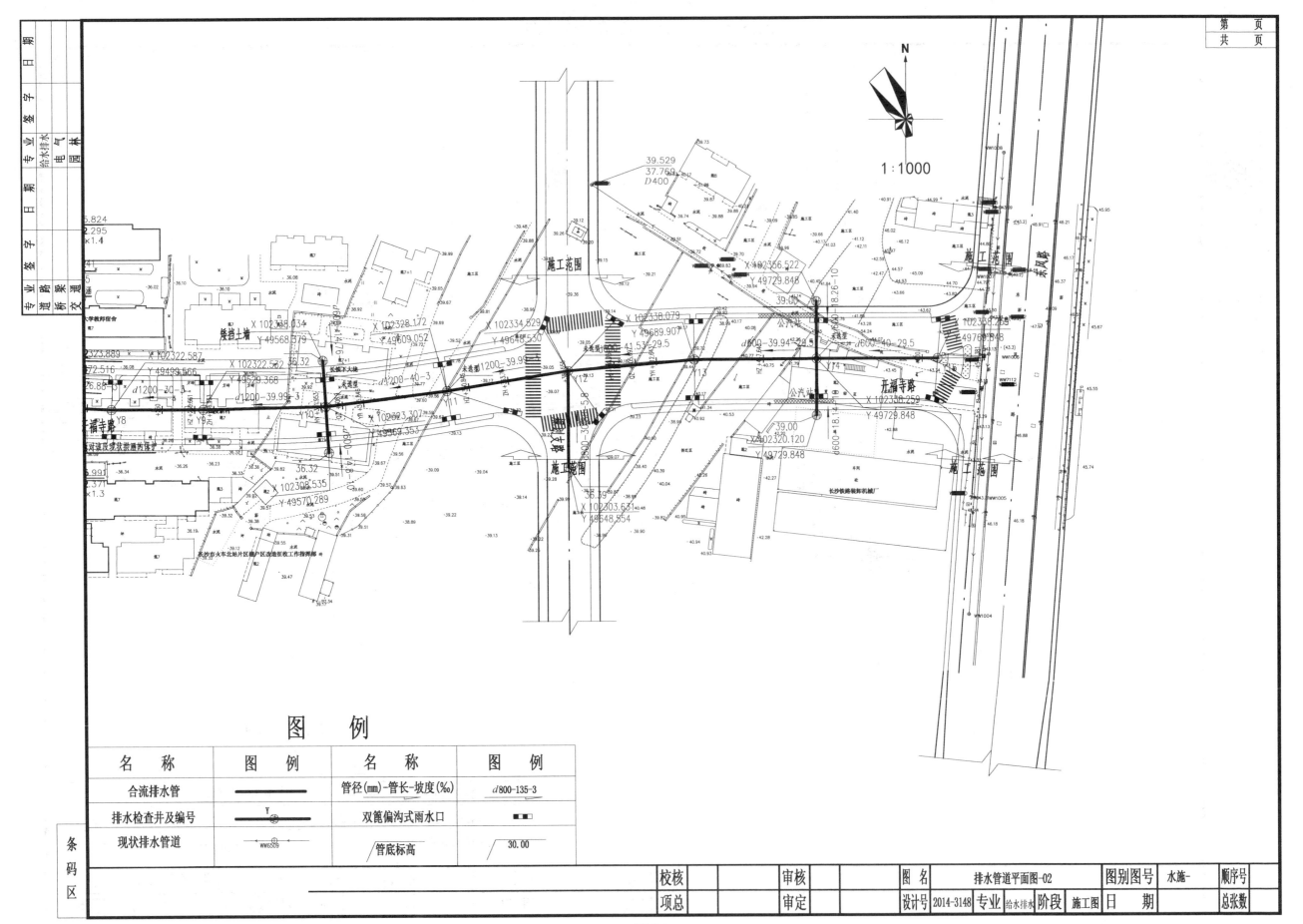

附图 3-2

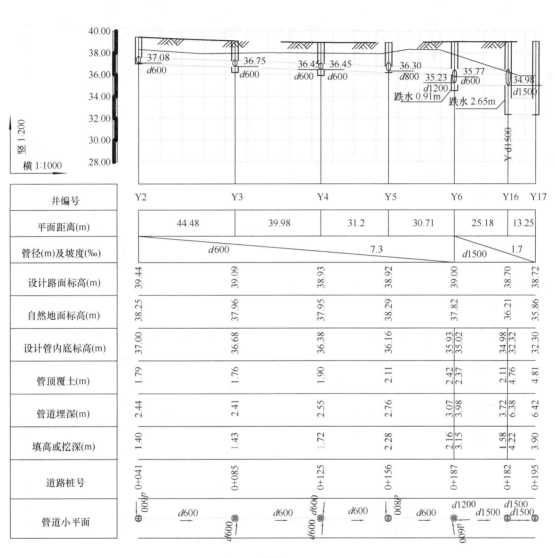

井编号	Y2	Y3	Y4	Y5	Y6	Y16	Y17
平面距离(m)	44.48	39.98	31.2	30.71	25.18	13.25
管径(m)及坡度(‰)	d600	7.3	d1500	1.7
设计路面标高(m)	39.44	39.09	38.93	38.92	39.00	38.70	38.72
自然地面标高(m)	38.25	37.96	37.95	38.29	37.82	36.21	35.86
设计管内底标高(m)	37.00	36.68	36.38	36.16	35.93 / 35.02	34.98 / 32.32	32.30
管顶覆土(m)	1.79	1.76	1.90	2.11	2.42 / 2.37	2.11 / 4.76	4.81
管道埋深(m)	2.44	2.41	2.55	2.76	3.07 / 3.98	3.72 / 6.38	6.42
填高或挖深(m)	1.40	1.43	1.72	2.28	2.16 / 3.15	1.58 / 4.22	3.90
道路桩号	0+041	0+085	0+125	0+156	0+187	0+182	0+195
管道小平面							

附图 3-3

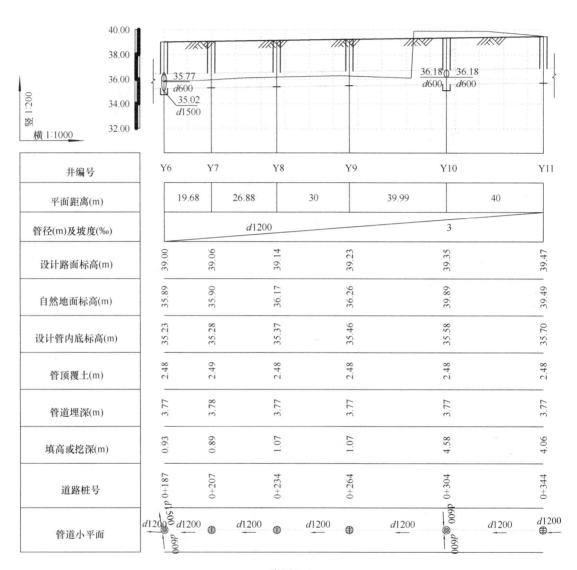

附图 3-4

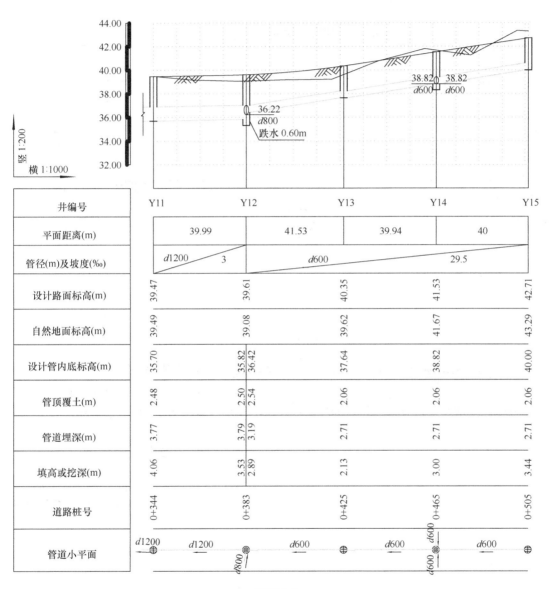

井编号	Y11		Y12		Y13		Y14		Y15
平面距离(m)		39.99		41.53		39.94		40	
管径(m)及坡度(‰)		d1200	3		d600			29.5	
设计路面标高(m)	39.47		39.61		40.35		41.53		42.71
自然地面标高(m)	39.49		39.08		39.62		41.67		43.29
设计管内底标高(m)	35.70		35.82 36.42		37.64		38.82		40.00
管顶覆土(m)	2.48		2.50 2.54		2.06		2.06		2.06
管道埋深(m)	3.77		3.79 3.19		2.71		2.71		2.71
填高或挖深(m)	4.06		3.53 2.89		2.13		3.00		3.44
道路桩号	0+344		0+383		0+425		0+465		0+505
管道小平面									

附图 3-5

综合管线标准横断面图

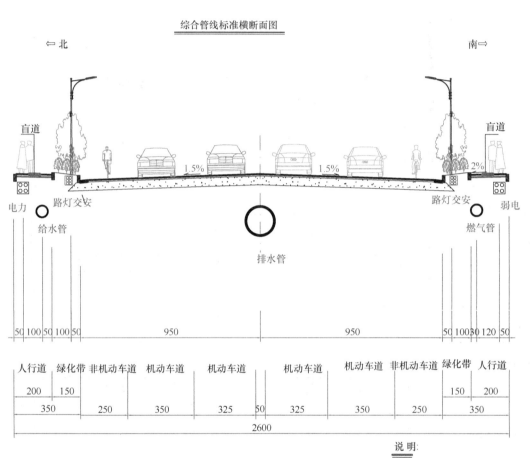

说明:

1. 本图尺寸单位均以cm计。
2. 图中路灯、绿化仅为示意。
3. 本图适用于标准横断面段道路。

附图 3-6

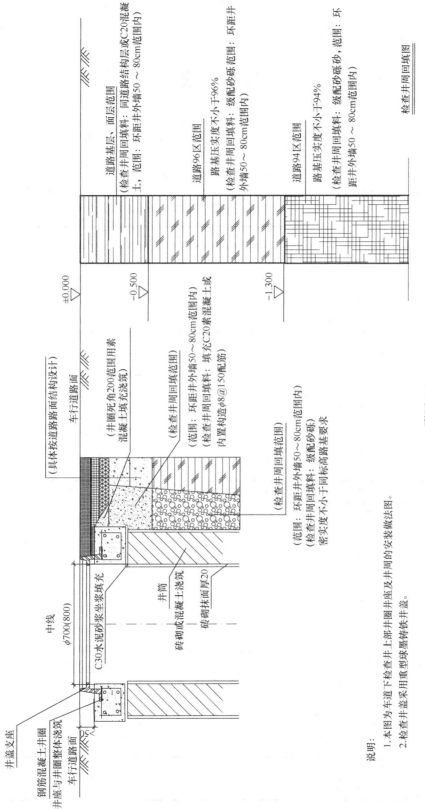

附图 3-7

说明：
1. 本图为车道下检查井上部井圈井座及井周的安装做法图。
2. 检查井盖采用重型球墨铸铁井盖。

附　表

附表1　某道路工程工程量计算式

分部分项工程量计算表

工程名称：某道路工程

编号	工程量计算式	单位	标准工程量	定额工程量
	土石方工程			
040101001001	挖一般土方 1. 土壤类别：三类土，装车 2. 挖土深度：综合 3. 部位：路基	m³	6223.000	6223.000
	6223			6223.000
C1-0017	挖掘机挖土方（斗容量1.25m³）装车 三类土	1000m³	6223.000	6.223
	6223			6223.000
040103002001	余方弃置 1. 废弃料品种：松土 2. 运距：1km	m³	3111.500	3111.500
	6223×0.5			3111.500
C1-0124	自卸汽车运土方（运距1km内）12t	1000m³	3111.500	3.112
	6223×0.5			3111.500
040103001001	利用方回填 1. 密实度：95% 2. 填方材料品种：场内三类土 3. 填方来源：场内平衡 4. 借方运距1km内 5. 部位：路基		2707.005	2707.005
	6223×0.5×0.87			2707.005
C1-0121	自卸汽车运土方（运距0.5km内）12t	1000m³	3111.500	3.112
	6223×0.5			3111.500
C1-0093	填土碾压	1000m³	2707.000	2.707
	2707			2707.000
040103001002	借方回填 1. 密实度：95%	m³	21381.000	21381.000

分部分项工程量计算表

工程名称：某道路工程　　　　　　　　　　　　　　　　　　　　第2页　共8页

编号	工 程 量 计 算 式	单位	标准工程量	定额工程量
	2. 填方材料品种：硬土			
	3. 填方来源：外购土			
	4. 借方运距：1km			
	5. 部位：路基			
	24088-2707		21381.000	
C1-0124	自卸汽车运土方（运距1km内）12t	1000m³	21381.000	21.381
	21381		21381.000	
C1-0093	填土碾压	1000m³	21381.000	21.381
	21381		21381.000	
桂040103003001	土石方运输每增1km 1. 土或石类别：松土 2. 弃方	m³·km	3111.500	3111.500
	6223×0.5		3111.500	
C1-0127	自卸汽车运土方（每增加1km运距）12t	1000m³	3111.500	3.112
	6223×0.5		3111.500	
桂040103003002	土石方运输每增1km 1. 土或石类别：硬土 2. 借方	m³·km	21381.000	21381.000
	21381		21381.000	
C1-0124	自卸汽车运土方（运距1km内）12t	1000m³	21381.000	21.381
	21381		21381.000	
	软土路基处理			
040101001002	挖一般土方 1. 土壤类别：杂填土，黏性土 2. 挖土深度：综合 3. 部位：路基	m³	36406.000	36406.000
	36406		36406.000	
C1-0017	挖掘机挖土方（斗容量1.25m³）装车 三类土	1000m³	36406.000	36.406
	36406		36406.000	
040103002002	余方弃置 1. 废弃料品种：杂填土，黏性土 2. 运距：1km	m³	36406.000	36406.000
	36406		36406.000	
C1-0124	自卸汽车运土方（运距1km内）12t	1000m³	36406.000	36.406
	36406		36406.000	

分部分项工程量计算表

工程名称：某道路工程　　　　　　　　　　　　　　　　　　　　第 3 页　共 8 页

编号	工 程 量 计 算 式	单位	标准工程量	定额工程量
040103001003	软土路基换填土 1. 密实度：按设计要求 2. 填方材料品种：硬土 3. 填方来源：外购 4. 借方运距：1km 5. 部位：路基	m³	21233.220	21233.220
	（7920＋4536＋10400＋1550）×0.87			21233.220
C1-0124	自卸汽车运土方（运距1km内）12t	1000m³	21233.220	21.233
	21233.22			21233.220
C1-0093	填土碾压	1000m³	21233.220	21.233
	21233.22			21233.220
桂040103003003	土石方运输每增1km 1. 土或石类别：硬土 2. 借方	m³·km	21381.000	21381.000
	21381			21381.000
C1-0124	自卸汽车运土方（运距1km内）12t	1000m³	21381.000	21.381
	21381			21381.000
040103001004	软土路基换填片石 1. 密实度：按设计要求 2. 填方材料品种：片石 3. 填方来源：外借 4. 借方运距：1km 5. 部位：软土路基	m³	2000.000	2000.000
	1480＋520			2000.000
C1-0277	机械换填 片石	10m³	2000.000	200.000
	2000			2000.000
040103001005	软土路基换填砂砾 1. 密实度：按设计要求 2. 填方材料品种：砂砾 3. 填方来源：外借 4. 借方运距：1km 5. 部位：软土路基	m³	800.000	800.000
	592＋208			800.000
C1-0275	机械换填 天然砂砾石	10m³	800.000	80.000
	800			800.000

分部分项工程量计算表

工程名称：某道路工程

编号	工 程 量 计 算 式	单位	标准工程量	定额工程量
	道路工程			
	车行道			
040202001001	路床（槽）整形	m^2	12485.006	12485.006
33m 横断面	宽度 ［13＋（0.12＋0.1×3）］×2＝26.84		26.840	
K0＋000 至 K0＋120	120×26.84		3220.800	
K0＋420 至 K0＋519.381	(519.381-420)×26.84		2667.386	
26m 横断面	宽度 ［9.5＋（0.12＋0.1×3）］×2＝19.84		19.840	
K0＋160 至 K0＋380	(380−160)×19.84		4364.800	
	过渡段取平均宽度			
K0＋120 至 K0＋160	40×（26.84＋19.84）/2		933.600	
K0＋380 至 K0＋420	40×（26.84＋19.84）/2		933.600	
	起终点交叉口			
	角度接近 90°，按正交计算			
	0.2146×25～2×2 个起点＋0.2146×15～2× 2 个终点		364.820	
C2-0001	路床槽整形 路床 碾压检验	$100m^2$	12485.006	124.850
	12485.006			12485.006
040202011001	15cm 厚级配碎石	m^2	12485.006	12485.006
同路床整形碾压量	12485.006			12485.006
C2-0021	级配碎石摊铺 厚 15cm	$100m^2$	12485.006	124.850
	12485.006			12485.006
040202015001	20cm 厚 5％水泥稳定碎石下基层	m^2	12381.130	12381.130
33m	宽度 ［13＋（0.12＋0.1×2）］×2		26.640	
K0＋000 至 K0＋120	120×26.64		3196.800	
K0＋420 至 K0＋519.381	(519.381−420)×26.64		2647.510	
26m	宽度 ［9.5＋（0.12＋0.1×2）］×2		19.640	
K0＋160 至 K0＋380	(380−160)×19.64		4320.800	
	过渡段取平均宽度			
K0＋120 至 K0＋160	40×（26.64＋19.64）/2		925.600	
K0＋380 至 K0＋420	40×（26.64＋19.64）/2		925.600	
	起终点交叉口			
	364.820			364.820
C2-0031	路拌摊铺 水泥稳定碎石基层 水泥含量 5％ 厚 15cm	$100m^2$	12381.130	123.811
	12381.13			12381.130
C2-0032	路拌摊铺 水泥稳定碎石基层 水泥含量 5％ 增 5cm	$100m^2$	12381.130	123.811

分部分项工程量计算表

工程名称：某道路工程

编号	工 程 量 计 算 式	单位	标准工程量	定额工程量
	12381.13		12381.130	
040202015002	20cm厚6％水泥稳定碎石上基层	m²	12277.254	12277.254
33m	宽度［13＋（0.12＋0.1）］×2		26.440	
K0＋000 至 K0＋120	120×26.44		3172.800	
K0＋420 至 K0＋519.381	（519.381-420）×26.44		2627.634	
26m	宽度［9.5＋（0.12＋0.1）］×2		19.440	
K0＋160 至 K0＋380	（380－160）×19.44		4276.800	
	过渡段取平均宽度			
K0＋120 至 K0＋160	40×（26.44＋19.44）/2		917.600	
K0＋380 至 K0＋420	40×（26.44＋19.44）/2		917.600	
	起终点交叉口			
	364.820			364.820
C2-0035	路拌摊铺 水泥稳定碎石基层 水泥含量6％ 厚15cm	100m²	12277.254	122.773
	12277.254			12277.254
C2-0036	路拌摊铺 水泥稳定碎石基层 水泥含量6％ 增5cm	100m²	12277.254	122.773
	12277.254			12277.254
040203004001	改性沥青封层	m²	11637.609	11637.609
33m	宽度（13－0.4平石）×2		25.200	
K0＋000 至 K0＋120	120×25.22		3026.400	
K0＋420 至 K0＋519.381	（519.381－420）×25.22		2506.389	
26m	宽度（9.5－0.4平石）×2		18.200	
K0＋160 至 K0＋380	（380－160）×18.2		4004.000	
	过渡段取平均宽度			
K0＋120 至 K0＋160	40×（25.2＋18.2）/2		868.000	
K0＋380 至 K0＋420	40×（25.2＋18.2）/2		868.000	
	起终点交叉口			
	364.820			364.820
C2-0080	喷洒改性沥青下封层	100m²	11637.609	116.376
	11637.609			11637.609
040203006001	7.0cm厚粗粒式沥青混凝土 AC-25	m²	11637.609	11637.609
同封层	11637.609			11637.609
C2-0088	粗粒式沥青混凝土路面 机械摊铺 厚7cm	100m²	11637.609	116.376
	11637.609			11637.609

分部分项工程量计算表

工程名称：某道路工程 　　　　　　　　　　　　　　　　　　第6页　共8页

编号	工程量计算式	单位	标准工程量	定额工程量
C2-0109	沥青混合料制作 沥青混凝土 粗粒式	10m³	814.633	81.463
	11637.609×0.07		814.633	
C2-0114	自卸汽车运输沥青混合料 装载质量 5t 以内 1km 内	100m³	814.633	8.146
	814.633		814.633	
040203006002	5.0cm 厚中粒式沥青混凝土 AC-20	m²	11637.609	11637.609
同封层	11637.609			11637.609
C2-0096	中粒式沥青混凝土路面 机械摊铺 厚5cm	100m²	11637.609	116.376
	11637.609			11637.609
C2-0110	沥青混合料制作 沥青混凝土 中粒式	10m³	581.880	58.188
	11637.609×0.05		581.880	
C2-0114	自卸汽车运输沥青混合料 装载质量 5t 以内 1km 内	100m³	581.880	5.819
	581.880		581.880	
040203006003	4.0cm 厚细粒式沥青混凝土 AC-13	m²	11637.609	11637.609
同封层	11637.609			11637.609
C2-0104	细粒式沥青混凝土路面 机械摊铺 厚4cm	100m²	11637.609	116.376
	11637.609			11637.609
C2-0111	沥青混合料制作 沥青混凝土 细粒式	10m³	465.504	46.550
	11637.609×0.04		465.504	
C2-0114	自卸汽车运输沥青混合料 装载质量 5t 以内 1km 内	100m³	465.504	4.655
	465.504		465.504	
	人行道			
040204001001	人行道整形碾压	m²	3413.140	3413.140
	无交叉口部分从桩号 K0＋040 计算至 K0＋500			
	2侧×（500-40）×3.5			3220.000
	起终点交叉口			
	0.2146×15～2×4 个			193.140
C2-0143	人行道整形碾压	100m²	3413.140	34.131
	3413.14			3413.140
040204002001	人行道块料铺设 块料品种、规格：6cm 厚彩色生态砖，30cm×60cm 及 50cm×50cm 芝麻白花岗岩	m²	1812.340	1812.340

分部分项工程量计算表

工程名称：某道路工程　　　　　　　　　　　　　　　　　　　第 7 页　共 8 页

编号	工程量计算式	单位	标准工程量	定额工程量
	基础、垫层：15cm 厚 C15 混凝土基础，3cm 1：2 水泥砂浆垫层 形状：矩形			
	无交叉口部分从桩号 K0＋040 计算至 K0＋500			
	（3.5－0.12×2）宽×（500-40）×2 侧		2999.200	
绿化带个数	（500－40）/40×2，约 23 个		23.000	
扣除绿化带	－23 个×40 长×1.5 宽		-1380.000	
	起终点交叉口			
	0.2146×15～2×4 个		193.140	
C2-0147	混凝土基础 厚度10cm（碎石 GD40 商品普通混凝土 C15）	100m²	1812.340	18.123
	1812.34		1812.340	
C2-0148	混凝土基础 增5cm（碎石 GD40 商品普通混凝土 C15）	100m²	1812.340	18.123
	1812.34		1812.340	
C2-0150 换	石质块料水泥砂浆垫层 厚度6cm 内（换：水泥砂浆 1：2）	100m²	1812.340	18.123
	1812.34		1812.340	
040204004001	安砌麻石平石 材料品种、规格：预制混凝土平石，规格 15cm×40cm×60cm 基础、垫层：2cm 厚 1：2 水泥砂浆垫层	m	1045.600	1045.600
	无交叉口部分从桩号 K0＋040 计算至 K0＋500			
	（500－40）×2 条		920.000	
	起终点交叉口			
	2×3.14×25/4×2 个＋2×3.14×15/4×2 个		125.600	
C2-0170 换	石质平石（换：水泥砂浆 1：2）	100m	1045.600	10.456
	1045.6		1045.600	
040204004002	安砌麻石侧石 材料品种、规格：预制混凝土，规格 12cm×30cm×60cm 基础、垫层：2cm 厚 1：2 水泥砂浆垫层	m	1045.600	1045.600
同平石工程量	1045.6		1045.600	

分部分项工程量计算表

工程名称：某道路工程　　　　　　　　　　　　　　　　第 8 页　共 8 页

编号	工 程 量 计 算 式	单位	标准工程量	定额工程量
C2-0168	石质路缘石　断面面积 360cm² 以内（碎石 GD20 商品普通混凝土 C15）	100m	1045.600	10.456
	1045.6			1045.600
040204004003	安砌麻石锁边石 材料品种、规格：预制混凝土，规格 12cm×25cm×60cm 基础、垫层：3cm 厚 1：2 水泥砂浆垫层	m	1909.000	1909.000
	无交叉口部分从桩号 K0＋040 计算至 K0＋500			
	（500－40）×2 条			920.000
绿化带锁边石	（40＋1.5×2）×23 个			989.000
C2-0168	石质路缘石　断面面积 360cm² 以内（碎石 GD20 商品普通混凝土 C15）	100m	1909.000	19.090
	1909			1909.000

附表2　某桥梁工程工程量计算式

分部分项工程量计算表

工程名称：某桥梁工程　　　　　　　　　　　　　　　第1页　共6页

编号	工程量计算式	单位	标准工程量	定额工程量
	桥涵工程			
040303001001	混凝土垫层 混凝土种类、强度等级：C15商品混凝土	m³	65.743	65.743
	65.743			65.743
C3-0106换	混凝土垫层（换：碎石GD20商品普通混凝土C15）	10m³	65.743	6.574
桥台	(14.55+0.1×2)×(9.46+0.1×2)×0.1×4		56.994	
桥墩	(14.99+0.1×2)×(5.2+0.1×2)×0.1×8		8.749	
040303002001	扩大基础混凝土 混凝土种类、强度等级：C25泵送商品混凝土	m³	1410.890	1410.890
	1410.89			1410.890
C3-0108换	混凝土基础 混凝土（换：碎石GD40商品普通混凝土C25）	10m³	1410.894	141.090
桥台=4	(12.55×7.46+14.55×9.46)×0.75		693.798	
桥墩=8	(12.99×3.2+14.99×5.2)×0.75		717.096	
C3-0109	模板	10m²	700.680	70.068
桥台=4	(12.55+14.55+7.46+9.46)×2×0.75		264.120	
桥墩=8	(12.99+14.99+3.2+5.2)×2×0.75		436.560	
040303005001	桥墩混凝土 1. 部位：墩身 2. 截面：D1200 3. 结构形式：柱式 4. 混凝土种类、强度等级：C40泵送商品混凝土	m³	314.279	314.279
	314.279			314.279
C3-0125换	柱式墩台身混凝土（换：碎石GD20商品普通混凝土C40）	10m³	314.279	31.428
1号桥墩	3.14×0.6×0.6×(10.383+10.456+10.53)×2		70.919	
2、3、4号桥墩	(36.89+41.69+43.1)×2		243.360	
C3-0126	柱式墩台身模板	10m²	945.587	94.559
	3.14×1.2×(10.383+10.456+10.53)×8		945.587	

分部分项工程量计算表

编号	工 程 量 计 算 式	单位	标准工程量	定额工程量
040303005002	桥台肋板混凝土 1. 部位：肋板 2. 截面：矩形变截面 3. 混凝土种类、强度等级：C30 泵送商品混凝土	m³	396.237	396.237
	396.237			396.237
C3-0117 换	轻型桥台混凝土（换：碎石 GD20 商品普通混凝土 C30）	10m³	396.237	39.624
	(1.1＋5.46) /2×10.067×1×12			396.237
C3-0118	轻型桥台模板	10m²	1034.082	103.408
	(1.1×2＋2＋5.46×2＋2) ×10.067/2×12			1034.082
040303007001	桥墩盖梁 1. 部位：桥墩盖梁 2. 混凝土种类、强度等级：C30 泵送商品混凝土		192.758	192.758
	192.758			192.758
C3-0131	墩盖梁混凝土（碎石 GD40 商品普通混凝土 C30）	10m³	192.758	19.276
＝8	15.29×1.4×0.6＋ (15.29＋11.29) /2×0.6 ×1.4			192.058
	挡块			
	0.25×0.25×1.4×2×4			0.700
C3-0132	墩盖梁模板	10m²	334.205	33.421
＝8	(0.6×1.4)×2＋15.29×[0.6＋(15.29＋11.29)/ 2×0.6]×2＋2.1×1.4×2－3.14×0.6×0.6			325.805
	挡块			
	(0.25＋0.25＋0.25) ×1.4×2×4			8.400
040303007002	混凝土桥台盖梁 1. 部位：桥台盖梁 2. 混凝土种类、强度等级：C30 泵送商品混凝土	m³	87.784	87.784
	87.784			87.784
C3-0133	台盖梁混凝土（碎石 GD40 商品普通混凝土 C30）	10m³	87.784	8.779
	15.29×1.3×1.1×4			87.459
	挡块			
	0.25×0.25×1.3×2×2			0.325

分部分项工程量计算表

工程名称：某桥梁工程 第3页 共6页

编号	工程量计算式	单位	标准工程量	定额工程量
C3-0134	台盖梁模板	10m²	229.400	22.940
	(1.1×1.3×2+1.1×15.29×2+1.3×15.29)×4		225.500	
	挡块			
	(0.25+0.25+0.25)×1.3×2×2		3.900	
040303006001	混凝土系梁	m³	51.200	51.200
	混凝土种类、强度等级：C25泵送商品混凝土			
	51.2			51.200
C3-0129换	横梁混凝土（换：碎石GD40商品普通混凝土C25）	10m³	51.200	5.120
	4×1×0.8×16			51.200
C3-0130	横梁模板	10m²	179.200	17.920
	(1+1+0.8)×4×16			179.200
040303004001	桥台耳背墙 1. 部位：桥台耳背墙 2. 混凝土种类、强度等级：C30泵送商品混凝土	m³	17.139	17.139
	17.139			17.139
C3-0115	台帽混凝土（换：碎石GD40商品普通混凝土C30）	10m³	17.139	1.714
背墙=4	(15.3−0.35×2)×0.381×0.33		7.343	
耳墙=8	1.1×0.1×0.35+0.791×0.35×0.43+(1.1+0.791+0.5)/2×2.55×0.35		9.796	
C3-0116	台帽模板	10m²	132.886	13.289
=4	(15.3−0.35×2)×(0.381+0.381+0.33)背墙+［(1.1+0.791+0.5)/2×2.55×2耳墙梯形+四周(0.791+2.98+0.5+2.55)×0.35+0.43×0.36］×2		132.886	
040304001001	预制混凝土空心板梁 1. 部位：板梁 2. 图集、图纸名称：空心板梁上部构造横断面图；空心板梁一般构造图 3. 混凝土种类、强度等级：预制C30混凝土	m³	1033.459	1033.459
	1033.459			1033.459
C3-0214换	预制混凝土梁 空心板梁（非预应力）混凝土（换：碎石GD40商品普通混凝土C30）	10m³	1033.459	103.346
	205.6634 按图纸×5×1.005			1033.459

分部分项工程量计算表

工程名称：某桥梁工程　　　　　　　　　　　　　　　　　　　　第 4 页　共 6 页

编号	工 程 量 计 算 式	单位	标准工程量	定额工程量
C3-0215	预制混凝土梁 空心板梁（非预应力）模板	10m²	12472.740	1247.274
	（0.99＋0.9＋0.9＋0.66×2＋0.55×2）×15.96×150		12472.740	
C3-0235	起重机安装 板梁 L≤20m	10m³	1033.459	103.346
	1033.459		1033.459	
C3-0326	平板车运输 1km 以内 龙门架装车 构件质量（t）15 以内	10m³	1033.459	103.346
	1033.459		1033.459	
040303024001	铰缝混凝土 1. 名称、部位：铰缝 2. 混凝土种类、强度等级：C40 商品混凝土	m³	290.290	290.290
	290.29		290.290	
C3-0293 换	板梁间灌缝（换：碎石 GD40 商品普通混凝土 C40）	10m³	290.290	29.029
	按图纸 58.058×5		290.290	
040303019001	现浇整体化防水混凝土桥面铺装 1. 部位：桥面 2. 图集、图纸名称：空心板梁上部构造横断面图 3. 混凝土种类、强度等级：C40 现浇整体化防水混凝土	m²	2400.000	2400.000
	2400		2400.000	
C3-0164 换	桥面混凝土铺装车行道（换：碎石 GD40 商品防水混凝土 C40）	10m³	240.000	24.000
	按图纸 48×0.1/0.1×5		240.000	
040203006001	沥青混凝土铺装 1. 沥青品种：细粒式 2. 沥青混合料种类：商品沥青混凝土 3. 厚度：8cm	m²	2400.000	2400.000
	2400		2400.000	
C2-0104	细粒式沥青混凝土路面 机械摊铺 厚 4cm	100m²	2400.000	24.000
	按图纸 38.4/0.08×5		2400.000	
040304003001	预制混凝土板（人行道板） 1. 部位：人行道 2. 图集、图纸名称：人行道板构造图	m³	115.065	115.065

分部分项工程量计算表

工程名称：某桥梁工程 　　　　　　　　　　　　　　　　　　　第 5 页　共 6 页

编号	工 程 量 计 算 式	单位	标准工程量	定额工程量
	3. 混凝土种类、强度等级：C25 商品混凝土			
工程量表	115.065		115.065	
C3-0276	缘石、人行道、锚锭板混凝土（碎石 GD40 商品普通混凝土 C25）	10m³	115.065	11.507
工程量表	115.065		115.065	
C3-0281	人行道板	10	115.065	11.507
工程量表	115.065		115.065	
C3-0317	载重汽车运输 1km 以内 起重机装车 构件质量（t）4 以内	10	115.065	11.507
工程量表	115.065		115.065	
C3-0277	缘石、人行道、锚锭板模板	10m²	760.000	76.000
	4.75×80×2		760.000	
040309001001	金属栏杆 栏杆材质、规格：Q235A 钢管、钢板，详见栏杆设计图	m	160.000	160.000
	16×5×2		160.000	
B-	金属栏杆	m	160.000	160.000
	16×5×2		160.000	
040309004001	板式橡胶支座 1. 材质：橡胶支座 2. 规格、型号：GYZ200×56 3. 形式：板式	个	600.000	600.000
	600		600.000	
C3-0459	板式橡胶支座安装	d	2373.840	2373.840
	600×3.14×（3/2）×2×56		2373.840	
040309007001	桥梁伸缩装置 1. 材料品种：橡胶带 2. 规格、型号：D-40 型 3. 混凝土种类：防水混凝土 4. 混凝土强度等级：C50	m	60.000	60.000
	30×2		60.000	
C3-0476 换	伸缩缝 梳型钢板	10m	60.000	6.000
	30×2		60.000	
040309009001	桥面泄水管 1. 材料品种：PVC	m	293.200	293.200

分部分项工程量计算表

编号	工 程 量 计 算 式	单位	标准工程量	定额工程量
	2. 管径：ϕ150			
	4×2×5×7.33		293.200	
C3-0486	泄水孔 铸铁管安装 泄水管	10m	293.200	29.320
	4×2×5×7.33		293.200	
040303020001	混凝土桥头搭板 混凝土种类、强度等级：C30 泵送商品混凝土		168.000	168.000
	168		168.000	
C3-0165 换	现浇桥头搭板混凝土（换：砾石 GD40 商品普通混凝土 C30）	10m³	168.000	16.800
	8×0.35×30×2		168.000	
C3-0166	现浇桥头搭板模板	10m²	168.000	16.800
	（8×30）×0.35×2		168.000	
040305003001	河床铺砌 1. 部位：河床 2. 材料品种、规格：15 号浆砌片石 30cm 厚		2321.000	2321.000
工程量表	2321			2321.000
C3-0355	浆砌块石（水泥砂浆中砂 M10）	10m³	2321.000	232.100
工程量表	2321			2321.000
040901001001	钢筋工程 非预应力钢筋 1. 钢筋种类：R235 2. 钢筋规格：10mm 以内	t	167.242	167.242
	167.242			167.242
C3-0552 换	钢筋制作、安装 ϕ10 以内	t	167.242	167.242
工程量表	167242/1000			167.242
040901001002	非预应力钢筋 1. 钢筋种类：HRB335 2. 钢筋规格：10mm 以上	t	394.744	394.744
	394.744.2			394.744
C3-0553 换	钢筋制作、安装 ϕ10 以上	t	394.744	394.744
工程量表	394744.2/1000			394.744

附表3 某排水工程工程量计算式

分部分项工程量计算表

工程名称：某排水工程 第1页 共9页

编号	工 程 量 计 算 式	单位	标准工程量	定额工程量
	土石方工程			
040101002001	挖沟槽土方 1. 土壤类别：三类土 2. 挖土深度：4m以内 3. 部位：沟槽及检查井	m³	5179.127	5179.127
管道挖土方	3370.81＋1522.838＋159.159			5052.807
检查井挖土方	5052.807×0.025			126.320
C1-0033	挖掘机挖沟槽、基坑土方（斗容量1.25m³）装车 三类土	1000m³	4868.379	4.868
	0.94×5179.127			4868.379
C1-0002	人工挖一般土方 三类土	100m³	310.748	3.107
	0.06×5179.127			310.748
040103001001	钢筋混凝土管回填砂砾 1. 密实度：同路基要求 2. 填方材料品种：小于40mm天然级配砂砾 3. 填方来源：借方回填 4. 借方运距：5km 5. 部位：钢筋混凝土管顶50cm以内	m³	1001.240	1001.240
管顶50cm以内挖方	1649.75			1649.750
扣管道、基础等＝-1	648.51			－648.510
C1-0096	沟槽人工回填 砂砾石	100m³	1001.240	10.012
	1001.24			1001.240
040103001002	波纹管回填中粗砂 1. 密实度：同路基要求 2. 填方材料品种：中粗砂 3. 填方来源：外借 4. 借方运距：5km 5. 部位：双壁波纹管顶50cm以内	m³	777.063	777.063
管顶50cm以内挖方	716.43＋159.159			875.589
扣管道、基础等＝-1	72.315＋26.211			－98.526
C1-0095 换	沟槽人工回填砂	100m³	777.063	7.771
	777.063			777.063

分部分项工程量计算表

工程名称：某排水工程

编号	工 程 量 计 算 式	单位	标准工程量	定额工程量
040103001003	人工回填土 1. 密实度：同路基要求 2. 填方材料品种：三类土 3. 填方来源：利用方 4. 部位：管顶50cm以外	m³	2653.788	2653.788
	5179.127－648.51－98.526－1001.24－777.063			2653.788
C1-0097	沟槽人工回填土	100m³	2653.788	26.538
	2653.788			2653.788
040103001004	井圈周边回填C10素混凝土 1. 密实度：同路基要求 2. 填方材料品种：C10素混凝土 3. 填方来源：外借 4. 部位：井圈周边	m³	2.914	2.914
＝29	3.14×0.4^2×0.2			2.914
C1-0282	回填混凝土 无砂大孔混凝土（无砂大孔商品混泥土 碎石 GD40 C10）	10m³	0.100	0.010
	3.14×0.4^2×0.2			0.100
040103001005	检查井周边回填C20素混凝土 1. 密实度：同路基要求 2. 填方材料品种：C20素混凝土 3. 填方来源：外借 4. 部位：检查井周边		20.489	20.489
＝29	3.14×0.75^2×0.4			20.489
C1-0282 换	回填混凝土 无砂大孔混凝土（换：无砂大孔商品混泥土 碎石 GD40 C20）	10m³	0.707	0.071
	3.14×0.75^2×0.4			0.707
040103002001	余方弃置 1. 废弃料品种：三类土 2. 运距：5km	m³	2525.339	2525.339
	5179.127-2653.788			2525.339
C1-0124 换	自卸汽车运土方（运距1km内）12t［实际5］	1000m³	2525.339	2.525
	2525.339			2525.339
0405	管网工程			
040501004001	D300 雨水口连接管 1. 垫层、基础材质及厚度：中粗砂基础层200厚	m	371.000	371.000

分部分项工程量计算表

工程名称：某排水工程   第 3 页　共 9 页

编号	工 程 量 计 算 式	单位	标准工程量	定额工程量
	2. 材质及规格：PP-HM 双壁波纹管 D300			
	3. 连接形式：热收缩带连接			
	4. 铺设深度：埋深 1m			
	5. 管道检验及试验要求：闭水试验			
	371		371.000	
C5-0723 换	非定型管道垫层 砂	10m³	81.620	8.162
	0.2×（0.3+0.4×2）×371		81.620	
C5-0120 换	双壁波纹管敷设（承插式胶圈接口）公称直径（315mm 以内）	100m	371.000	3.710
	371		371.000	
C5-0256	管道闭水试验 管径（600mm 以内）（水泥砂浆中砂 M7.5）	100m	371.000	3.710
	371		371.000	
040501004002	D600PP-HM 双壁波纹管 1. 垫层、基础材质及厚度：中粗砂基础层 200 厚 2. 材质及规格：PP-HM 双壁波纹管 D600 3. 连接形式：热收缩带连接 4. 铺设深度：6m 以内 5. 管道检验及试验要求：闭水试验	m	438.880	438.880
	44.48＋39.98＋31.2＋30.71＋41.53＋39.94＋40＋19.25＋23.59＋15.94＋16.89＋29.41＋14.8＋14.76＋18.14＋18.26		438.880	
C5-0723 换	非定型管道垫层 砂	10m³	122.886	12.289
	0.2×（0.6+0.4×2）×438.88		122.886	
C5-0123 换	双壁波纹管敷设（承插式胶圈接口）公称直径（630mm 以内）	100m	425.580	4.256
	438.88		438.880	
扣井＝－1	0.95×14		－13.300	
C5-0256	管道闭水试验 管径（600mm 以内）（水泥砂浆中砂 M7.5）	100m	438.880	4.389
	438.88		438.880	
040501004003	D800PP-HM 双壁波纹管 1. 垫层、基础材质及厚度：中粗砂基础层 200 厚 2. 材质及规格：PP-HM 双壁波纹管 D800 3. 连接形式：热收缩带连接	m	347.730	47.730

分部分项工程量计算表

编号	工程量计算式	单位	标准工程量	定额工程量
	4. 铺设深度：6m以内			
	5. 管道检验及试验要求：闭水试验			
	30.88＋16.85		47.730	
C5-0723 换	非定型管道垫层 砂	10m³	15.274	1.527
	0.2×（0.8+0.4×2）×47.73		15.274	
C5-0124 换	双壁波纹管敷设（承插式胶圈接口）公称直径（800mm以内）	100m	45.805	0.458
	47.73		47.730	
扣井＝—1	0.5×1+1.5×0.95		-1.925	
C5-0256	管道闭水试验 管径（以内600mm）（水泥砂浆中砂M7.5）	100m	47.730	0.477
	47.73		47.730	
040501001001	D1200混凝土承插管 1. 垫层、基础材质及厚度：180°混凝土基础厚200 2. 规格：D1200 3. 接口方式：O型橡胶圈接口 4. 铺设深度：6m以内 5. 混凝土强度等级：Ⅰ级钢筋混凝土 6. 管道检验及试验要求：闭水试验 7. 详见图集06MS201-1-18	m	196.540	196.540
	19.68＋26.88＋30＋39.99＋40＋39.99		196.540	
C5-0023	平接（企口）式钢筋混凝土管道基础（180°）管径（1200mm以内）（碎石GD40 商品普通混凝土C15）	100m	190.540	1.905
	190.54		190.540	
C5-0110 换	承插式（胶圈接口）混凝土管敷设 人机配合下管（1200mm以内）	100m	190.540	1.905
	196.54		196.540	
扣井＝—1	6		—6.000	
C5-0259	管道闭水试验 管径（mm以内）1200（水泥砂浆中砂M7.5）	100m	196.540	1.965
	196.54		196.540	
040501001002	D1500混凝土企口管 1. 垫层、基础材质及厚度：180°混凝土基础厚200 2. 规格：D1500 3. 接口方式：Q型橡胶圈接口	m	49.770	49.770

分部分项工程量计算表

工程名称：某排水工程 第 5 页 共 9 页

编号	工 程 量 计 算 式	单位	标准工程量	定额工程量
	4. 铺设深度：6m 以内			
	5. 混凝土强度等级：Ⅰ级钢筋混凝土			
	6. 管道检验及试验要求：闭水试验			
	7. 详见图集 06MS201-1-18			
	25.18＋13.25＋11.34		49.770	
C5-0025	平接（企口）式钢筋混凝土管道基础（180°）管径（mm 以内）1500（碎石 GD40 商品普通混凝土 C15）	100m	47.270	0.473
	47.27		47.270	
C5-0068 换	平接（企口）式混凝土管道铺设 人机配合下管 管径（mm 以内）1500	100m	47.270	0.473
	49.77		49.770	
扣井＝－1	2.5		－2.500	
C5-0261	管道闭水试验 管径（mm 以内）1500（水泥砂浆中砂 M7.5）	100m	49.770	0.498
	49.77		49.770	
040504002001	φ1250 型混凝土井 1. 垫层、基础材质及厚度：C10 混凝土垫层厚 100 2. 混凝土强度等级：C25 3. 盖板材质、规格：重型球墨铸铁防盗型井盖 4. 井盖、井圈材质及规格：C30 混凝土井圈 5. 踏步材质、规格：塑钢爬梯 6. 防渗、防水要求：内外壁均抹 20mm 厚砂浆 7. 平均井深：4m 以内 8. 详见图集 06MS201-3-25	座	7.000	7.000
	7		7.000	
C5-0547	混凝土圆形污水检查井 井径 1250mm 适用管径 600～800mm 井深 3.1m 以内（碎石 GD20 商品普通混凝土 C10）	座	7.000	7.000
	Y2-Y5，Y13-15			
	7		7.000	
040504002002	3300×2400 四通矩形混凝土井 1. 垫层、基础材质及厚度：C10 混凝土垫层厚 100，基础厚 400	座	1.000	1.000

分部分项工程量计算表

工程名称：某排水工程　　　　　　　　　　　　　　　　　第6页　共9页

编号	工 程 量 计 算 式	单位	标准工程量	定额工程量
	2. 混凝土强度等级：C25			
	3. 盖板材质、规格：重型球墨铸铁防盗型井盖			
	4. 井盖、井圈材质及规格：C30 混凝土井圈			
	5. 踏步材质、规格：塑钢爬梯			
	6. 防渗、防水要求：内外壁均抹 20mm 厚砂浆			
	7. 平均井深：8m 以内			
	8. 详见图集 06MS201-3-51			
	1		1.000	
C5-0581	混凝土矩形 90°四通雨水检查井 规格 3300×2400 管径 1500～1650mm 井深 4.05m 以内（碎石 GD20 商品普通混凝土 C10）	座	1.000	1.000
	Y6			
	1		1.000	
040504002003	1500×1100 直线矩形混凝土井 1. 垫层、基础材质及厚度：C10 混凝土垫层厚 100，基础厚 250 2. 混凝土强度等级：C25 3. 盖板材质、规格：重型球墨铸铁防盗型井盖 4. 井盖、井圈材质及规格：C30 混凝土井圈 5. 踏步材质、规格：塑钢爬梯 6. 防渗、防水要求：内外壁均抹 20mm 厚砂浆 7. 平均井深：6m 以内 8. 详见图集 06MS201-3-38	座	4.000	4.000
	4		4.000	
C5-0563	混凝土矩形直线污水检查井 规格 1500×1100 管径 1200mm 井深 3.65m 以内（碎石 GD20 商品普通混凝土 C10）	座	4.000	4.000
	Y7，Y8，Y9，Y10，			
	4		4.000	
040504002004	2700×2050 四通矩形混凝土井（管径 1200） 1. 垫层、基础材质及厚度：C10 混凝土垫层厚 100，基础厚 350 2. 混凝土强度等级：C25 3. 盖板材质、规格：重型球墨铸铁防盗型井盖	座	1.000	1.000

分部分项工程量计算表

工程名称：某排水工程

编号	工 程 量 计 算 式	单位	标准工程量	定额工程量
	4. 井盖、井圈材质及规格：C30 混凝土井圈			
	5. 踏步材质、规格：塑钢爬梯			
	6. 防渗、防水要求：内外壁均抹 20mm 厚砂浆			
	7. 平均井深：6m 以内			
	8. 详见图集 06MS201-3-51			
	1		1.000	
C5-0580	混凝土矩形 90°四通雨水检查井 规格 2700×2050 管径 1200～1350mm 井深 3.85m 以内（碎石 GD20 商品普通混凝土 C10）	座	1.000	1.000
	Y10			
	1		1.000	
040504002005	2200×2200 三通矩形混凝土井（管径 1200） 1. 垫层、基础材质及厚度：C10 混凝土垫层厚 100，基础厚 300 2. 混凝土强度等级：C25 3. 盖板材质、规格：重型球墨铸铁防盗型井盖 4. 井盖、井圈材质及规格：C30 混凝土井圈 5. 踏步材质、规格：塑钢爬梯 6. 防渗、防水要求：内外壁均抹 20mm 厚砂浆 7. 平均井深：6m 以内 8. 详见图集 06MS201-3-45	座	1.000	1.000
	1		1.000	
C5-0571	混凝土矩形 90°三通污水检查井 规格 2200×220 管径 1100～1350mm 井深 3.8m 以内（碎石 GD20 商品混凝土 C10）	座	1.000	1.000
	Y12			
	1		1.000	
040504002006	1800×1100 直线矩形混凝土井（管径 1500） 1. 垫层、基础材质及厚度：C10 混凝土垫层厚 100，基础厚 250 2. 混凝土强度等级：C25 3. 盖板材质、规格：重型球墨铸铁防盗型井盖 4. 井盖、井圈材质及规格：C30 混凝土井圈 5. 踏步材质、规格：塑钢爬梯 6. 防渗、防水要求：内外壁均抹 20mm 厚砂浆	座	2.000	2.000

分部分项工程量计算表

工程名称：某排水工程　　　　　　　　　　　　　　　　第 8 页　共 9 页

编号	工 程 量 计 算 式	单位	标准工程量	定额工程量
	7. 平均井深：6m 以内			
	8. 详见图集 06MS201-3-38			
	2		2.000	
C5-0565	混凝土矩形直线污水检查井 规格 1800×1100 管径 1500mm 井深 3.95m 以内（碎石 GD20 商品混凝土 C10）	座	1.000	1.000
	Y17			
	1		1.000	
040504002007	跌水井 1. 垫层、基础材质及厚度：C10 混凝土垫层厚 100，基础厚 400 2. 混凝土强度等级：C25 3. 盖板材质、规格：重型球墨铸铁防盗型井盖 4. 井盖、井圈材质及规格：C30 混凝土井圈 5. 踏步材质、规格：塑钢爬梯 6. 防渗、防水要求：内外壁均抹 20mm 厚砂浆 7. 平均井深：8m 以内 8. 详见图集 06MS201-3-111	座	1.000	1.000
	1		1.000	
C5-0653	混凝土阶梯式跌水井 D＝700～1650 跌差高度（m 以内）2.0 管径（mm）1500～1650 井深（4.95m 以内）（碎石 GD20 普通商品混凝土 C10）	座	1.000	1.000
	Y16			
	1		1.000	
040504002008	φ1000 型预留井 1. 垫层、基础材质及厚度：C10 混凝土垫层厚 100，基础厚 220 2. 混凝土强度等级：C25 3. 盖板材质、规格：重型球墨铸铁防盗型井盖 4. 井盖、井圈材质及规格：C30 混凝土井圈 5. 踏步材质、规格：塑钢爬梯 6. 防渗、防水要求：内外壁均抹 20mm 厚砂浆 7. 平均井深：6m 以内 8. 详见图集 06MS201-3-12	座	12.000	12.000

分部分项工程量计算表

工程名称：某排水工程

编号	工 程 量 计 算 式	单位	标准工程量	定额工程量
	Y2-N, Y3-S, Y4-N, Y4-S, Y5-N, Y6-S, Y10-N, Y10-S, Y12-S, Y14-N, Y14-S, Y16-N			
	12		12.000	
C5-0546	混凝土圆形污水检查井 井径 1000mm 适用管径 200～600mm 井深 2.75m 以内（碎石 GD20 商品混凝土 C10）	座	12.000	12.000
	12		12.000	
040504009001	雨水口 1. 雨水箅子及圈口材质、型号、规格：球墨铸铁井圈 2. 垫层、基础材质及厚度：C15 混凝土基础厚 100 3. 混凝土强度等级：C30 过梁 4. 砌筑材料品种、规格：M10 水泥砂浆砌 MU10 砖 5. 砂浆品种、强度等级及配合比：1：2 水泥砂浆 6. 详见图集 06MS201-8-10	座	30.000	30.000
	30		30.000	
C5-0527	砖砌雨水口 砖砌箅式雨水口 双平箅（1450×380）井深 1.0m（碎石 GD20 商品普通混凝土 C30）	座	30.000	30.000
	30		30.000	

表 1

附表 4　钢筋混凝土管沟槽土方开挖及回填

井号	管径(mm)	管沟长(m) L	沟底宽度(m) B	平均开挖面高度(m) 平均H1	开挖面标高(m)	管内底标高(即井底流水面标高)(m) 流水位	平均(H2)	基础加深h(m) h=t+c1	平均挖深H(m) H=H1-H2+h	V挖 工程量(m³) L×H×(B+2c)+Hi	V埋	平均管顶标高	管顶标高	设计路面标高	回填顶标高	埋深(管顶50cm)	V挖(管顶50cm) L×H×(B+2c)+Hi	V砂=V挖(管顶50cm)-V埋	V土=V挖总-V砂-V埋
Yn-6	1200	19.68	1.80	37.055	37.030	35.230	35.255	0.300	2.100	173.87	47.01	36.555	36.530	39.000	38.290	1.60	121.92	74.91	51.95
Yn-7	1200	26.88	1.80	37.125	37.080	35.280	35.325	0.300	2.100	237.48	64.21	36.625	36.580	39.060	38.350	1.60	166.53	102.32	70.95
Yn-8	1200	30.00	1.80	37.215	37.170	35.370	35.415	0.300	2.100	265.04	71.66	36.715	36.670	39.140	38.430	1.60	185.86	114.20	79.19
Yn-9	1200	39.99	1.80	37.950	37.260	35.460	35.520	0.300	2.730	505.37	95.52	36.820	36.760	39.230	38.520	1.60	247.75	152.23	257.63
Yn-10	1200	40.00	1.80	38.700	38.640	35.580	35.640	0.300	3.360	678.88	95.54	36.940	36.880	39.350	38.640	1.60	247.81	152.26	431.07
Yn-11	1200	39.99	1.80	38.920	38.760	35.700	35.760	0.300	3.460	708.18	95.52	37.060	37.000	39.470	38.760	1.60	247.75	152.23	460.44
Yn-12	1200				39.080	35.820							37.120	39.610	38.900				
Yn-6	1500	25.18	2.25	37.450	37.820	35.020	35.000	0.300	2.750	352.63	90.59	36.613	36.645	39.000	38.290	1.91	218.22	127.63	134.41
Yn-16	1500				37.00	34.980							36.580	38.700	37.990				
Yn-16	1500	13.25	2.25	36.035	36.210	32.320	32.310	0.300	4.025	317.15	47.67	33.923	33.920			1.91	114.83	67.16	202.32
Yn-17	1500				35.860	32.300							33.925	38.720	38.010				
Yn-16N	1500	11.34	2.25	37.80	37.080	34.980	34.980	0.300	2.400	132.22	40.80	36.605	36.605			1.93	99.10	58.30	
合计										3370.81	648.51						1649.75	748.15	1351.21

附表 5 挖支管沟槽土方

表 2

井号	管径 (mm)	管沟长 (m)	沟底宽度 (m)	开挖面标高 (m)	管内底标高（即井底流水面标高）(m)	平均挖深 H (m)	工程量 (m³)	管顶50cm以内挖深	管顶50cm以内挖方工程量 (m³)	管道断面积	管道体积
		L	B	H_1	H_2	$H=H_1-H_2$	$L \times H \times (B+2c+H_i)$			S	$V_{管}$
Yn-2-1	600	19.25	1.40	38.250	37.080	1.170	49.550	1.100	46.585	0.283	5.440
Yn-3-1	600	23.59	1.40	37.960	36.750	1.210	62.797	1.100	57.088	0.283	6.667
Yn-4-1	600	15.94	1.40	37.950	36.450	1.500	76.632	1.100	51.497	0.283	4.505
Yn-4-2	600	16.89	1.40	37.950	36.450	1.500	81.199	1.100	54.567	0.283	4.773
Yn-5-1	800	16.85	1.40	38.290	36.300	1.990	118.477	1.300	67.270	0.502	8.465
Yn-6-1	600	29.41	1.40	37.820	35.770	2.050	215.448	1.100	95.015	0.283	8.311
Yn-10-1	600	14.80	1.40	38.640	36.180	2.460	140.105	1.100	47.814	0.283	4.182
Yn-10-2	600	14.76	1.40	38.640	36.180	2.460	139.727	1.100	47.685	0.283	4.171
Yn-12-1	800	30.88	1.60	39.080	36.220	2.860	381.193	1.300	131.311	0.502	15.514
Yn-14-1	600	18.14	1.40	40.820	38.820	2.000	128.431	1.100	58.605	0.283	5.126
Yn-14-2	600	18.26	1.40	40.820	38.820	2.000	129.281	1.100	58.993	0.283	5.160
							1522.838		716.430		72.315

附表 6　连接管土方开挖及回填

表 3

管径 (mm)	管沟长 (m)	沟底宽度 (m)	平均挖深 H (m)	工程量 (m³)	管道断 面积	管道体积	回填
	L	B	H	$L \times B \times H$	S	$V_管$	V
D300	371.000	1.100	0.390	159.159	0.071	26.211	
合计				159.159		26.211	132.948

参　考　文　献

［1］　中华人民共和国住房和城乡建设部 . GB 50500—2013 建设工程工程量清单计价规范［S］. 北京：中国计划出版社，2013.

［2］　中华人民共和国住房和城乡建设部 . GB 50857—2013 市政工程工程量计算规范［S］. 北京：中国计划出版社，2013.

［3］　《建设工程工程量清单计价规范》规范编制组 . 2013 建设工程计价计量规范辅导［M］. 北京：中国计划出版社，2013.

［4］　广西壮族自治区建设工程造价管理总站 . 建设工程工程量计算规范广西壮族自治区实施细则（修订本）（GB 50857～50862—2013）［S］. 2015.

［5］　广西壮族自治区建设工程造价管理总站 . 2014 广西壮族自治区市政工程费用定额［M］. 北京：中国建筑工业出版社，2014.

［6］　广西壮族自治区建设工程造价管理总站 . 2014 广西壮族自治区市政工程消耗量定额［M］. 北京：中国建筑工业出版社，2014.

［7］　广西壮族自治区建设工程造价管理总站 . 2013 广西壮族自治区建筑装饰装修工程人工材料配合比机械台班基期价［M］. 北京：中国建筑工业出版社，2014.

［8］　广西壮族自治区建设工程造价管理总站 . 广西壮族自治区市政工程计价宣贯辅导材料［M］. 北京：中国建筑工业出版社，2014.

［9］　广西壮族自治区建设工程造价管理总站 . 广西壮族自治区工程量清单及招标控制价编制示范文本［S］. 2011.

［10］　周慧玲 . 建筑与装饰工程工程量清单计价［M］. 北京：中国建筑工业出版社，2014.

［11］　王云江，丛福祥 . 市政工程计量与计价实例解析［M］. 北京：化学工业出版社，2013.

［12］　高宗峰 . 市政工程工程量清单计价细节解析与实例详解［M］. 武汉：华中科技大学出版社，2014.

［13］　全国一级建造师职业资格考试用书编委会 . 全国一级建造师执业资格考试用书（第四版）［M］. 北京：中国建筑工业出版社，2014.